大数据与人工智能研究

王 莉　宋兴祖　陈志宝　著

中国纺织出版社

图书在版编目（CIP）数据

大数据与人工智能研究 / 王莉, 宋兴祖, 陈志宝著
. -- 北京：中国纺织出版社, 2019.1 （2022.1重印）
ISBN 978-7-5180-4916-5

Ⅰ.①大… Ⅱ.①王… ②宋… ③陈… Ⅲ.①数据处
理－研究②人工智能－研究 Ⅳ.①TP274②TP18

中国版本图书馆CIP数据核字(2018)第081957号

责任编辑：姚　君　　　　　　　　　　　　责任印制：储志伟

中国纺织出版社出版发行
地　　　址：北京市朝阳区百子湾东里 A407 号楼　　邮政编码：100124
销售电话：010-67004422　　传真：010-87155801
http://www.c-textilep.com
E-mail: faxing@c-textilep.com
中国纺织出版社天猫旗舰店
官方微博 http://weibo.com/2119887771
北京虎彩文化传播有限公司印刷　各地新华书店经销
2019 年 1 月第1版　2022年1月第12次印刷
开　　本：787mm×1092mm　1/16　印张：15.5
字　　数：229千字　定价：89.00 元

前　言

　　大数据和人工智能是今天计算机学科的两个重要的分支。近年来，有关大数据和人工智能这两个领域所进行的研究一直从未间断。其实，大数据和人工智能的联系千丝万缕。首先，大数据技术的发展依靠人工智能，因为它使用了许多人工智能的理论和方法。其次，人工智能的发展也必须依托大数据技术，需要大数据进行支撑。大数据和人工智能技术向社会各领域迅速渗透，逐步改变着人类的生产方式和生活模式，也将催生出未来的新形态。

　　而随着大量大数据与人工智能的装备涌入生活，未来智能化生活将呈现以下特征：生活节点高度智能化，智能化和数据化要素在人类空间、信息空间、物理空间深度交织融合，混合智能成为社会效能提升的核心引擎。在向未来智能化社会的演变过程中，我们需要加强对大数据人工智能等技术发展临界点的预判，通过相关基础理论的突破形成智能社会的颠覆性技术突破，从而增强对未来智能发展的话语权。大数据时代背景下，相信人工智能将会得到长足的发展，更多的发现、发明和成果将会出现在大家面前。仿佛可以看到，与人类水平相同甚至超越人类自身智能就快要实现。

　　如今，大数据影响着各个行业，创造了巨大的商业价值。通过结合大数据和云计算，人工智能将更好地服务于人们的生活，推动时代进步。这一发展过程中，巨头企业已经开始利用数据规模和技术优势深耕布局。或许未来30年之后再看现在大数据和人工智能爆发的今天，或许真的像工业革命或互联网革命一样的存在。因此作为生活在大数据和人工智能时代下的我们，更是不能放松对这方面的思考和追求。本书从大数据和人工智能的基础知识入手，深入浅出地向读者解释了现代生活在大数据和人工智能影响下发生的变革以及变革后的原因。希望读者能从中把握大数据时代的脉络，掌握人工智能的发展规律，同时也希望在未来，大数据和人工智能技术能够带来更大的革新，为现代人的生活创造意想不到的改变。

目 录

第一章　大数据研究概述 ·· 1

　　第一节　大数据的基础概念 ··· 2

　　第二节　大数据的起源与价值 ··· 4

　　第三节　大数据的发展前景 ··· 13

　　第四节　大数据研究的目的以及意义 ······································· 19

第二章　人工智能概述 ·· 25

　　第一节　人工智能的基础定义 ··· 26

　　第二节　人工智能的起源与发展 ·· 29

　　第三节　人工智能的应用 ··· 34

　　第四节　人工智能的未来与展望 ·· 55

第三章　大数据与人工智能 ·· 59

　　第一节　大数据与人工智能的关系 ·· 60

　　第二节　大数据与人工智能的融合 ·· 61

　　第三节　大数据与人工智能的运用 ·· 63

　　第四节　大数据与人工智能的发展 ·· 64

　　第五节　大数据与人工智能的未来 ·· 67

第四章　大数据与人工智能引发的思考 ································· 69

　　第一节　大数据与个人隐私 ································· 70

　　第二节　大数据与信息安全 ································· 89

　　第三节　人工智能与社会发展 ································· 94

　　第四节　人工智能与传播思维 ································· 97

　　第五节　人工智能与伦理问题 ································· 103

第五章　大数据下的管理科学 ································· 115

　　第一节　管理科学的基本原则 ································· 116

　　第二节　公共管理热潮的兴起 ································· 125

　　第三节　管理科学在企业中的应用 ································· 135

　　第四节　大数据带来的管理革命 ································· 142

第六章　大数据下的供应链管理 ································· 149

　　第一节　供应链管理的基本定义 ································· 150

　　第二节　供应链管理的应用 ································· 164

　　第三节　传统物流管理向现代供应链管理的转变 ················· 175

　　第四节　供应链管理的发展趋势 ································· 179

　　第五节　大数据与供应链的合作模式 ························· 182

第七章　大数据与人工智能带来的管理革新 ················· 187

　　第一节　供应链及管理如何应用大数据 ····················· 188

　　第二节　大数据变革供应链的方向 ························· 192

　　第三节　大数据下的智能管理 ································· 195

　　第四节　大数据和人工智能对供应链带来的影响 ············· 196

第八章 大数据的相关应用 ··· 199

　　第一节　大数据的应用领域 ··· 200

　　第二节　大数据的应用现状 ··· 214

　　第三节　大数据的应用趋势 ··· 217

　　第四节　大数据的应用前景 ··· 219

　　第五节　大数据的实际应用案例 ······································ 221

第九章 大数据与智能医保管理 ·· 225

　　第一节　大数据在医保管理中的应用 ·································· 238

　　第二节　大数据与智能医保的关系 ···································· 242

　　第三节　大数据对于现代医保系统革新的影响 ························ 243

　　第四节　大数据下智能医保实际案例的分析 ·························· 244

参考文献 ·· 249

结　语 ·· 251

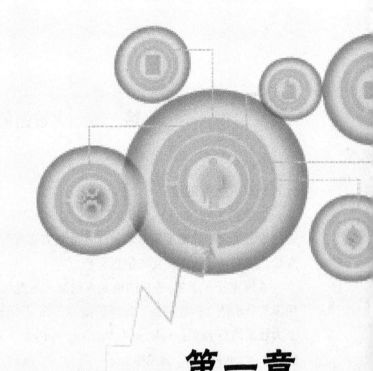

第一章

大数据研究概述

第一节 大数据的基础概念

一、大数据的定义

大数据（big data），指无法在一定时间范围内用常规软件工具进行捕捉、管理和处理的数据集合，是需要新处理模式才能具有更强的决策力、洞察发现力和流程优化能力的海量、高增长率和多样化的信息资产。

在维克托·迈尔-舍恩伯格及肯尼斯·库克耶编写的《大数据时代》中，大数据指不用随机分析法（抽样调查）这样的捷径，而采用所有数据进行分析处理。同时IBM还给出了大数据的5V特点：Volume（大量）、Velocity（高速）、Variety（多样）、Value（低价值密度）、Veracity（真实性）。

对于大数据，研究机构Gartner给出了这样的定义。"大数据"是需要新处理模式才能具有更强的决策力、洞察发现力和流程优化能力来适应海量、高增长率和多样化的信息资产。

麦肯锡全球研究所对大数据定义：一种规模大到在获取、存储、管理、分析方面大大超出了传统数据库软件工具能力范围的数据集合，具有海量的数据规模、快速的数据流转、多样的数据类型和价值密度低四大特征。

二、大数据常用的单位与进制

最小的基本单位是bit，可以按顺序给出所有单位：bit（Binary Digit）、B（Byte）、KB（Kilobyte）、MB（Megabyte）、GB（Gigabyte）、TB（Terabyte）、PB（Petabyte）、EB（Exabyte）、ZB（Zettabyte）、YB（Yottabyte）、BB（Brontobyte）、NB（NonaByte）、DB（DoggaByte）。

它们按照进率1024（2的十次方）来计算：

$$1\ B = 8\ bit$$

$$1\ KB = 1024\ B = 8192\ bit$$

$$1\ MB = 1024\ KB = 1048576\ B$$

$$1\ GB = 1024\ MB = 1048576\ KB$$

$$1\ TB = 1024\ GB = 1048576\ MB$$

$$1\ PB = 1024\ TB = 1048576\ GB$$

$$1\ EB = 1024\ PB = 1048576\ TB$$

$$1\ ZB = 1024\ EB = 1048576\ PB$$
$$1\ YB = 1024\ ZB = 1048576\ EB$$
$$1\ BB = 1024\ YB = 1048576\ ZB$$
$$1\ NB = 1024\ BB = 1048576\ YB$$
$$1\ DB = 1024\ NB = 1048576\ BB$$

三、大数据的基本特征

容量（Volume）：数据的大小决定所考虑的数据的价值和潜在的信息；

种类（Variety）：数据类型的多样性；

速度（Velocity）：指获得数据的速度；

可变性（Variability）：妨碍了处理和有效地管理数据的过程；

真实性（Veracity）：数据的质量；

复杂性（Complexity）：数据量巨大，来源多渠道；

价值（Value）：合理运用大数据，以低成本创造高价值。

四、大数据的结构

大数据包括结构化、半结构化和非结构化数据，非结构化数据越来越成为数据的主要部分。据IDC的调查报告显示：企业中80%的数据都是非结构化数据，这些数据每年都按指数增长60%。大数据就是互联网发展到现今阶段的一种表象或特征而已，没有必要神话它或对它保持敬畏之心，在以云计算为代表的技术创新大幕的衬托下，这些原本看起来很难收集和使用的数据开始容易被利用起来了，通过各行各业的不断创新，大数据会逐步为人类创造更多的价值。另外，想要系统地认知大数据，必须要全面而细致地分解它，着手从三个层面来展开：

第一层面是理论，理论是认知的必经途径，也是被广泛认同和传播的基线。在这里从大数据的特征定义理解行业对大数据的整体描绘和定性；从对大数据价值的探讨来深入解析大数据的珍贵所在；洞悉大数据的发展趋势；从大数据隐私这个特别而重要的视角审视人和数据之间的长久博弈。

第二层面是技术，技术是大数据价值体现的手段和前进的基石。在这里分别从云计算、分布式处理技术、存储技术和感知技术的发展来说明大数据从采集、处理、存储到形成结果的整个过程。

第三层面是实践，实践是大数据的最终价值体现。在这里分别从互联网的大数据、政府的大数据、企业的大数据和个人的大数据四个方面来描绘大数据已经展现的美好景象及即将实现的蓝图。

第二节 大数据的起源与价值

一、大数据的起源

尽管"大数据"这一理念直到最近几年才真正在国内受到高度的关注，但实际上早在20世纪80年代，伟大的未来学家、社会思想家阿尔文·托夫勒（Alvin Toffler）就在其所著的《第三次浪潮》（*The Third Wave*）中提出了"大数据"这一理念，并在文中热情地称颂"大数据"为"第三次浪潮的华彩乐章"。《自然》（*Nature*）杂志在2008年9月推出了名为"大数据"的封面专栏，从科学及社会经济等多个领域描述了"数据信息"在其中所扮演的越来越重要的角色，让人们对"数据信息"的广阔前景有了更多的期待，对身处或即将来临的"大数据时代"充满了好奇。

而真正让"大数据"成为互联网信息时代科技界热词的是全球著名管理咨询公司麦肯锡的肯锡全球研究院（MGI）在2011年5月份发布的一份名为《大数据：下一个创新、竞争和生产力的前沿》（*The next frontier for innovation，competition and productivity*）的研究报告，该报告作为第一份从经济和商业等多个维度阐述大数据发展潜力的研究成果，对"大数据"的概念进行了描述，列举了大数据相关的核心技术，分析了大数据在各行业的应用，同时在文中也为政府和企业的决策者们提出了应对大数据发展的策略。可以说该份报告的发布，极大地推动了"大数据"的发展。

此后，大数据迅速成为科技热词，并引起了各国政府以及商业巨头的广泛关注。2012年1月，瑞士达沃斯世界经济论坛将大数据作为论坛的主题之一，并发布了《大数据，大影响：国际发展新机遇》（*Big Data，Big Impact：New Possibilities for International Development*）的报告；2012年3月，美国奥巴马政府颁布《大数据的研究和发展计划》，启动了一项耗资超过2亿美元、涉及12个联邦政府部门、共计82项与大数据相关的研究和发展计划，希望通过提高大型复杂数据的处理能力，加快美国科技发展的步伐；2012年4月，成立于2003年的SPLUNK公司成为大数据处理领域第一家成功上市的公司，在NASDAQ上市的首个交易日以109%的涨幅让无数人对大数据充满了想象空间；2012年5月，英国建立世界上首个关于政府数据信息开放的研究所；2013年，澳大利亚、法国等国家先后将大数据上升到国家战略层面，这是继美国和英国之后，欧美主流国家又一轮关于大数据国家发展战略的动向。

在国内，从2012年开始，以BAT（阿里巴巴、腾讯、百度）为首的互联网企业以及传统的运营商企业也纷纷启动了关于大数据的研发和应用；2014年3月，"大数据"这一概念首次进入我国政府工作报告；2015年年初，李克强总理在政府工作报告中提出"互联网+"行动计划，推动互联网、云计算、大数据物联网等与现代制造业的结合与应用。

二、大数据的价值分析

（一）大数据的技术价值

1.识别与串联价值

顾名思义，识别的价值，肯定是唯一能够锁定目标的数据。最有价值的比如身份证、信用卡，还有E-mail、手机号码等，这些都是识别和串联价值很高的数据。京东和当当网识别用户的方法就是用户登录账号。千万不要小看这个账号，如果没有这个账号，网站就只能知道有一些商品被用户浏览了，但是却无法知道是被哪个用户浏览了，更不可能还原出某个群体的用户的购买行为特点。

当然，识别用户的方法不止登录账号一种，对用户进行识别的传统方法还包括cookie。所有的cookie就是在你浏览器里面的一串字符，对于一个互联网公司来说，这就是用户身份的一个标记，所以你会发现你在搜索引擎上搜索过一个词语，在很多网站都看到相关的资讯或者商品的推荐，就是通过cookie来实现的。很多互联网公司都非常依赖cookie，所以会采用各种cookie来记录不同的用户类别，单一的cookie没有价值，将用户登陆不同页面的行为串联起来才产生了核心价值。

如果你想知道日常生活中哪些是很有价值的识别和串联数据，那么可以回想一下你的银行卡丢失以后，你打电话到银行时对方会问你的问题。一般来说，当你忘记密码后，对方会问你"你哪天发工资""你家里的固定电话号码是什么"等类似问题，而这一系列问题就是在把你的个人数据做一个识别和串联。因为在银行怀疑某个人是不是你的时候，生日、固定电话号码是有权重的。有可能在有了两三个这样的数据后，即使你没有密码，银行还是会相信你，为你重办新卡。

所以，千万不要小看识别数据的价值，经验告诉我们，能够识别关系和身份的数据是最重要的。这些数据应该有多少存多少，永远不要放弃。在大数据时代，越能够还原用户真实身份和真实行为的数据，就越能够让企业在大数据竞争中保持战略优势。

2.描述价值

在女人圈，我们经常会听到很多关于"好男人"的标准，比如"身高180厘米、体重75公斤、月收入20000元、不抽烟不喝酒等"，这其实就是将"好男人"这样一个感性的指标数据化了，这里用到的数据就充当了描述研究对象的作用。

在通常情况下，描述数据是以一种标签的形式存在的，它们通过初步加工的一些数据，这也是数据从业者在日常生活中做得最为基础的工作。一家公司一年的营业收入、利润、净资产等数据都是描述性的数据。在电商平台类企业日常经营的状况下，描述业务的数据就是包括交易额、成交用户数、网站的流量、成交的卖家数等，我们就可以通过数据对业务的描述来观察交易活动是否正常。

但是，对于企业来说，数据的描述价值与业务目标的实现并不呈正比例关系，也就是说，描述数据不是越多越好，而是应该收集和业务密切相关的数据。比如一家兼有PC平台和无线平台业务的电子商务公司，在PC上可能更多地关注成交额，而在无线平台上更多关注的应该是活跃用户数。

描述数据对具体的业务人员来说，使其更好地了解业务发展的状况，让他们对日常业务有更加清楚的认知；对于管理层来说，经常关注业务数据也能够让其对企业发展有更好的了解，以做出正确的决策。

用来描述数据价值最好的一种方式就是分析数据的框架，在复杂的数据中提炼出核心的点，让使用者能够在极短的时间里看到经营状况，同样，又能够让使用者看到更多他想看的细节数据。分析数据的框架是对一个数据分析师的基本要求——基于对数据的理解，对数据进行分类和有逻辑的展示。通常，优秀的数据分析师都具备非常好的数据框架分析能力。

3.时间价值

如果你不是第一次在某一购物网上买东西，你曾经的历史购买行为就会呈现出时间价值。这些数据已经不仅仅是在描述之前买过的物品了，还展示出在这一段时间轴上你曾经买过什么，以便让网站对你将要买什么做出最佳预测。

在考虑了时间的维度之后，数据会产生更大的价值。对于时间的分析，在数据分析中是一个非常重要但往往也是比较有难度的部分。大数据一个非常重要的作用就是，能够基于大量历史数据进行分析，而时间则是代表历史的一个必然维度。数据的时间价值是大数据运用最直接的体现，通过对时间的分析，能够很好地归纳出一个用户对于一种场景的偏好。而知道了用户的偏好，企业对用户做出的商品推荐也就能够更加精准。

时间价值除了体现历史的数据之外，还有一个价值是"即时"——互联网广告领域的实时竞价，它是基于即时的一种运用。实时竞价就是当用户进入某一场景之后，各家需求方平台就会来进行竞价，对用户现实场景进行数据推送。比如，用户正在浏览一个和化妆品有关的页面或者正在网上商城逛，在这个场景中就会出现和化妆品有关的信息。这个化妆品的广告不是预先设置好的，而是在这个具体的场景中通过实时竞价出现的。

4.预测价值

数据的预测价值分为两个部分：

第一个部分是对于某一个单品进行预测，比如在电子商务中，凡是能够用于推荐的，就都会产生数据，能够用于推荐的，就都会产生预测价值。比如，推荐系统推荐了一款T恤，它有多大的可能性被点击，这就是预测价值。预测价值本身没有什么价值，它只是在估计这个商品是有价值的，所以预测数据可以让我们对未来可能出现的情况做好准备。推荐系统估计今天会有10个用户来买这件T恤，这就是预测。再问一些追加问题："你有多大的信心今天能卖出10件T恤？"你说有98%的可能性，那么这就是对未来的预判及准确的预估。

预测价值的第二部分就是数据对于经营情况的预测，即对公司的整体经营进行预测，并能够用预测的结论指导公司的经营策略。在今天的电商中，无线是一个重要的部门，对于新的无线业务来说，核心指标之一就是每天的活跃用户数，而且这个指标也是对无线团队进行考核的重要依据。作为无线团队的负责人，到底怎么判断现在的经营状况和目标之间存在着多大的差距呢？这就需要对数据进行预测。通过预测，将活跃用户分成新增和留存两个指标，进而分析对目标的贡献度分别是多少，并分别对两个指标制定出相应的产品策略，然后分解目标，进行日常监控，这种类型的数据能够对公司整体的经营策略产生非常大的影响。

5.产出数据的价值

从数据的价值来说，很多数据本身并没有特别的含义，但是在几个数据组合在一起或者对部分数据进行整合之后就产生了新的价值。比如，在电子商务开始的初期，很多人都关注诚信问题，那么如何才能评价诚信呢？于是就产生了两个衍生指标，一个是好评率，一个是累计好评数。这两个指标，就是目前在电商平台的页面上经常看到的卖家好评率和星钻级，用户能够基于此了解这个卖家的历史经营情况和诚信情况。

但是，仅以这两个指标来对卖家进行评价，会显得略微有些单薄，因为它们无法精准地衡量出卖家的服务水平。于是，又衍生出更多的指标，比如与描述相符、物流速度等，这些指标最终变成了一个新的指标——店铺评分系统，可以用之来综合评价这个卖家的服务水平。

当然，某个单一的商品在电商网站上可能会出现几千条评价，而评价中又是用户站在自己的立场描述的，但是推及到某个用户上，每次买一样东西要阅读几千条评价显然不太可能的，因此就需要把这些评价进行重新定位，以产出新的能够帮助用户做出明智购买决策的数据，这些数据就是关键概念抽取。

在认识了数据的价值后，我们就能更好地识别出哪些是我们想要的核心数据，就能够更好地发挥数据的作用。精细的数据分类，严格的数据生产加工过程，将让我们在使用数据时游刃有余。

（二）大数据的实用价值

《大数据时代》一书作者维克托认为大数据时代有三大转变："第一，我们可以分析更多的数据，有时候甚至可以处理和某个特别现象相关的所有数据，而不是依赖于随机采样。更高的精确性可使我们发现更多的细节。第二，研究数据如此之多，以至于我们不再热衷于追求精确度。适当忽略微观层面的精确度，将带来更好的洞察力和更大的商业利益。第三，不再热衷于寻找因果关系，而是事物之间的相关关系。例如，不去探究机票价格变动的原因，但是关注买机票的最佳时机。"大数据打破了企业传统数据的边界，改变了过去商业智能仅仅依靠企业内部业务数据的局面，而大数据则使数据来源更加多样化，不仅包括企业内部数据，也包括企业外部数据，尤其是和消费者相关的数据。

随着大数据的发展，企业也越来越重视数据相关的开发和应用，从而获取更多的市场机会。

随着移动互联网的飞速发展，信息的传输日益方便快捷，端到端的需求也日益突出，纵观整个移动互联网领域，数据已被认为是继云计算、物联网之后的又一大颠覆性的技术性革命，毋庸置疑，大数据市场是待挖掘的金矿，其价值不言而喻。可以说谁能掌握和合理运用用户大数据的核心资源，谁就能在接下来的技术变革中进一步发展壮大。

大数据可以说是史上第一次将各行各业的用户、方案提供商、服务商、运营商以及整个生态链上游厂商，融入一个大的环境中，无论是企业级市场还是消费级市场，亦或政府公共服务，都正或将要与大数据发生千丝万缕的联系。

近期有不少文章畅谈大数据的价值，以及其价值主要凸显在哪些方面，这里我们对大数据的核心实用价值进行了分门别类的梳理汇总，希望能帮助读者更好地获悉大数据的实用价值。

1.帮助企业挖掘市场机会、探寻细分市场

大数据能够帮助企业分析大量数据而进一步挖掘市场机会和细分市场，然后对每个群体量体裁衣般地采取独特的行动。获得好的产品概念和创意，关键在于我们到底如何去搜集消费者相关的信息，如何获得趋势，挖掘出人们头脑中未来会可能消费的产品概念。用创新的方法解构消费者的生活方式，剖析消费者的生活密码，才能让吻合消费者未来生活方式的产品研发不再成为问题，如果你了解了消费者的密码，就知道其潜藏在背后的真正需求。大数据分析是发现新客户群体、确定最优供应商、创新产品、理解销售季节性等问题的最好方法。

在数字革命的背景下，对企业营销者的挑战是从如何找到企业产品需求的人到如何找到这些人在不同时间和空间中的需求；从过去以单一或分散的方式去形成和这群人的沟通信息和沟通方式，到现在如何和这群人即时沟通、即时响应、即时解决他们的需求，同时在产品和消费者的买卖关系以外，建立更深层次的伙伴间的互信、双赢和可信赖的关系。

大数据进行高密度分析，能够明显提升企业数据的准确性和及时性；大数据能帮助企业分析大量数据而进一步挖掘细分市场的机会，最终能够缩短企业产品研发时间，提升企业在商业模式、产品和服务上的创新力，大幅提升企业的商业决策水平。因此，大数据有利于企业发掘和开拓新的市场机会；有利于企业将各种资源合理利用到目标市场；有利于制定精准的经销策略；有利于调整市场的营销策略，大大降低企业经营的风险。

企业利用用户在互联网上的访问行为偏好能为每个用户勾勒出一幅"数字剪影"，为具有相似特征的用户组提供精确服务满足用户需求，甚至为每个客户量身定制。这一变革将大大缩减企业产品与最终用户的沟通成本。例如一家航空公司对从未乘过飞机的人很感兴趣（细分标准是顾客的体验）。而从未乘过飞机的人又可以细分为害怕飞机的人、对乘飞机无所谓的人以及对乘飞机持肯定态度的人（细分标准是态度）。在持肯定态度的人中，又包括高收入有能力乘飞机的人（细分标准是收入能力）。于是这家航空公司就把力量集中在开拓那些对乘飞机持肯定态度，只是还没有乘过飞机的高收入群体。通过对这些人进行量身定制、精准营销取得了很好的效果。

2.大数据提高决策能力

当前，企业管理者还是更多依赖个人经验和直觉做决策，而不是基于数据。在信息有限、获取成本高昂，而且没有被数字化的时代，让身居高位的人做决策是情有可原的，但是大数据时代，就必须要让数据说话。

大数据能够有效地帮助各个行业用户做出更为准确的商业决策，从而实现更大的商业价值，它从诞生开始就是站在决策的角度出发。虽然不同行业的业务不同，所产生的数据及其所支撑的管理形态也千差万别，但从数据的获取、数据的整合、数据的加工、数据的综合应用、数据的服务和推广、数据处理的生命线流程来分析，所有行业的模式是一致的。

这种基于大数据决策的特点：一是量变到质变，由于数据被广泛挖掘，决策所依据的信息完整性越来越高，有信息的理性决策在迅速扩大，拍脑袋的盲目决策在急剧缩小。二是决策技术含量、知识含量大幅度提高。由于云计算出现，人类没有被海量数据所淹没，能够高效率驾驭海量数据，生产有价值的决策信息。三是大数据决策催生了很多过去难以想象的重大解决方案。如某些药物的疗效和毒副作用，无法通过技术和简单样本验证，需要几十年海量病历数据分析得出结果；做宏观经济计量模型，需要获得所有企业、居民以及政府的决策和行为海量数据，才能得出减税政策最佳方案；反腐倡廉，人类几千年历史都没解决，最近通过微博和人肉搜索，贪官在大数据的海洋中无处可藏，人们看到根治的希望等。

如果在不同行业的业务和管理层之间，增加数据资源体系，通过数据资源体系的数据加工，把今天的数据和历史数据对接，把现在的数据、领导和企业机构关心的指标关联起来，把面向业务的数据转换成面向管理的数据，辅助于领导层的决策，真正实现了从数据到知识的转变，这样的数据资源体系是非常适合管理和决策使用的。

在宏观层面，大数据使经济决策部门可以更敏锐地把握经济走向，制定并实施科学的经济政策；而在微观方面，大数据可以提高企业经营决策水平和效率，推动创新，给企业、行业领域带来价值。

3.大数据创新企业管理模式

当下，有多少企业还会要求员工像士兵一样无条件服从上级的指示？还在通过大量的中层管理者来承担管理下属和传递信息的职责？还在禁止员工之间谈论薪酬等信息？《华尔街日报》曾有一篇文章就说，这一切已经过时了，严格控制、内部猜测和小道消息无疑更会降低企业效率。一个管理学者曾经将企业内部关系比喻为成本和消耗中心，如果内部都难以协作或者有效降低管理成本和消耗，你又如何指望在今天瞬息万变的市场和竞争环境下生存、创新和发展呢？

我们试着想想，当购物、教育、医疗都已经要求在大数据、移动网络支持下的个性化的时代，创新已经成为企业的生命之源，我们还有什么理由要求企业员工遵循工业时代的规则，强调那种命令式集中管理、封闭的层级体系和决策体制呢？当个体的人都可以通过佩戴各种传感器，搜集各种来自身体的信号来判断健康状态，那样企业也同样需要配备这样的传感系统，来实时判断其健康状态的变化情况。

今天信息时代机器的性能，更多取决于芯片，大脑的存储和处理能力，程序的有效性。因而管理从注重系统大小、完善和配合，到注重人或者脑力的运用、信息流程和创造性以及职工个性满足、创造力的激发。

在企业管理的核心因素中，大数据技术与其高度契合。管理最核心的因素之一是信息搜集与传递，而大数据的内涵和实质在于大数据内部信息的关联、挖掘，由此发现新知识、创造新价值。两者在这一特征上具有高度契合性，甚至可以标称大数据就是企业管理的又一种工具。因为对于任何企业，信息即财富，从企业战略着眼，利用大数据，充分发挥其辅助决策的潜力，可以更好地服务企业发展战略。

大数据时代，数据在各行各业渗透着，并渐渐成为企业的战略资产。数据分析挖掘不仅本身能帮企业降低成本，比如库存或物流、改善产品和决策流程、寻找到并更好地维护客户，还可以通过挖掘业务流程各环节的中间数据和结果数据，发现流程中的瓶颈因素，找到改善流程效率，降低成本的关键点，从而优化流程，提高服务水平。大数据成果在各相关部门传递分享，还可以提高整个管理链条和产业链条的投入回报率。

4.变革商业模式催生产品和服务的创新

在大数据时代，以利用数据价值为核心，新型商业模式正在不断涌现。能够把握市场机遇、迅速实现大数据商业模式创新的企业，将在IT发展史上书写出新的传奇。

大数据让企业能够创造新产品和服务，改善现有产品和服务，以及发明全新的业务模式。回顾IT历史，似乎每一轮IT概念和技术的变革，都伴随着新商业模式的产生。如个人电脑时代微软凭借操作系统获取了巨大财富，互联网时代谷歌抓住了互联网广告的机遇，移动互联网时代苹果则通过终端产品的销售和应用商店获取了高额利润。

纵观国内，以金融业务模式为例，阿里金融基于海量的客户信用数据和行为数据，建立了网络数据模型和一套信用体系，打破了传统的金融模式，使贷款不再需要抵押品和担保，而仅依赖于数据，使企业能够迅速获得所需要的资金。阿里金融的大数据应用和业务创新，变革了传统的商业模式，对传统银行业带来了挑战。

还有，大数据技术可以有效地帮助企业整合、挖掘、分析其所掌握的庞大数据信息，构建系统化的数据体系，从而完善企业自身的结构和管理机制；同时，伴随消费者个性化需求的增长，大数据在各个领域的应用开始逐步显现，已经开始并正在改变着大多数企业的发展途径及商业模式。如大数据可以完善基于柔性制造技术的个性化定制生产路径，推动制造业企业的升级改造；依托大数据技术可以建立现代物流体系，其效率远超传统物流企业；利用大数据技术可多维度评价企业信用，提高金融业资金使用率，改变传统金融企业的运营模式等。

过去，小企业想把商品卖到国外要经过国内出口商、国外进口商、批发商、商场，最终才能到达用户手中，而现在，通过大数据平台可以直接从工厂送达到用户手中，交易成本只是过去的十分之一。以我们熟悉的网购平台淘宝为例，每天有数以万计的交易在淘宝上进行，与此同时相应的交易时间、商品价格、购买数量会被记录，更重要的是，这些信息可以与买方和卖方的年龄、性别、地址甚至兴趣爱好等个人特征信息相匹配。运用匹配的数据，淘宝可以进行更优化的店铺排名和用户推荐；商家可以根据以往的销售信息和淘宝指数进行指导产品供应、生产和设计，经营活动成本和收益实现了可视化，大大降低了风险，赚取更多的钱；而与此同时，更多的消费者也能以更优惠的价格买到更心仪的产品。

5.大数据让每个人更加有个性

对个体而言，大数据可以为个人提供个性化的医疗服务。比如，我们的身体功能可能会通过手机、移动网络进行监控，一旦有什么感染，或身体有什么不适，我们都可以通过手机得到警示，接着信息会和手机库进行对接或者咨询相关专家，从而获得正确的用药和其他治疗。

过去我们去看病，医生只能对我们的当下身体情况做出判断，而在大数据的帮助下，将来的诊疗可以对一个患者的累计历史数据进行分析，并结合遗传变异、对特定疾病的易感性和对特殊药物的反应等关系，实现个性化的医疗。还可以在患者发生疾病症状前，提供早期的检测和诊断。早期发现和治疗可以显著降低肺癌给卫生系统造成的负担，因为早期的手术费用是后期治疗费用的一半。

还有，在传统的教育模式下，分数就是一切，一个班上几十个人，使用同样的教材，同一个老师上课，课后布置同样的作业。然而，学生是千差万别的，在这个模式下，不可能真正做到"因材施教"。

如一个学生考了90分，这个分数仅仅是一个数字，它能代表什么呢？90分背后是家庭背景、努力程度、学习态度、智力水平等，把它们和90分联系在一起，这就成了数据。大数据因其数据来源的广度，有能力去关注每一个个体学生的微观表现：如他在什么时候开始看书，在什么样的讲课方式下效果最好，在什么时候学习什么科目效果最好，在不同类型的题目上停留多久等。当然，这些数据对其他个体都没有意义，是高度个性化表现特征的体现。同时，这些数据的产生完全是过程性的：课堂的过程，作业的情况，师生或同学的互动情景等。而最有价值的是，这些数据完全是在学生不自知的情况下被观察、收集的，只需要一定的观测技术与设备的辅助，而不影响学生任何的日常学习与生活，因此它的采集也非常的自然、真实。

在大数据的支持下，教育将呈现另外的特征：弹性学制、个性化辅导、社区和家庭学习、每个人的成功等。大数据支撑下的教育，就是要根据每一个人的特点，释放每一个人本来就有的学习能力和天分。

此外，维克托还建议中国政府要进一步补录数据库。政府以前提供财政补贴，现在可以提供数据库，打造创意服务。在美国就有完全基于政府提供的数据库，如为企业提供机场、高速公路的数据，提供航班可能发生延误的概率，这种服务可以帮助个人、消费者更好地预测行程，这种类型的创新，就得益于公共的大数据。

6.智慧驱动下的和谐社会

美国作为全球大数据领域的先行者，在运用大数据手段提升社会治理水平、维护社会和谐稳定方面已先行实践并取得显著成效。

近年来，在国内，"智慧城市"建设也在如火如荼地开展。截至2013年年底，我国的国家智慧城市试点已达193个，而公开宣布建设智慧城市的城市超过400个。智慧城市的概念包含了智能安防、智能电网、智慧交通、智慧医疗、智慧环保等多领域的应用，而这些都要依托于大数据，可以说大数据是"智慧"的源泉。

在治安领域，大数据已用于信息的监控管理与实时分析、犯罪模式分析与犯罪趋势预测，北京、临沂等市已经开始实践利用大数据技术进行研判分析，打击犯罪。

在交通领域，大数据可通过对公交地铁刷卡、停车收费站、视频摄像头等信息的收集，分析预测出行交通规律，指导公交线路的设计、调整车辆派遣密度，进行车流指挥控制，及时做到梳理拥堵，合理缓解城市交通负担。

在医疗领域，部分省市正在实施病历档案的数字化，配合临床医疗数据与病人体征数据的收集分析，可以用于远程诊疗、医疗研发，甚至可以结合保险数据分析用于商业及公共政策制定等。

伴随着智慧城市建设的火热进行，政府大数据应用已进入实质性的建设阶段，有效拉动了大数据的市场需求，带动了当地大数据产业的发展，大数据在各个领域的应用价值已得到初显。

7.大数据预言未来

著名的玛雅预言，尽管背后有着一定的天文知识基础，但除催生了一部很火的电影《2012》外，其实很多人的生活尚未受到太大的影响。现在基于人类地球上的各种能源存量，以及大气受污染、冰川融化的程度，我们或许真的可以推算出按照目前这种工业生产、生活的方式，人类在地球上可以存活的年数。《第三次工业革命》中对这方面有很深入的解释，基于精准预测，发现现有模式是死路一条后，人类就可以进行一些改变，这其实就是一种系统优化。

这种结合之前情景研究，不断进行系统优化的过程，将赋予系统生命力，而大数据就是其中的血液和神经系统。通过对大数据的深入挖掘，我们将会了解系统的不同机体是如何相互协调运作的，同样也可以通过对它们的了解去控制机体的下一个操作，甚至长远的维护和优化。从这个角度讲，基于网络的大数据可以看作人类社会的神经中枢，因为有了网络和大数据人类社会才开始灵活起来，而不像以前那么死板。基于大数据，个体之间相互连接有了基础，相互的交互过程得到了简化，各种交易的成本减少很多。厂家等服务提供方可以基于大数据研发出更符合消费者需求的服务，机构内部的管理也更为细致，有了血液和神经系统的社会才真的拥有生命活力。

第三节　大数据的发展前景

就现如今的发展趋势而言，大数据技术的发展如火如荼。在各个领域都得到了广泛的应用，而且就其目前的发展情况来看，大数据技术具有十分良好的发展前景。现在社会的大数据公司主要可以分为三类，分别是技术型、创新型、数据型，不论是哪一种类型的大数据公司，都是现代社会不可或缺的。人们熟悉的技术型的大数据公司通常是IT公司，这些公司十分看重数据的处理这一模块。创新型的大数据公司需要一些非常有想象力的人，对于相同的数据，他们往往有不同的见解，并发现其中的不同。

而数据型的大数据公司，人们了解的比较多，如新浪、百度、网易、搜狐、淘宝等，这些也是与人们的日常生活密切相关的，或者是一些零售的连锁企业、市政公司、金融服务公司等，这些公司自身拥有较多的数据，也正是因为涵盖的数据较多，因而容易导致有价值的信息被忽略。在这三种不同的大数据公司中，技术型的大数据公司未来的发展将会使得技术趋向于多元化，制造出越来越多样的技术。不论是从哪个方面来说，大数据技术今后的发展都会越来越好。以下就大数据的技术发展前景和实用发展前景两个方面来对大数据的发展进行探讨。

一、大数据的技术发展前景

（一）开源软件得到广泛的应用

近几年来，大数据技术的应用范围越来越广泛。在信息化的时代，各个领域都趋向于智能化、科技化。大数据技术研发出来的分布式处理的软件框架Hadoop、用来进行挖掘和可视化的软件环境、非关系型数据库Hbase、MongoDb和CounchDB等开源软件，在各行各业具有十分重要的意义。这些软件的研发，与大数据技术的发展是分不开的。

（二）不断引进人工智能技术

大数据技术主要是从巨大的数据中获取有用的数据，进而进行数据的分析和处理。尤其是在信息化爆炸的时代，人们被无数的信息覆盖。大数据技术的发展显得十分迫切。实现对大数据的智能处理，提高数据处理水平，需要不断引进人工智能技术，大数据的管理、分析、可视化等都是与人密切相关的。现如今，机器学习、数据挖掘、自然语言理解、模式识别等人工智能技术，已经完全渗透到了大数据的各个程序中，成为其中的重要组成部分。

（三）非结构化的数据处理技术越来越受重视

大数据技术包含多种多样的数据处理技术。非结构化的处理数据与传统的文本信息存在很大的不同，主要是指图片、文档、视频等数据形式。随着云计算技术的发展，各方面对这类数据处理技术的需求越来越广泛。非结构化数据采集技术、NoSQL数据库等技术发展得越来越快。

（四）分布式处理架构成为主要模式

大数据要处理的数据成千上万。数据的处理方法也需要不断地与时俱进。传统的数据处理方法很难满足巨大的数据的需求。随着人们的不断探索，在大数据技术的各个处理环节，分布式处理方式已经成为主要的数据处理方法。这也是时代发展的必然。除了分布式处理方式，分布式文件系统、大规模并进行处理数据库、分布式编程环境等技术都得到了广泛的应用。

（五）数据分析成为大数据技术的核心

数据分析在数据处理过程中占据十分重要的位置，随着时代的发展，数据分析也会逐渐成为大数据技术的核心。大数据的价值体现在对大规模数据集合的智能处理方面，进而在大规模的数据中获取有用的信息。要想逐步实现这个功能，就必须对数据进行分析和挖掘。而数据的采集、存储和管理都是数据分析步骤的基础，通过进行数据分析得到的结果，将应用于大数据相关的各个领域。未来大数据技术的进一步发展，与数据分析技术是密切相关的。

（六）广泛采用实时性的数据处理方式

在现如今人们的生活中，人们获取信息的速度较快。为了更好地满足人们的需求，大数据处理系统的处理方式也需要不断地与时俱进。目前大数据的处理系统采用的主要是批量化的处理方式，这种数据处理方式有一定的局限性，主要是用于数据报告的频率不需要达到分钟级别的场合，而对于要求比较高的场合，这种数据处理方式就达不到要求。传统的数据仓库系统、链路挖掘等应用对数据处理的时间往往以小时或者天为单位。这与大数据自身的发展有点不相适应。

大数据突出强调数据的实时性，因而对数据处理也要体现出实时性。如在线个性化推荐、股票交易处理、实时路况信息等数据处理时间要求在分钟甚至秒级，要求极高。在一些大数据的应用场合，人们需要及时对获取的信息进行处理并进行适当的舍弃，否则很容易造成空间的不足。在未来的发展过程中，实时性的数据处理方式将会成为主流，不断推动大数据技术的发展和进步。

（七）基于云的数据分析平台将更加完善

近几年来，云计算技术发展得越来越快，与此相应的应用范围也越来越宽。云计算的发展为大数据技术的发展提供了一定的数据处理平台和技术支持。云计算为大数据提供了分布式的计算方法、可以弹性扩展、相对便宜的存储空间和计算资源，这些都是大数据技术发展中十分重要的组成部分。此外，云计算具有十分丰富的IT资源、分布较为广泛，为大数据技术的发展提供了技术支持。随着云计算技术的不断发展和完善，发展平台的日趋成熟，大数据技术自身将会得到快速提升，数据处理水平也会得到显著提升。

（八）开源软件的发展将会成为推动大数据技术发展的新动力

开源软件是在大数据技术发展的过程中不断研发出来的。这些开源软件对各个领域的发展、人们的日常生活具有十分重要的作用。开源软件的发展可以适当地促进商业软件的发展，以此作为推动力，从而更好地服务于应用程序开发工具、应用、服务等各个不同的领域。虽然现如今商业化的软件也是发展十分迅速，但是二者之间并不会产生矛盾，可以优势互补，从而共同进步。开源软件自身在发展的同时，为大数据技术的发展贡献力量。

二、大数据的实用发展前景

（一）可视化推动大数据平民化

"可视化"已连续三次入选大数据发展十大趋势，最近几年，"大数据"概念深入人心。民众看到的大数据更多的是以可视化的方式体现的。可视化极大地拉近了大数据和普通民众的距离，即使对IT技术不了解的普通民众和非专业技术的常规决策者也能够很好地理解大数据及其分析的效果和价值，使得大数据可以从国计和民生两方面充分发挥其价值。

可视化是通过把复杂的数据转化为可以交互的图形，帮助用户更好地理解分析数据对象，发现、洞察内在规律。数据是人类对客观事物的抽象。人类对数据的理解和掌握是需要经过学习训练才能达到的。理解更为复杂的数据，必须越过更高的认知壁垒，才能对客观数据对象建立相应的心理图像，完成认知理解过程。好的可视化能够极大地降低认知壁垒，使复杂未知数据的交互探索变得可行。

可视化技术的进步和广泛应用对于大数据走向平民化的意义是双向的。一方面，可视化作为人和数据之间的界面，结合其他数据分析处理技术，为广大使用者提供了强大的理解、分析数据的能力。可视化使得大数据能够为更多人理解、使用，使得大数据的使用者从少数专家扩展到更广泛的民众。另一方面，可视化也为民众提供了方便的工具，可以主动分析处理和个人工作、生活、环境有关的数据。大约在10年前，可视化领域已经开始讨论为民众服务的可视化(visualization for mass)技术。在今天大数据的背景下，可视化将进一步推动大数据平民化。在这一过程中，急需更为方便、适合民众使用需要的可视化方法、工具。可视化也将进一步和个人使用的移动通信设备相结合。我们预测，在这一过程中，将有更多面向民众的大数据可视化公司涌现。

（二）多学科融合与数据科学的兴起

大数据并不是简单的"大的数据"。在近年对大数据的阐述中，至少有两种典型的提法：一种是点出"小数据"的重要性；另一种是去掉"大"字而强调"数据"本身，强调数据科学、数据技术、数据治理、数据产业等。

大数据技术是多学科多技术领域的融合，涉及数学、统计学、计算机类技术、管理类等；大数据应用更是与多领域交叉融合。这种交叉融合催生了专门的基础性学科——"数据学科"。基础性学科的夯实，使学科的交叉融合更趋完美。

在大数据领域，许多相关学科研究的方向表面上看来大不相同，但是从数据的视角来看，其实是相通的。随着社会数字化程度的逐步加深，越来越多的学科在数据层面趋于一致，可以采用相似的思想进行统一的研究。从事大数据研究的不仅仅是计算机领域的科学家，也包括数学等方面的科学家。

很多数据相关的专门实验室、专项研究院所相继出现，《数据学》等著作也纷纷出版。大家认为数据科学的雏形已经出现了。

（三）大数据安全与隐私令人忧虑

每次大数据发展趋势预测，安全和隐私都会出现在十大趋势中。这一条代表了人们对于大数据所带来问题的深刻忧虑。

（1）大数据的安全问题十分严峻。这里指当大数据技术、系统和应用聚集了大量有价值的信息的时候，必将成为被攻击的目标。虽然影响巨大的针对大数据的攻击还没有见诸报端，但是可以预见，这样的攻击必将出现。

（2）大数据的过度滥用所带来的问题和副作用，最典型的就是个人隐私泄露。在传统采集分析模式下，很多隐私在大数据分析能力下变成了"裸奔"。类似的问题还包括商业秘密泄露和国家机密泄露。

（3）心理和意识上的安全问题，包括两个极端，一是忽视安全问题的盲目乐观，另一个是过度担忧所带来的对大数据应用发展的掣肘。比如，大数据分析对隐私保护的副作用，促使我们必须对隐私保护的接受程度有一个新的认识和调整。

大数据受到的威胁、大数据的过度滥用所带来的副作用、对大数据的极端心理，都会阻碍和破坏大数据的发展。

（四）新热点融入大数据多样化处理模式

大数据的处理模式依然多样化。大数据处理模式不断丰富，新旧手段不断融合，比如流数据、内存计算成为新热点。内存计算继续成为提高大数据处理性能的主要手段。以Spark为代表的内存计算逐步走向商用，并与Hadoop融合共存。与传统的硬盘处理方式相比，内存计算技术在性能上有了数量级的提升。批处理计算、流计算、交互查询计算、图计算等多种计算框架使数据使用效率大大提高。

很多新的技术热点持续地融入大数据的多样化模式中，目前还没有一个统一的模式。从2015年中国大数据技术大会的众多技术论坛的安排也可以看出这样的态势。技术各有千秋，将形成一个更加多样平衡的发展路径，满足大数据的多样化需求。这样的态势还会持续下去。

（五）大数据提升社会治理和民生领域应用

基于大数据的社会治理成为业界关注的热点，涉及智慧城市、应急、税收、反恐、农业等多个民生领域。在最易获得大数据应用成果的互联网环境之后，大数据走进国计民生成为必然。未来，大数据与民生有关的应用将成为热点。涉及民生的国计将是快速发展的热点中的热点，比如反恐、医疗健康等。

（六）深度分析推动大数据智能应用

在学术技术方面，我们认为深度分析会继续推动整个大数据智能的应用。这里谈到的智能强调涉及人的相关能力的延伸，比如决策预测、精准推介等，涉及人的思维和反射的延展，人的能力(智能和本能)的延展，这些都会成为大数据分析、机器学习、深度学习等学术技术发展的方向。

（七）数据权属与数据主权备受关注

数据权属与数据主权被高度关注。大数据问题从个人和一般机构层面来看是数据权属问题、从国家层面来看是数据主权问题。大数据凸显了数据的巨大价值。而数据的权属问题并不是传统的财产权、知识产权等可以涵盖的。数据成为国家间争夺的资源，数据主权成为网络空间主权的重要形态。

数据成为重要的战略资源。人口红利、地大物博、经济实力、文化优势等都纷纷体现为数据资源储备和数据服务影响力。而数据资源化、价值化是数据权属问题和数据主权问题的根源。

（八）互联网、金融、健康保持热度，智慧城市、企业数据化、工业大数据是新增长点

我国大数据应用领域最早获得成果的是互联网应用，如电商。而持续受到高度关注的还有金融和健康领域。互联网、金融、健康可以称为大数据应用领域的"老三样"。而智慧城市、企业数据化、工业大数据则成为新的增长点。这"新三样"其实就是城市、企业、工业的数据化，或者说是城市生活、企业贸易和管理、工业生产过程的数据化和大数据应用。"新三样"是一种更广泛的、覆盖更全的应用领域。

"最令人瞩目的应用领域"和"将取得应用和技术突破的数据类型"这两项调研投票的结果，印证了对"老三样"和"新三样"的判断。

（九）开源、测评、大赛催生良性人才与技术生态

大数据是应用驱动，技术发力。技术与应用一样至关重要。决定技术的是人才及其技术生产方式。开源系统将成为大数据领域的主流技术和系统选择。以Hadoop为代表的开源技术拉开了大数据技术的序幕，大数据应用的发展又促进了开源技术的进一步发展。开源技术的发展降低了数据处理的成本，引领了大数据生态系统的蓬勃发展，同时也给传统数据库厂商带来了挑战。对数据处理的能力、性能等进行测试、评估、标杆比对的第三方形态出现并逐步成为热点。相对公正的技术评价有利于优秀技术占领市场，驱动优秀技术的研发生态。各类创业创新大赛纷纷举办，大赛为人才的培养和选拔提供了新模式，完善了人才生态。技术生态是一个复杂环境。在未来，技术开源会一如既往占据主流，而测评和大赛将有突破性进展。

第四节　大数据研究的目的以及意义

一、大数据对工商业的意义

（一）对顾客群体细分

对顾客群体细分然后对每个群体量体裁衣般地采取独特的行动。瞄准特定的顾客群体来进行营销和服务是商家一直以来的追求，云存储的海量数据和大数据的分析技术使得对消费者的实时和极端的细分有了成本效率极高的可能。比如在大数据时代之前，要搞清楚海量顾客的怀孕情况，得投入惊人的人力、物力、财力，使得这种细分行为毫无商业意义。

（二）运用大数据模拟实境

运用大数据模拟实境，可以更好地发掘新的需求和提高投入的回报率。现在越来越多的产品中都装有传感器，汽车和智能手机的普及使得可收集数据呈现爆炸性增长。Blog、Twitter、Facebook和微博等社交网络也在产生着海量的数据。云计算和大数据分析技术使得商家可以在成本效率较高的情况下，实时地把这些数据连同交易行为的数据进行储存和分析。交易过程、产品使用和人类行为都可以数据化。大数据技术可以把这些数据整合起来进行数据挖掘，从而在某些情况下通过模型模拟来判断不同变量（比如不同地区不同促销方案）的情况下何种方案投入回报最高。

（三）使数据分享更加便利

提高大数据成果在各相关部门的分享程度，提高整个管理链条和产业链条的投入回报率。大数据能力强的部门可以通过云计算、互联网和内部搜索引擎把大数据成果与大数据能力比较薄弱的部门分享，帮助他们利用大数据创造商业价值。

二、大数据对农业的意义

农业大数据是大数据理念、技术和方法在农业领域的实践。农业大数据涉及耕地、育种、播种、施肥、植保、收获、储运、农产品加工、销售、畜牧业生产等各环节，是跨行业、跨专业的数据分析与挖掘，对粮食安全和食品安全有着重大意义。

农业大数据的特征包括以下几个方面：一是从领域来看，以农业领域为核心（涵盖种植业、林业、畜牧业等子行业），逐步拓展到相关上下游产业（种子、饲料、肥料、农膜、农机、粮油加工、果品蔬菜加工、畜产品加工业等），并整合宏观经济背景的数据，包括统计数据、进出口数据、价格数据、生产数据，乃至气象数据等。二是从地域来看，以国内区域数据为核心，借鉴国际农业数据作为有效参考；不仅包括全国层面的数据，还应涵盖省市的数据，甚至地市级的数据，为精准区域研究提供基础。三是从粒度来看，不仅包括统计数据，还包括涉农经济主体的基本信息、投资信息、股东信息、专利信息、进出口信息、招聘信息、媒体信息、GIS坐标信息等。四是从专业性来看，应分步实施，首先是构建农业领域的专业数据资源，其次应逐步有序规划专业的子领域数据资源。如针对粮食安全的耕地保有量、土壤环境保护、市场供求信息等动态监测数据，针对畜品种的生猪、肉鸡、蛋鸡、肉牛、奶牛、肉羊等动态监测数据，甚至包括生物信息学的研究等。

农业科研和生产活动每年都在产生大量数据，集成、挖掘和使用这些数据，对于现代农业的发展将会发挥极其重要的作用。当前，农业领域存在诸多问题，如粮食安全、土壤治理、病虫害预测与防治、动植物育种、农业结构调整、农产品价格、农副产品消费、小城镇建设等领域，都可通过大数据的应用研究进行预测和干预。大数据的应用与农业领域的相关科学研究相结合，可以为农业科研、政府决策、涉农企业发展等提供新方法、新思路。

高等农业院校开展农业大数据研究具有广阔前景。高等农业院校在长期的办学实践和科学研究过程中积累了大量的数据，政府部门多年来也保留了关于农业方面普查、统计数据。而这些数据大多沉寂在资料库里，没有发挥它应有的作用。如果把这些资料用大数据技术加以开发利用，就会在指导生产、科学研究等方面发挥不可估量的作用。

（一）为生产发展提供指导

过去决策许多是凭经验，"跟着感觉走"，而用农业大数据来指导，将为生产发展和政府决策提供科学、准确的依据。比如，"谷贱伤农"的事件近年来屡屡发生，严重影响了农民的收入，挫伤了生产积极性。由于信息不灵、缺乏指导，市场上什么东西畅销，农民就种什么，等发现供过于求、产品滞销时已经来不及调整。如能整合天气信息、食品安全、消费需求、生产成本、市场摊位等数据并进行科学分析，就能更有效地预测农产品价格走势，帮助农民提前预判，也帮助政府出台引导措施。再如粮食安全问题，涉及耕地数量、农田质量、气候、作物品种、栽培技术、平均单产、产业结构调整、农资价格、农机、生产成本、生产方式、食品加工、国际市场粮价等多种因素，如果能对这些数据加以分析，建立模型，就可以对粮食产量做出判断，及时预警，帮助政府采取应对措施。以山东农业大学为例，在开展大数据的研究和应用方面，山东农业大学首先成为山东省农业方面的智库，今后随着研究的不断深入，还要成为全国农业发展的智囊。山东农业大学农业大数据产业技术创新战略联盟中有6个省直部门，几乎包含了涉农的各个方面，可以提供与农业相关的大量数据和其他支持。我们要把对大数据的研究与生产发展、市场销售、新农村建设等密切结合，加强基础数据建设，完善数据采集体系，建立数据监测系统，持续不断地收集相关数据，并针对特定主题建立数学模型，预测某个方面的发展趋势，为政府制定政策、宏观调控提供依据。只有在社会服务中不断有所贡献和建树，才能提升学校的影响力。

（二）为企业提供支撑

一个企业的产品，什么时候需要升级换代，产品市场什么时候达到饱和，如何调整市场结构等，都可以用大数据加以分析预测，为企业提供咨询指导。比如，肥料生产，预测到有机肥的需求在什么时候会超过化肥，企业就可以提前准备转型，培育有机肥产业。大数据的优势就在于：发现机会并优化实施，辅助决策，推动业务持续发展，并做到风险评估。这样的分析、预测和评估，在养殖、种子、食品加工、植物保护等行业都可以开展。再如，通过对天气、作物生长、农药使用、天敌情况等数据进行分析，可以对病虫害的发生做出预测预报，同时也可以引导农药企业的生产。这些分析都是带有战略性的，对企业决策发展有重要指导意义。联盟内有一批知名企业，涉及种子、肥料、食品加工、养殖等行业，相关专业的专家要走出校门，了解企业的需求，加强与企业的合作，在合作中开阔视野，提升服务社会的水平和能力。

（三）为学科提升和转型提供平台

大数据可大幅度提升各个学科的学术水平。高校不但要把大数据的知识用于科学研究中，还要用于教学中。现在看来，"学好数理化，走遍天下都不怕"的说法还是很对的。高等农业院校大多数学科的基础就是数理化，没有这个基础，许多学科便会受到发展的制约。实践中，许多学校都在强调用信息科学和生命科学提升传统学科。在用生命科学提升传统学科方面，已经取得明显进步，现在涉农学科的研究都可以做到分子水平；但在用信息科学提升传统学科方面尚未破题，没有找到结合的方法。而大数据恰恰为信息科学与传统学科的结合带来巨大的机会和潜力。数据爆炸式增长为科学研究发现带来新的方法、新的视野。就像4个世纪之前人类发明的显微镜一样，显微镜把人类对自然界的观察和测量水平推进到"细胞"的级别，给人类社会带来了历史性的进步和革命。而大数据，将成为下一个观察和检测大自然的"显微镜"。这个新的显微镜，将再一次扩大人类科学探索的范围，提升创新的水平。高校过去几十年上百年的教学、研究，积累了大量的数据，这些数据的价值在已经发表的学术论文中远远没有表现出来，因为我们没有认识到它的其他价值。但如果用大数据的方法把这些数据和其他类似研究收集的资料作为整体研究，就很有可能发现或预测某些规律，在这种预测的指导下开展更深入的研究。例如，通过农业部、发改委和海关相关数据整合而成的数据分析库，对近期奶牛的数量变化进行分析研究，发现成年母牛的出售数据与牛肉的成本利润率极具相关性，后者总是前置前者两个分析周期。这对相关奶牛、肉牛养殖政策的制定和宏观调控起到很好的辅助作用。

（四）为提高管理水平提供手段

大数据的研究和应用，不仅在科学研究和社会服务方面有重要价值，在管理和其他方面也大有用武之地。高校的管理决策，人为的因素占很大比重，很多是靠经验，有的是凭感觉，很少建立在科学的数据和模型基础上，因而难免片面、失误，也容易出现政策的不连续性。要做到科学决策，就应当把管理建立在数据分析基础上。我国在过去20年的信息化建设中，沉淀了大量的宝贵数据。这些数据是整个社会经济活动的数字化记录，是不可或缺的管理和决策的依据。一旦实施"数据驱动的决策方法"，高校的管理将更有效率、更开放、更负责，数据分析能够有效监控政策实施情况，及时纠正偏差和失误。高校管理部门都应该结合大数据的应用，制订本部门相关的管理方案。例如，在人才培养方面，可以制定教学质量评价体系；在人力资源管理方面，可以对新招聘人才的发展潜力进行预测评估，可以对教职工的绩效做更科学的评价；在财务管理方面，可以优化投资方案，建立风险预警；在科研管理方面，可以探索学校及各个学院各种科研经费和成果的规律性，为科研规划服务；在校友工作中，可建立校友资料库并对校友的成长成才规律进行分析，为学校教学育人改革提供依据等。高校教师、管理人员，只要对某一方面的管理感兴趣、愿意深入研究，都可以与相关的专业人员结合，用大数据的手段进行深入分析。

三、大数据对金融业的意义

（一）大数据改良优化已有金融业务

大数据规模化处理数据，能做一些个性化的智能业务，事实上，对数据业务的理解已经经历了几十年的历程。早先机器辅助参考决策系统，比如专家系统、商业智能系统是面向人类来做决策的，系统面向有限商品有限数据集，在此之中我们人会基于机器中间状态数据结果，生成相对于它的规则。人的智商以及我们的经验和判断去做有限的商业策略，以面向有限的服务包和有限人群，所以我们可以在电信运营商里做各种套餐，在金融里做各种产品。

而现在的大数据集合里，受众的需求越来越多且碎片化了，金融的产品可能不能定制为一个标准化的产品，而很可能是根据用户访问的行为随机触发的动作，比如阿里推荐一个产品，不可能像沃尔玛超市那样能够全部平铺摆开。

在用户点击的过程中，如何发送一个合适的商品给受众，不是依靠报表系统，而是自动化触发的系统。自动化触发的系统更客观地把很多需求定制化和差异化。大数据和以前的数据仓库本质差异就在于，大数据生成的不仅是一个面向决策报表系统，更多是一个自动化可执行的系统，这个系统可以帮助我们做很多差异型的、个性化的、定量的动作匹配。

同时对于大数据，不能光看它不能做什么，而是先尝试它能做什么。大家提到了对获取外部数据的挑战，其实银行业不必急于获取外部的资产数据，比如工商、房车资产购买记录或者社交行为等，这些价值稀疏数据还涉及数据治理的复杂问题，实施利用都需要持续演进的路线图支撑。因此，大数据可以作为工具，利用已有数据资源，优化提升已有业务。

（二）大数据使金融数据价值化

现在很多金融自身数据还没有价值化，比如现在的账户数据都是结构化的，都是以个体为核心来描述，或是两两之间的债务资金关系，还有大企业的资产负债表、资产损益表等。这些数据受限于传统以表为结构的数据组织方式，缺乏全局视野，而我们做定量分析时，需要有一个公共参照体系，像一个米尺一样来衡量人的身高，而不是表达两两之间的高低；像元素周期表一样用标准参照体系描述所有物种。

这个公共参照体系是从全量的金融实体以及它们之间的交易行为抽取出来的模型。每一个账户实体在参照系上都会获得一个定量的评估，即使缺少个体数据（例如小微企业），也可以通过其他实体和交易行为量化传递评估。

比如以节点的形式，将每一个金融实体的交易方式做成一个很大的复杂网络。这些过程能把金融实体用以前结构化的账户数据用大数据技术构建新的基础数据平台，这个基础数据平台可以完成很多事情，比如征信、置信、基于社团发现的供应链的挖掘，完全可以在线上实现而不再依靠垂直行业经验，还有卡业务欺诈与异常交易，很多识别都可以基于金融账户的结构化数据实现。

（三）大数据带来创新推动力

大数据真正创新的是推动力，即破坏型创新驱动金融去拓展零消费市场的新业务。传统金融是基于资本获得盈利的，现在金融也可以基于数据实现盈利。亚当·斯密定义了土地、资本和劳动力缔造财富，现在数据本身也可以作为新的生产资料，用于开拓新的业务。

比如支付平台模式可以考虑深入下去，从前尝试过基于POS支付做商圈推荐和识别，也就是说，基于复杂的网络结构，具有相同社会属性的客户访问不同的商家，可以统一置信或交叉推荐，可以做很多O2O服务。

金融其实也是一个服务行业，服务中聚集了人群、产品和服务以后，会留下很多电子化的行为痕迹，数据本身随着生产经营开始形成一个新的生产资料。同时对资本市场而言，评估传统金融资本项和评估互联网企业的用户流量，将在未来交织形成新金融实体的评估体系。数据资源将与资本资源同等重要，成为未来资本市场评估的新考核体系和重要指标，大数据的推动力驱动和缔造新的财富。

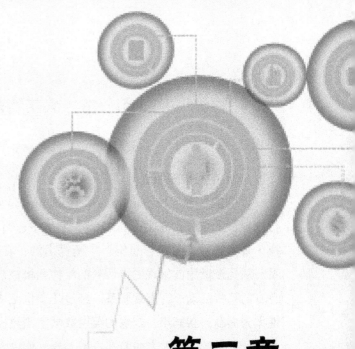

第二章

人工智能概述

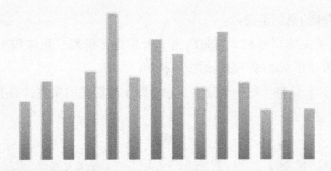

第一节　人工智能的基础定义

一、人工智能概述

"智能"源于拉丁语Legere，字面意思是采集(特别是果实)、收集、汇集，并由此进行选择，形成一个东西。Intelegere是从中进行选择，进而理解、领悟和认识。正如帕梅拉·麦考达克在《机器思维》中所提出的：在复杂的机械装置与智能之间存在长期的联系。从几个世纪前出现的神话般的巨钟和机械自动机开始，人们已对机器操作的复杂性与自身的某些活动进行直观联系。经过几个世纪之后，新技术已使我们所建立的机器的复杂性大为提高。1936年，24岁的英国数学家图灵提出了"自动机"理论，把研究会思维的机器和计算机的工作大大向前推进了一步，他也因此被称为"人工智能之父"。

人工智能也称机器智能，它是计算机科学、控制论、信息论、神经生理学、心理学、语言学等多种学科互相渗透而发展起来的一门综合性学科。人工智能的研究从1956年正式开始，这一年在达特茅斯大学召开的会议上正式使用了"人工智能"(Artificial Intelligence，AI)这个术语。

从计算机应用系统的角度出发，人工智能是研究如何制造智能机器或智能系统，来模拟人类智能活动的能力，以延伸人们智能的科学。如果仅从技术的角度来看，人工智能要解决的问题是如何使电脑表现智能化，使电脑能更灵活有效地为人类服务。只要电脑能够表现出与人类相似的智能行为，就算是达到了目的，而不在乎在这过程中电脑是依靠某种算法还是真正理解了。

人工智能是计算机科学中涉及研究、设计和应用智能机器的一个分支，它的目标是研究怎样用电脑来模仿和执行人脑的某些智力功能，并开发相关的技术产品，建立有关的理论。因此，"人工智能"与计算机软件有密切的关系。一方面，各种人工智能应用系统都要用计算机软件去实现，另一方面，许多聪明的计算机软件也应用了人工智能的理论方法和技术。例如，专家系统软件、机器博弈软件等。但是，"人工智能"不等于"软件"，除了软件以外，还有硬件及其他自动化的通信设备。

二、人工智能的基础定义

人工智能，英文缩写为AI。它是研究、开发用于模拟、延伸和扩展人的智能的理论、方法、技术及应用系统的一门新的技术科学。

人工智能是计算机科学的一个分支，它企图了解智能的实质，并生产出一种新的能以人类智能相似的方式做出反应的智能机器，该领域的研究包括机器人、语言识别、图像识别、自然语言处理和专家系统等。人工智能从诞生以来，理论和技术日益成熟，应用领域也不断扩大，可以设想，未来人工智能带来的科技产品，将会是人类智慧的"容器"。人工智能可以对人的意识、思维的信息过程进行模拟。人工智能不是人的智能，但能像人那样思考、也可能超过人的智能。

人工智能是一门极富挑战性的科学，从事这项工作的人必须懂得计算机知识，心理学和哲学。人工智能是包括十分广泛的科学，它由不同的领域组成，如机器学习、计算机视觉等，总的说来，人工智能研究的一个主要目标是使机器能够胜任一些通常需要人类智能才能完成的复杂工作。但不同的时代、不同的人对这种"复杂工作"的理解是不同的。2017年12月，人工智能入选"2017年度中国媒体十大流行语"。

三、人工智能的定义详解

人工智能的定义可以分为两部分，即"人工"和"智能"。"人工"比较好理解，争议性也不大。有时我们会要考虑什么是人力所能及制造的，或者人自身的智能程度有没有高到可以创造人工智能的地步等。但总的来说，"人工系统"就是通常意义下的人工系统。

"智能"涉及其他诸如意识、自我、思维（包括无意识的思维）等问题。人唯一了解的智能是人本身的智能，这是普遍认同的观点。但是我们对我们自身智能的理解都非常有限，对构成人的智能的必要元素也了解有限，所以就很难定义什么是"人工"制造的"智能"了。因此人工智能的研究往往涉及对人的智能本身的研究。其他关于动物或其他人造系统的智能也普遍被认为是人工智能相关的研究课题。

人工智能在计算机领域内得到了愈加广泛的重视。并在机器人、经济政治决策、控制系统，仿真系统中得到应用。

尼尔逊教授对人工智能下了这样一个定义："人工智能是关于知识的学科——怎样表示知识以及怎样获得知识并使用知识的科学。"而另一个美国麻省理工学院的温斯顿教授认为："人工智能就是研究如何使计算机去做过去只有人才能做的智能工作。"这些说法反映了人工智能学科的基本思想和基本内容。即人工智能是研究人类智能活动的规律，构造具有一定智能的人工系统，研究如何让计算机去完成以往需要人的智力才能胜任的工作，也就是研究如何应用计算机的软硬件来模拟人类某些智能行为的基本理论、方法和技术。

人工智能是计算机学科的一个分支，20世纪70年代以来被称为世界三大尖端技术之一（空间技术、能源技术、人工智能）。也被认为是21世纪三大尖端技术（基因工程、纳米科学、人工智能）之一。这是因为近30年来它获得了迅速的发展，在很多学科领域都获得了广泛应用，并取得了丰硕的成果，人工智能已逐步成为一个独立的分支，无论在理论和实践上都已自成一个系统。

人工智能是研究使计算机来模拟人的某些思维过程和智能行为（如学习、推理、思考、规划等）的学科，主要包括计算机实现智能的原理、制造类似于人脑智能的计算机，使计算机能实现更高层次的应用。人工智能将涉及计算机科学、心理学、哲学和语言学等学科。可以说几乎是自然科学和社会科学的所有学科，其范围已远远超出了计算机科学的范畴，人工智能与思维科学的关系是实践和理论的关系，人工智能是处于思维科学的技术应用层次，是它的一个应用分支。从思维观点看，人工智能不仅限于逻辑思维，要考虑形象思维、灵感思维才能促进人工智能的突破性的发展，数学常被认为是多种学科的基础科学，数学也进入语言、思维领域，人工智能学科也必须借用数学工具，数学不仅在标准逻辑、模糊数学等范围发挥作用，数学进入人工智能学科，它们将互相促进而更快地发展。

四、人工智能的分类

（一）弱人工智能[Artificial Narrow Intelligence，（ANI）]

弱人工智能是擅长于单个方面能力的人工智能。比如有能战胜象棋世界冠军的人工智能，但是它只会下象棋，你要问它怎样更好地在硬盘上储存数据，它就不知道怎么回答你了。

（二）强人工智能[Artificial General Intelligence（AGI）]

人类级别的人工智能。强人工智能是指在各方面都能和人类比肩的人工智能，人类能干的脑力活它都能干。创造强人工智能比创造弱人工智能难得多，我们现在还做不到。Linda Gottfredson教授把智能定义为"一种宽泛的心理能力，能够进行思考、计划、解决问题、抽象思维、理解复杂理念、快速学习和从经验中学习等操作"。强人工智能在进行这些操作时应该和人类一样得心应手。

（三）超人工智能[Artificial Super Intelligence（ASI）]

牛津哲学家，知名人工智能思想家Nick Bostrom把超级智能定义为"在几乎所有领域都比最聪明的人类大脑都聪明很多，包括科学创新、通识和社交技能"。超人工智能可以是各方面都比人类强一点，也可以是各方面都比人类强万亿倍的。超人工智能也正是为什么人工智能这个话题这么火热的缘故。

第二节　人工智能的起源与发展

一、人工智能的起源

人工智能的传说可以追溯到古埃及，但随着1941年以来电子计算机的发展，技术已最终可以创造出机器智能，"人工智能"一词最初是在1956年DARTMOUTH学会上提出的，从那以后，研究者们发展了众多理论和原理，人工智能的概念也随之扩展，在它还不长的历史中，人工智能的发展比预想的要慢，但一直在前进，从60年前出现至今，已经出现了许多AI程序，并且它们也影响到了其他技术的发展。

1955年，纽厄尔和司马贺（卡内基梅隆大学计算机系创立者）编制了一个名为逻辑专家的程序，这个程序被认为是人工智能应用的开端，是第一个AI程序。

1956年夏季，以麦卡赛、明斯基、罗切斯特和申农等为首的一批有远见卓识的年轻科学家在一起聚会，共同研究和探讨用机器模拟智能的一系列有关问题，并首次提出了"人工智能"这一术语，它标志着"人工智能"这门新兴学科的正式诞生。

1957年康奈尔大学的实验心理学家弗兰克·罗森布拉特在一台IBM-704计算机上模拟实现了一种他发明的叫作"感知机"（Perceptron）的神经网络模型。这个模型可以完成一些简单的视觉处理任务。这引起了轰动。

在这之后，计算机被广泛应用于数学和自然语言领域，用来解决代数、几何和英语问题。这让很多研究学者看到了机器向人工智能发展的信心。甚至在当时，有很多学者认为："二十年内，机器将能完成人能做到的一切。"大批科学家开始研究人工智能，在初期受到显著成果和乐观精神驱使的很多美国大学，如麻省理工大学、卡内基梅隆大学、斯坦福大学和爱丁堡大学，都很快建立了人工智能项目及实验室，同时他们获得来自APRA（美国国防高级研究计划署）等政府机构提供的大批研发资金，并取得了一批显著的成果。这段时间的重要工作包括通用搜索方法、自然语言处理及机器人处理积木问题等，主要是方法和算法的研究，离实用相差甚远，但是整个行业的乐观情绪让人工智能获得了不少的投资，获得的重要成果包括机器定理证明、跳棋程序、通用解题机、LISP表处理器语言等。

二、人工智能的发展

（一）人工智能的第一次繁荣

1958年，约翰·麦卡锡发明Lisp计算机分时编程语言，该语言至今仍在人工智能领域广泛使用。同年，美国国防部先进研究项目局（Defense Advanced Research Projects Agency）成立，主要负责高新技术的研究、开发和应用。50多年来，DARPA已为美军研发成功了大量的先进武器系统，同时为美国积累了雄厚的科技资源储备，并且引领着美国乃至世界军民高技术研发的潮流。

1962年，世界上首款工业机器人"尤尼梅特"开始在通用汽车公司的装配线上服役。

1963年6月，MIT从新建立的ARPA（即后来的DARPA，国防高等研究计划局）获得了220万美元经费，用于资助MAC工程，其中包括明斯基和麦卡锡5年前建立的AI研究组。此后ARPA每年提供300万美元，直到70年代为止。

1964年，IBM 360型计算机成为世界上第一款规模化生产的计算机。

早在1958年，约翰·麦卡锡就提出了名为"纳谏者"的一个程序构想，将逻辑学引入AI研究界。然而，根据60年代末麦卡锡和他的学生们的工作，对这一想法的直接实现具有极高的计算复杂度：即使是证明很简单的定理也需要天文数字的步骤。麦卡锡认为，人类怎么思考是无关紧要的：真正想要的是解题机器，而不是模仿人类进行思考的机器。麦卡锡等人一派被称为"简约派"。

1966年到1972年间，美国斯坦福国际研究所(Stanford Research Institute，SRI)研制了移动式机器人Shakey，并为控制机器人而开发了STRIPS系统，Shakey是首台采用了人工智能学的移动机器人，引发了人工智能早期工作的大爆炸。

1966年，MIT的魏泽堡发布了世界上第一个聊天机器人Eliza。Eliza的智能之处在于它能通过脚本理解简单的自然语言，并能产生类似人类的互动。而其中最著名的脚本便是模拟罗吉斯心理治疗师的Doctor。

1968年12月9日，加州斯坦福研究所的道格·恩格勒巴特发明计算机鼠标，构想出了超文本链接概念，它在几十年后成了现代互联网的根基。恩格尔巴特提倡"智能增强"而非取代人类，被誉为"鼠标之父"。

1972年，维诺格拉德在美国麻省理工学院建立的一个用自然语言指挥机器人动作的系统SHRDLU，它能用普通的英语句子与人交流，还能做出决策并执行操作。

（二）第一次遇到瓶颈

20世纪70年代初，AI遭遇了瓶颈。当时的计算机有限的内存和处理速度不足以解决任何实际的AI问题。要求程序对这个世界具有儿童水平的认识，研究者们很快发现这个要求太高了：1970年没人能够做出如此巨大的数据库，也没人知道一个程序怎样才能学到如此丰富的信息。由于缺乏进展，对AI提供资助的机构（如英国政府、DARPA和NRC）对无方向的AI研究逐渐停止了资助。NRC（美国国家科学委员会）在拨款二千万美元后停止资助。

1977年，SRI的人工智能研究员哈特和杜达开发了Prospector，用于探测矿藏。约翰·塞尔于1980年提出"中文房间"实验，试图证明程序并不"理解"它所使用的符号，即所谓的"意向性"问题。同时一些学者认为，如果符号对于机器而言没有意义，那么就不能认为机器是在"思考"。

（三）专家系统的推广

1980年，卡内基梅隆大学为数字设备公司设计了一套名为XCON的"专家系统"。专家系统的能力来自于它们存储的专业知识。知识库系统和知识工程成为了80年代AI研究的主要方向。这是一种采用人工智能程序的系统，可以简单地理解为"知识库+推理机"的组合，XCON是一套具有完整专业知识和经验的计算机智能系统。这套系统在1986年之前能为公司每年节省超过四千美元经费。有了这种商业模式后，衍生出了像Symbolics、Lisp Machines和IntelliCorp、Aion等这样的硬件、软件公司。在这个时期，仅专家系统产业的价值就高达5亿美元。

第一个试图解决常识问题的程序也在80年代出现，其方法是建立一个容纳一个普通人知道的所有常识的巨型数据库。

1981年，日本经济产业省拨款八亿五千万美元支持第五代计算机项目。其目标是造出能够与人对话、翻译语言、解释图像，并且像人一样推理的机器。其他国家纷纷做出响应，DARPA也行动起来，组织了战略计算促进会，其1988年向AI的投资是1984年的3倍。

80年代早期另一个令人振奋的事件是约翰·霍普菲尔德和大卫·鲁姆哈特使神经网络重获新生。AI再一次获得了成功。

1982年年初，硅谷著名人工智能公司Teknowledge终于能够用两个月的时间处理100万美元的业务了。

1986年，在里根时代"星球大战计划"（SDI）的推动下，美国与人工智能相关的软硬件销售额高达4.25亿美元。

可怜的是，命运的车轮再一次碾过人工智能，让其回到原点。仅仅在维持了7年之后，这个曾经轰动一时的人工智能系统就宣告结束历史进程。到1987年时，苹果和IBM生产的台式机性能都超过了Symbolics等厂商生产的通用型计算机，专家系统自然风光不再。

到80年代晚期，DARPA的新任领导认为人工智能并不是"下一个浪潮"；1991年，人们发现日本人设定的"第五代工程"也没能实现。这些事实情况让人们从对"专家系统"的狂热追捧中一步步走向失望。人工智能研究再次遭遇经费危机。人工智能再一次成为浩瀚太平洋中那一抹夕阳红。

（四）第三次发展与深度学习阶段

年过半百的AI终于实现了它最初的一些目标。它已被成功地用在技术产业中，不过有时是在幕后。这些成就有的归功于计算机性能的提升，有的则是在高尚的科学责任感驱使下对特定的课题不断追求而获得的。不过，至少在商业领域里AI的声誉已经不如往昔了。各种因素的合力将AI拆分为各自为战的几个子领域，有时候它们甚至会用新名词来掩饰"人工智能"这块被玷污的金字招牌。AI比以往的任何时候都更加谨慎，却也更加成功。

1997年5月11日，"更深的蓝"成为战胜国际象棋世界冠军卡斯帕罗夫的第一个计算机系统。

90年代，被称为"智能代理"的新范式被广泛接受。尽管早期研究者提出了模块化的分治策略，但是直到朱迪亚·珀尔、纽厄尔等人将一些概念从决策理论和经济学中引入AI之后现代智能代理范式才逐渐形成。当经济学中的"理性代理"与计算机科学中的"对象"或"模块"相结合，"智能代理"范式就完善了。

越来越多的AI研究者们开始开发和使用复杂的数学工具。人们广泛地认识到，许多AI需要解决的问题已经成为数学、经济学和运筹学领域的研究课题。数学语言的共享不仅使AI可以与其他学科展开更高层次的合作，而且使研究结果更易于评估和证明。AI已成为一门更严格的科学分支。这些变化被视为一场"革命"和"简约派的胜利"。

AI研究者们开发的算法开始变为较大系统的一部分。AI曾经解决了大量的难题，这些解决方案在产业界起到了重要作用。应用了AI技术的有数据挖掘、工业机器人、物流、语音识别、银行业软件、医疗诊断和Google搜索引擎等。

90年代的许多AI研究者故意用其他一些名字称呼他们的工作，例如信息学、知识系统、认知系统或计算智能。部分原因是他们认为他们的领域与AI存在根本的不同，不过新名字也有利于获取经费。

2005年，斯坦福开发的一台机器人在一条沙漠小径上成功地自动行驶了131英里，赢得了DARPA挑战大赛头奖。

不只如此，在这个阶段人工智能更是取得了一些里程碑似的成果。

神经网络研究领域领军者Hinton在2006年提出了神经网络Deep Learning算法，使神经网络的能力大大提高，向支持向量机发出挑战。2006年，机器学习领域的泰斗Hinton和他的学生在顶尖学术刊物《Science》上发表了一篇文章，开启了深度学习在学术界和工业界的浪潮。

2006年，加拿大多伦多大学教授、机器学习领域泰斗——Geoffrey Hinton和他的学生在顶尖学术刊物《科学》上发表了一篇文章，开启了深度学习在学术界和工业界的浪潮。这篇文章有两个主要的信息：首先是很多隐层的人工神经网络具有优异的特征学习能力，学习得到的特征对数据有更本质的刻画，从而有利于可视化或分类。其次在于深度神经网络在训练上的难度，可以通过"逐层初始化"（Layer-wise Per-training）来有效克服，在这篇文章中，逐层初始化是通过无监督学习实现的。

自2006年以来，深度学习在学术界持续升温。斯坦福大学、纽约大学、加拿大蒙特利尔大学等成为研究深度学习的重镇。2007年，奇耶等人创立Siri，当时的Siri只是IOS中的一个应用。苹果公司在2010年4月28日完成了对Siri公司的收购，重新开发后只允许Siri在IOS中运行。

2010年，美国国防部DARPA计划首次资助深度学习项目，参与方有斯坦福大学、纽约大学和NEC美国研究院。支持深度学习的一个重要依据，就是脑神经系统的确具有丰富的层次结构。一个最著名的例子就是Hubel-Wiesel模型，由于揭示了视觉神经的机理而曾获得诺贝尔医学与生理学奖。除了仿生学的角度，目前深度学习的理论研究还基本处于起步阶段，但在应用领域已显现出巨大能量。同年，塞巴斯蒂安·特龙领导的谷歌无人驾驶汽车曝光，当时已经创下了超过16万千米无事故的纪录。

2011年以来，微软研究院和Google的语音识别研究人员先后采用DNN技术降低语音识别错误率20%，是语音识别领域十多年来最大的突破性进展。

2012年，DNN技术在图像识别领域取得惊人的效果，在Image Net评测上将错误率从26%降低到15%。在这一年，DNN还被应用于制药公司的Drug Activity预测问题，并获得世界最好成绩，这一重要成果被《纽约时报》报道。

2013年，深度学习算法在语音和视觉识别率获得突破性进展，进入第三个高峰。

阿尔法围棋（AlphaGo）是第一个击败人类职业围棋选手、第一个战胜围棋世界冠军的人工智能程序，由谷歌（Google）旗下Deep Mind公司戴密斯·哈萨比斯领衔的团队开发。其主要工作原理是"深度学习"。而且在2013年年末，当时的联合创始人兼CEO马克·扎克伯格前往位于塔霍湖的一家酒店参加神经信息处理系统（NIPS）技术会议。因为扎克伯格的到来而成了一个风向标，人工智能再一次从单纯的学术研究走向商业化。

2016年3月，阿尔法围棋与围棋世界冠军、职业九段棋手李世石进行围棋人机大战，以4比1的总比分获胜；2016年年末2017年年初，该程序在中国棋类网站上以"大师"（Master）为注册账号与中日韩数十位围棋高手进行快棋对决，连续60局无一败绩；2017年5月，在中国乌镇围棋峰会上，它与排名世界第一的世界围棋冠军柯洁对战，以3比0的总比分获胜。围棋界公认阿尔法围棋的棋力已经超过人类职业围棋顶尖水平，在Go Ratings网站公布的世界职业围棋排名中，其等级分曾超过排名人类第一的棋手柯洁。

第三节 人工智能的应用

一、符号计算

（一）简介

符号计算，又称为代数运算，这是一种智能化的计算，处理的是符号。符号可以代表整数、有理数、实数和复数，也可以代表多项式、函数、集合等。随着计算机的逐渐普及和人工智能的不断发展，出现了很多功能齐全的计算机代数系统软件，其中Mathematica和Maple是它们的代表，由于它们都是用C语言写成的，所以可以在大多数计算机上应用。这些计算机代数系统软件包含着大量的数学知识，计算可以精确到任意位。

（二）符号计算的优点

众所周知，在科学研究中常常涉及两种不同性质的计算问题，科学计算包括数值计算和符号计算两种计算。计算机能够对数值进行一系列运算是人所共知的事，但计算机也能够对含未知量的式子直接进行推导、演算则并不是人人皆知。数值计算和符号计算本来应该是并存的两种计算，是计算的平行的两个部分，决不能厚此薄彼，因此这两种计算都是一样重要的。利用计算机对一个函数进行求导、积分，这早已成为事实。

在1946年第一台电子计算机问世之后，数值计算的问题就得到了较令人满意的解决。而符号计算则一直得不到很好的发展。在数值计算中，计算机处理的对象和得到的结果都是数值，而在符号计算中，计算机处理的数据和得到的结果都是符号。这种符号可以是字母、公式，也可以是数值，但它与纯数值计算在处理方法、处理范围、处理特点等方面有较大的区别。可以说，数值计算是近似计算；而符号计算则是绝对精确的计算。它不容许有舍入误差，从算法上讲，它是数学，它比数值计算用到的数学知识更深更广。

符号计算和数值计算一样，算法也是符号计算的核心。符号计算比数值计算可以继承的数学遗产更为丰富。符号计算和数值计算是两种不同的解决科学和技术发展中问题的计算方法。符号计算可以得到问题精确的完备解，但是计算量大且表达形式庞大；数值计算可以快速地处理很多实际应用中的问题，但是一般只能得到近似的局部解。数值计算在处理病态问题时，收敛往往较慢容易出错。符号计算能给出精确结果，这一特点为用户提供了良好的使用环境，可避免由舍入误差引起的"病态问题"。

二、模式识别

（一）简介

模式识别就是指通过计算机数学技术的方法来研究模式的自动处理和判读。模式可以分成抽象的和具体的两种形式。抽象模式如意识、思想、议论等，属于概念识别研究的范畴，是人工智能的另一研究分支。模式识别包括对语音波形、地震波、心电图、脑电图、图片、照片、文字、符号、生物传感器等对象的具体模式进行辨识和分类。在实际应用中，可以通过计算机实现模式如文字、声音、人物、物体等的自动识别，这是开发智能机器的一个最关键的突破口，也为人类认识自身智能提供线索。计算机识别的显著特点是速度快、准确性和效率高。识别过程与人类的学习过程相似，主要应用有语音识别、指纹识别、遥感图像识别和医学诊断等。语音识别就是使计算机内部存储着人类语言的相关知识信息，能够自动识别出人类的语言。语音识别涉及信号处理、模式识别、概率论和信息论、发声机理和听觉机理、人工智能等多个领域的知识。语音技术已经成为一个具有经济竞争力的新兴高技术产业。指纹识别基本上可分成：预处理、特征选择和模式分类几个大的步骤。指纹是人体的一个重要特征，具有唯一性。指纹识别是通过对指纹灰度图像精确计算纹线局部方向、进而提取指纹特征信息的理论与算法，应用于身份鉴定的全自动指纹鉴定系统，可用于公安机关刑事侦破的指纹鉴定系统，开创了国内指纹识别系统应用的先河。遥感图像识别可广泛应用于农作物估产、资源勘察、气象预报和军事侦察等。医学诊断主要是将模式识别应用于癌细胞检测、X射线照片的分析、血液化验、染色体的分析、心电图诊断和脑电图诊断等方面。

（二）模式识别常用方法

1.决策理论方法

决策理论方法又称统计方法，是发展较早也比较成熟的一种方法。被识别对象首先数字化，变换为适于计算机处理的数字信息。一个模式常常要用很大的信息量来表示。许多模式识别系统在数字化环节之后还进行预处理，用于除去混入的干扰信息并减少某些变形和失真。随后是进行特征抽取，即从数字化后或预处理后的输入模式中抽取一组特征。所谓特征是选定的一种度量，它对于一般的变形和失真保持不变或几乎不变，并且只含尽可能少的冗余信息。特征抽取过程将输入模式从对象空间映射到特征空间。这时，模式可用特征空间中的一个点或一个特征矢量表示。这种映射不仅压缩了信息量，而且易于分类。在决策理论方法中，特征抽取占有重要的地位，但尚无通用的理论指导，只能通过分析具体识别对象决定选取何种特征。特征抽取后可进行分类，即从特征空间再映射到决策空间。为此而引入鉴别函数，由特征矢量计算出相应于各类别的鉴别函数值，通过鉴别函数值的比较实行分类。

2.句法方法

句法方法又称结构方法或语言学方法。其基本思想是把一个模式描述为较简单的子模式的组合，子模式又可描述为更简单的子模式的组合，最终得到一个树形的结构描述，在底层的最简单的子模式称为模式基元。在句法方法中选取基元的问题相当于在决策理论方法中选取特征的问题。通常要求所选的基元能对模式提供一个紧凑的反映其结构关系的描述，又要易于用非句法方法加以抽取。显然，基元本身不应该含有重要的结构信息。模式以一组基元和它们的组合关系来描述，称为模式描述语句，这相当于在语言中，句子和短语用词组合，词用字符组合一样。基元组合成模式的规则，由所谓语法来指定。一旦基元被鉴别，识别过程可通过句法分析进行，即分析给定的模式语句是否符合指定的语法，满足某类语法的即被分入该类。

模式识别方法的选择取决于问题的性质。如果被识别的对象极为复杂，而且包含丰富的结构信息，一般采用句法方法；被识别对象不很复杂或不含明显的结构信息，一般采用决策理论方法。这两种方法不能截然分开，在句法方法中，基元本身就是用决策理论方法抽取的。在应用中，将这两种方法结合起来分别施加于不同的层次，常能收到较好的效果。

3.统计模式识别

统计模式识别(statistic pattern recognition)的基本原理：有相似性的样本在模式空间中互相接近，并形成"集团"，即"物以类聚"。其分析方法是根据模式测得特征向量，将一个给定的模式归入类中，然后根据模式之间的距离函数来判别分类。

统计模式识别的主要方法有：判别函数法、近邻分类法、非线性映射法、特征分析法、主因子分析法等。在统计模式识别中，贝叶斯决策规则从理论上解决了最优分类器的设计问题，但其实施却必须首先解决更困难的概率密度估计问题。BP神经网络直接从观测数据(训练样本)学习，是更简便有效的方法，因而获得了广泛的应用，但它是一种启发式技术，缺乏指定工程实践的坚实理论基础。统计推断理论研究所取得的突破性成果导致现代统计学习理论——VC理论的建立，该理论不仅在严格的数学基础上圆满地回答了人工神经网络中出现的理论问题，而且导出了一种新的学习方法——支持向量机（SVM）。

三、专家系统

（一）简介

专家系统是一种模拟人类专家智能来解决某些领域问题的计算机程序系统，是人工智能研究领域中一个重要分支，它实现了人工智能从理论研究向实际应用的重大突破。专家系统可以看作一类具有专门知识的计算机智能程序系统，它能运用特定领域中专家提供的专门知识和经验，并采用人工智能中的推理技术来求解和模拟通常由专家才能解决的各种复杂问题。专家系统内部含有大量的专家水平的知识与经验，能够运用人类专家的知识和解决问题的方法进行推理和判断，模拟人类专家的决策过程，来解决该领域的复杂问题。专家系统是人工智能应用研究最活跃和最广泛的应用领域之一，涉及社会各个方面，各种专家系统已遍布各个专业领域，取得很大的成功。根据专家系统处理的问题的类型，把专家系统分为解释型、诊断型、调试型、维修型、教育型、预测型、规划型、设计型和控制型等10种类型。具体应用就很多了，例如血液凝结疾病诊断系统、电话电缆维护专家系统、花布图案设计和花布印染专家系统等。

（二）专家系统的构造

专家系统通常由人机交互界面、知识库、推理机、解释器、综合数据库、知识获取6个部分构成。其中尤以知识库与推理机相互分离而别具特色。专家系统的体系结构随专家系统的类型、功能和规模的不同而有所差异。

1.人机交互界面

（1）定义。

人机交互界面是指人和机器在信息交换和功能上接触或互相影响的领域。或称人机界面或者是人机结合面。信息交换、功能接触和互相影响，是指人和机器的硬接触和软接触，此结合面不仅包括点线面的直接接触，还包括远距离的信息传递与控制的作用空间。人机结合面是专家系统中的中心环节，主要由安全工程学的分支学科安全人机工程学去研究和提出解决的依据，并通过安全工程设备工程学、安全管理工程学以及安全系统工程学去研究具体的解决方法。它实现信息的内部形式与人类可以接受形式之间的转换。凡参与人机信息交流的领域都存在着人机界面。大量运用在工业与商业上，简单的区分为"输入"（Input）与"输出"（Output）两种，输入指的是由人来进行机械或设备的操作，如把手、开关、门、指令（命令）的下达或保养维护等，而输出指的是由机械或设备发出来的通知，如故障、警告、操作说明提示等，好的人机接口会帮助使用者更简单、更正确、更迅速地操作机械，也能使机械发挥最大的效能并延长使用寿命，而市面上所指的人机接口则多指在软件人性化的操作接口上。

（2）人机交互界面的设计原则。

①以用户为中心的基本设计原则。

在系统的设计过程中，设计人员要抓住用户的特征，发现用户的需求。在系统整个开发过程中要不断征求用户的意见，向用户咨询。系统的设计决策要结合用户的工作和应用环境，必须理解用户对系统的要求。最好的方法就是让真实的用户参与开发，这样开发人员就能正确地了解用户的需求和目标，系统就会更加成功。

②顺序原则。

即按照处理事件顺序、访问查看顺序（如由整体到单项、由大到小、由上层到下层等）与控制工艺流程等设计监控管理和人机对话主界面及其二级界面。

③功能原则。

即按照对象应用环境及场合具体使用功能要求，各种子系统控制类型、不同管理对象的同一界面并行处理要求和多项对话交互的同时性要求等，设计分功能区分多级菜单、分层提示信息和多项对话栏并举的窗口等的人机交互界面，从而使用户易于分辨和掌握交互界面的使用规律和特点，提高其友好性和易操作性。

④一致性原则。

包括色彩的一致，操作区域一致，文字的一致。即一方面界面颜色、形状、字体与国家、国际或行业通用标准相一致。另一方面界面颜色、形状、字体自成一体，不同设备及其相同设计状态的颜色应保持一致。界面细节美工设计的一致性使运行人员看界面时感到舒适，从而不分散他的注意力。对于新运行人员，或紧急情况下处理问题的运行人员来说，一致性还能减少他们的操作失误。

⑤频率原则。

即按照管理对象的对话交互频率高低设计人机界面的层次顺序和对话窗口菜单的显示位置等，提高监控和访问对话频率。

⑥重要性原则。

即按照管理对象在控制系统中的重要性和全局性水平，设计人机界面的主次菜单和对话窗口的位置和突显性，从而有助于管理人员把握好控制系统的主次，实施好控制决策的顺序，实现最优调度和管理。

⑦面向对象原则。

即按照操作人员的身份特征和工作性质，设计与之相适应和友好的人机界面。根据其工作需要，宜以弹出式窗口显示提示、引导和帮助信息，从而提高用户的交互水平和效率。

人机交互界面，无论是面向现场控制器还是面向上位监控管理，两者是有密切内在联系的，它们监控和管理的现场各对象是相同的，因此许多现场设备参数在它们之间是共享和相互传递的。人机界面的标准化设计应是未来的发展方向，因为它确实体现了易懂、简单、实用的基本原则，充分表达了以人为本的设计理念。各种工控组态软件和编程工具为制作精美的人机交互界面提供了强大的支持手段，系统越大越复杂越能体现其优越性。

（3）人机交互界面的设计步骤。

①创建系统功能的外部模型。设计模型主要是考虑软件的数据结构、总体结构和过程性描述，界面设计一般只作为附属品，只有对用户的情况（包括年龄、性别、心理情况、文化程度、个性、种族背景等）有所了解，才能设计出有效的用户界面；根据终端用户对未来系统的假想(简称系统假想）设计用户模型，最终使之与系统实现后得到的系统映象（系统的外部特征）相吻合，用户才能对系统感到满意并能有效地使用它；建立用户

模型时要充分考虑系统假想给出的信息，系统映象必须准确地反映系统的语法和语义信息。总之，只有了解用户、了解任务才能设计出好的人机界面。

②确定为完成此系统功能人和计算机应分别完成的任务。任务分析有两种途径，一种是从实际出发，通过对原有处于手工或半手工状态下的应用系统的剖析，将其映射为在人机界面上执行的一组类似的任务；另一种是通过研究系统的需求规格说明，导出一组与用户模型和系统假想相协调的用户任务。

逐步求精和面向对象分析等技术同样适用于任务分析。逐步求精技术可把任务不断划分为子任务，直至对每个任务的要求都十分清楚；而采用面向对象分析技术可识别出与应用有关的所有客观的对象以及与对象关联的动作。

③考虑界面设计中的典型问题。设计任何一个人机界面，一般必须考虑系统响应时间、用户求助机制、错误信息处理和命令方式四个方面。系统响应时间过长是交互式系统中用户抱怨最多的问题，除了响应时间的绝对长短外，用户对不同命令在响应时间上的差别亦很在意，若过于悬殊用户将难以接受；用户求助机制宜采用集成式，避免叠加式系统导致用户求助某项指南而不得不浏览大量无关信息；错误和警告信息必须选用用户明了、含义准确的术语描述，同时还应尽可能提供一些有关错误恢复的建议。此外，显示出错信息时，若再辅以听觉（铃声）、视觉（专用颜色）刺激，则效果更佳；命令方式最好是菜单与键盘命令并存，供用户选用。

④借助CASE工具构造界面原型，并真正实现设计模型软件模型一旦确定，即可构造一个软件原形，此时仅有用户界面部分，此原形交用户评审，根据反馈意见修改后再交给用户评审，直至与用户模型和系统假想一致为止。一般可借助于用户界面工具箱(User Interface Tool Kits）或用户界面开发系统（User Interface Development Systems）提供的现成的模块或对象创建各种界面基本成分的工作。

⑤人文因素主要包括以下内容：

A.人机匹配性：用户是人，计算机系统作为人完成任务的工具，应该使计算机和人组成的人机系统很好地匹配工作；如果有矛盾，应该让计算机去适应人，而不是人去适应计算机。

B.人的固有技能：作为计算机用户的人具有许多固有的技能。对这些能力的分析和综合，有助于对用户所能胜任的，处理人机界面的复杂程度，以及用户能从界面获得多少知识和帮助，以及所花费的时间做出估计或判断。

C.人的固有弱点：人具有遗忘、易出错、注意力不集中、情绪不稳定等固有弱点。设计良好的人机界面应尽可能减少用户操作使用时的记忆量，应力求避免可能发生的错误。

D.用户的知识经验和受教育程度：使用计算机用户的受教育程度，决定了他对计算机系统的知识经验。

E.用户对系统的期望和态度。

2.知识库

知识库用来存放专家提供的知识。专家系统的问题求解过程是通过知识库中的知识来模拟专家的思维方式的，因此，知识库是专家系统质量是否优越的关键所在，即知识库中知识的质量和数量决定着专家系统的质量水平。一般来说，专家系统中的知识库与专家系统程序是相互独立的，用户可以通过改变、完善知识库中的知识内容来提高专家系统的性能。

人工智能中的知识表示形式有产生式、框架、语义网络等，而在专家系统中运用得较为普遍的知识是产生式规则。产生式规则以IF…THEN…的形式出现，就像BASIC等编程语言里的条件语句一样，IF后面跟的是条件（前件），THEN后面的是结论（后件），条件与结论均可以通过逻辑运算AND、OR、NOT进行复合。在这里，产生式规则的理解非常简单：如果前提条件得到满足，就产生相应的动作或结论。

3.推理机

推理机针对当前问题的条件或已知信息，反复匹配知识库中的规则，获得新的结论，以得到问题求解结果。在这里，推理方式可以有正向和反向推理两种。

正向链的策略是寻找出前提可以同数据库中的事实或断言相匹配的那些规则，并运用冲突的消除策略，从这些都可满足的规则中挑选出一个执行，从而改变原来数据库的内容。这样反复地进行寻找，直到数据库的事实与目标一致即找到解答，或者到没有规则可以与之匹配时才停止。

逆向链的策略是从选定的目标出发，寻找执行后果可以达到目标的规则；如果这条规则的前提与数据库中的事实相匹配，问题就得到解决；否则把这条规则的前提作为新的子目标，并对新的子目标寻找可以运用的规则，执行逆向序列的前提，直到最后运用的规则的前提可以与数据库中的事实相匹配，或者直到没有规则再可以应用时，系统便以对话形式请求用户回答并输入必需的事实。由此可见，推理机就如同专家解决问题的思维方式，知识库就是通过推理机来实现其价值的。

4.解释器

解释器（Interpreter），又译为直译器，是一种电脑程序，能够把高级编程语言一行一行直接转译运行。解释器不会一次把整个程序转译出来，只像一位"中间人"，每次运行程序时都要先转成另一种语言再作运行，因此解释器的程序运行速度比较缓慢。它每转译一行程序叙述就立刻运行，然后再转译下一行，再运行，如此不停地进行下去，是专家系统内重要的程序运转部分。

5.综合数据库与知识获取

综合数据库专门用于存储推理过程中所需的原始数据、中间结果和最终结论，往往是作为暂时的存储区。解释器能够根据用户的提问，对结论、求解过程做出说明，因而使专家系统更具有人情味。

知识获取是专家系统知识库是否优越的关键，也是专家系统设计的"瓶颈"问题，通过知识获取，可以扩充和修改知识库中的内容，也可以实现自动学习功能。

四、机器翻译

（一）简介

机器翻译是通过计算机把一种语言转变成另一种语言的过程，又称自动化翻译。机器翻译的主要的目标就是要克服人类的语言障碍，推出能够在实际应用的机器翻译系统。机器翻译归根结底还是一个关于知识处理的问题，它涉及的知识面非常广，随着互联网的普及与高速发展，机器翻译有着非常广阔的应用前景。目前，国内的机器翻译软件不下百种，根据这些软件的翻译特点，大致可以分为三大类：词典翻译类、汉化翻译类和专业翻译类。词典类翻译软件代表可以迅速查询英文单词或词组的词义，并提供单词的发音，为用户了解单词或词组含义提供了极大的便利。但总体来说，这些软件翻译的准确率还有待提高。

（二）机器翻译的发展历史

机器翻译的研究历史可以追溯到20世纪三四十年代。20世纪30年代初，法国科学家G.B.阿尔楚尼提出了用机器来进行翻译的想法。1933年，苏联发明家Π.Π.特罗扬斯基设计了把一种语言翻译成另一种语言的机器，并在同年9月5日登记了他的发明；但是，由于30年代技术水平还很低，他的翻译机没有制成。1946年，第一台现代电子计算机ENIAC诞生，随后不久，信息论的先驱、美国科学家W.Weaver和英国工程师A.D.Booth在讨论电子计算机的应用范围时，于1947年提出了利用计算机进行语言自动翻译的想法。1949年，W.Weaver发表《翻译备忘录》，正式提出机器翻译的思想。走过60年的风风雨雨，机器翻译经历了一条曲折而漫长的发展道路，学术界一般将其划分为如下四个阶段：

1.开创期

1954年，美国乔治敦大学（Georgetown University）在IBM公司协同下，用IBM-701计算机首次完成了英俄机器翻译试验，向公众和科学界展示了机器翻译的可行性，从而拉开了机器翻译研究的序幕。

中国开始这项研究也并不晚，早在1956年，国家就把这项研究列入了全国科学工作发展规划，课题名称是"机器翻译、自然语言翻译规则的建设和自然语言的数学理论"。1957年，中国科学院语言研究所与计算技术研究所合作开展俄汉机器翻译试验，翻译了9种不同类型的较为复杂的句子。

从20世纪50年代开始到20世纪60年代前半期，机器翻译研究呈不断上升的趋势。美国和苏联两个超级大国出于军事、政治、经济目的，均对机器翻译项目提供了大量的资金支持，而欧洲国家由于地缘政治和经济的需要也对机器翻译研究给予了相当大的重视，机器翻译一时出现热潮。这个时期机器翻译虽然刚刚处于开创阶段，但已经进入了乐观的繁荣期。

2.受挫期

1964年，为了对机器翻译的研究进展做出评价，美国科学院成立了语言自动处理咨询委员会(Automatic Language Processing Advisory Committee，简称ALPAC委员会)，开始了为期两年的综合调查分析和测试。

1966年11月，该委员会公布了一个题为《语言与机器》的报告（简称ALPAC报告），该报告全面否定了机器翻译的可行性，并建议停止对机器翻译项目的资金支持。这一报告的发表给了正在蓬勃发展的机器翻译当头一棒，机器翻译研究陷入了近乎停滞的僵局，机器翻译步入萧条期。

3.恢复期

进入70年代后，随着科学技术的发展和各国科技情报交流的日趋频繁，国与国之间的语言障碍显得更为严重，传统的人工作业方式已经远远不能满足需求，迫切地需要计算机来从事翻译工作。同时，计算机科学、语言学研究的发展，特别是计算机硬件技术的大幅度提高以及人工智能在自然语言处理上的应用，从技术层面推动了机器翻译研究的复苏，机器翻译项目又开始发展起来，各种实用的以及实验的系统被先后推出，例如Weinder系统、EURPOTRA多国语翻译系统、TAUM-METEO系统等。

而我国在"十年浩劫"结束后也重新振作起来，机器翻译研究被再次提上日程。"784"工程给予了机器翻译研究足够的重视，80年代中期以后，我国的机器翻译研究发展进一步加快，首先研制成功了KY-1和MT/EC863两个英汉机译系统，表明我国在机器翻译技术方面取得了长足的进步。

4.新时期

随着Internet的普遍应用，世界经济一体化进程的加速以及国际社会交流的日渐频繁，传统的人工作业方式已经远远不能满足迅猛增长的翻译需求，人们对于机器翻译的需求空前增长，机器翻译迎来了一个新的发展机遇。国际性的关于机器翻译研究的会议频繁召开，中国也取得了前所未有的成就，相继推出了一系列机器翻译软件，例如"译星""雅信""通译""华建"等。在市场需求的推动下，商用机器翻译系统迈入了实用化阶段，走进了市场，来到了用户面前。

新世纪以来，随着互联网的出现和普及，数据量激增，统计方法得到充分应用。互联网公司纷纷成立机器翻译研究组，研发了基于互联网大数据的机器翻译系统，从而使机器翻译真正走向实用，例如"百度翻译""谷歌翻译"等。近年来，随着深度学习的进展，机器翻译技术得到了进一步的发展，促进了翻译质量的快速提升，在口语等领域的翻译更加地道流畅。

（三）机器翻译的分类

机译系统可划分为基于规则（Rule-Based）、基于语料库（Corpus-Based）、基于人工神经网络（Neural Machine Translation）三大类。

1.基于规则（Rule-Based）的机译系统

（1）词汇型。

从美国乔治敦大学的机器翻译试验到50年代末的系统，基本上属于这一类机器翻译系统。它们的特点是：

①以词汇转换为中心，建立双语词典，翻译时，文句加工的目的在于立即确定相应于原语各个词的译语等价词。

②如果原语的一个词对应于译语的若干个词，机器翻译系统本身并不能决定选择哪一个，而只能把各种可能的选择全都输出。

③语言和程序不分，语法的规则与程序的算法混在一起，算法就是规则。

由于第一类机器翻译系统的上述特点，它的译文质量是极为低劣的，并且，设计这样的系统是一种十分琐碎而繁杂的工作，系统设计成之后没有扩展的余地，修改时牵一发而动全身，给系统的改进造成极大困难。

（2）语法型。

研究重点是词法和句法，以上下文无关文法为代表，早期系统大多数都属这一类型。语法型系统包括源文分析机构、源语言到目标语言的转换机构和目标语言生成机构3部分。源文分析机构对输入的源文加以分析，这一分析过程通常又可分为词法分析、语法分析和语义分析。通过上述分析可以得到源文的某种形式的内部表示。转换机构用于实现将相对独立于源文表层表达方式的内部表示转换为与目标语言相对应的内部表示。目标语言生成机构实现从目标语言内部表示到目标语言表层结构的转化。

60年代以来建立的机器翻译系统绝大部分是这一类机器翻译系统。它们的特点是：

①把句法的研究放在第一位，首先用代码化的结构标志来表示原语文句的结构，再把原语的结构标志转换为译语的结构标志，最后构成译语的输出文句。

②对于多义词必须进行专门的处理，根据上下文关系选择出恰当的词义，不容许把若干个译文词一揽子列出来。

③语法与算法分开，在一定的条件之下，使语法处于一定类别的界限之内，使语法能由给定的算法来计算，并可由这种给定的算法描写为相应的公式，从而不改变算法也能进行语法的变换，这样，语法的编写和修改就可以不考虑算法。

第2类机器翻译系统不论在译文的质量上还是在使用的方便上，都比第1类机器翻译系统大大地前进了一步。

（3）语义型。

研究重点是在机译过程中引入语义特征信息，以Burtop提出的语义文法和Charles Fillmore提出的格框架文法为代表。语义分析的各种理论和方法主要解决形式和逻辑的统一问题。利用系统中的语义切分规则，把输入的源文切分成若干个相关的语义元成分。再根据语义转化规则，如关键词匹配，找出各语义元成分所对应的语义内部表示。系统通过测试各语义元成分之间的关系，建立它们之间的逻辑关系，形成全文的语义表示。处理过程主要通过查语义词典的方法实现。语义表示形式一般为格框架，也可以是概念依存表示形式。最后，机译系统通过对中间语义表示形式的解释，形成相应的译文。

70年代以来，有些机器翻译者提出了以语义为主的第3类机器翻译系统。引入语义平面之后，就要求在语言描写方面做一些实质性的改变，因为在以句法为主的机器翻译系统中，最小的翻译单位是词，最大的翻译单位是单个的句子，机器翻译的算法只考虑对一个句子的自动加工，而不考虑分属不同句子的词与词之间的联系。第3类机器翻译系统必须超出句子范围来考虑问题，除了义素、词、词组、句子之外，还要研究大于句子的句段和篇章。为了建立第3类机器翻译系统，语言学家要深入研究语义学，数学家要制定语义表示和语义加工的算法，在程序设计方面，也要考虑语义加工的特点。

（4）知识型。

目标是给机器配上人类常识，以实现基于理解的翻译系统，以Tomita提出的知识型机译系统为代表。知识型机译系统利用庞大的语义知识库，把源文转化为中间语义表示，并利用专业知识和日常知识对其加以精练，最后把它转化为一种或多种译文输出。

（5）智能型。

目标是采用人工智能的最新成果，实现多路径动态选择以及知识库的自动重组技术，对不同句子实施在不同平面上的转换。这样就可以把语法、语义、常识几个平面连成一个有机整体，既可继承传统系统优点，又能实现系统自增长的功能。这一类型的系统以中国科学院计算所开发的IMT/EC系统为代表。

2.基于语料库的机译系统

（1）基于统计的机器翻译。

基于统计的机器翻译方法把机器翻译看成是一个信息传输的过程，用一种信道模型对机器翻译进行解释。这种思想认为，源语言句子到目标语言句子的翻译是一个概率问题，任何一个目标语言句子都有可能是任何一个源语言句子的译文，只是概率不同，机器翻译的任务就是找到概率最大的句子。具体方法是将翻译看作对源文通过模型转换为译文的解码过程。因此统计机器翻译又可以分为以下几个问题：模型问题、训练问题、解码问题。所谓模型问题，就是为机器翻译建立概率模型，也就是要定义源语言句子到目标语言句子的翻译概率的计算方法。而训练问题，是要利用语料库来得到这个模型的所有参数。所谓解码问题，则是在已知模型和参数的基础上，对于任何一个输入的源语言句子，去查找概率最大的译文。

实际上，用统计学方法解决机器翻译问题的想法并非20世纪90年代的全新思想，1949年W.Weaver在那个机器翻译备忘录就已经提出使用这种方法，只是由于乔姆斯基(N.Chomsky)等人的批判，这种方法很快就被放弃了。批判的理由主要是一点：语言是无限的，基于经验主义的统计描述无法满足语言的实际要求。

另外，限于当时的计算机速度，统计的价值也无从谈起。计算机不论从速度还是从容量方面都有了大幅度的提高，昔日大型计算机才能完成的工作，今日小型工作站或个人计算机就可以完成了。此外，统计方法在语音识别、文字识别、词典编纂等领域的成功应用也表明这一方法在语言自动处理领域还是很有成效的。

统计机器翻译方法的数学模型是由国际商业机器公司（IBM）的研究人员提出的。在著名的文章《机器翻译的数学理论》中提出了由五种词到词的统计模型，称为IBM模型1到IBM模型5。这五种模型均源自信源=信道模型，采用最大似然法估计参数。由于当时（1993年）计算条件的限制，无法实现基于大规模数据训练。其后，提出了基于隐马尔科夫模型的统计模型也受到重视，该模型被用来替代IBM 模型 2。在这时的研究中，统计模型只考虑了词与词之间的线性关系，没有考虑句子的结构。这在两种语言的语序相差较大时效果可能不会太好。如果在考虑语言模型和翻译模型时将句法结构或语义结构考虑进来，应该会得到更好的结果。

在此文发表后6年，一批研究人员在约翰·霍普金斯大学的机器翻译夏令营上实现了GIZA软件包，随后对该软件进行了优化，加快训练速度。特别是IBM 模型 3到5的训练。同时他提出了更加复杂的模型 6。Och发布的软件包被命名为GIZA++，直到现在，GIZA++还是绝大部分统计机器翻译系统的基石。针对大规模语料的训练，已有GIZA++的若干并行化版本存在。

基于词的统计机器翻译的性能却由于建模单元过小而受到限制。因此，许多研究者开始转向基于短语的翻译方法。Franz-Josef Och提出的基于最大熵模型的区分性训练方法使统计机器翻译的性能极大提高，在此后数年，该方法的性能远远领先于其他方法。一年后Och又修改最大熵方法的优化准则，直接针对客观评价标准进行优化，从而诞生了今天广泛采用的最小错误训练方法(Minimum Error Rate Training)。

另一件促进统计机器翻译进一步发展的重要发明是自动客观评价方法的出现，为翻译结果提供了自动评价的途径，从而避免了烦琐与昂贵的人工评价。最为重要的评价是BLEU评价指标。绝大部分研究者仍然使用BLEU作为评价其研究结果的首要的标准。

Moses是维护较好的开源机器翻译软件，由爱丁堡大学研究人员组织开发。其发布使得以往烦琐复杂的处理简单化。

Google的在线翻译已为人熟知，其背后的技术即为基于统计的机器翻译方法，基本运行原理是通过搜索大量的双语网页内容，将其作为语料库，然后由计算机自动选取最为常见的词与词的对应关系，最后给出翻译结果。不可否认，Google采用的技术是先进的，但它还是经常闹出各种"翻译笑话"。其原因在于：基于统计的方法需要大规模双语语料，翻译模型、语言模型参数的准确性直接依赖于语料的多少，而翻译质量的高低主要取决于概率模型的好坏和语料库的覆盖能力。基于统计的方法虽然不需要依赖大量知识，直接靠统计结果进行歧义消解处理和译文选择，避开了语言理解的诸多难题，但语料的选择和处理工程量巨大。因此通用领域的机器翻译系统很少以统计方法为主。

（2）基于实例的机器翻译。

与统计方法相同，基于实例的机器翻译方法也是一种基于语料库的方法，其基本思想由日本著名的机器翻译专家长尾真提出，他研究了外语初学者的基本模式，发现初学外语的人总是先记住最基本的英语句子和对应的日语句子，而后做替换练习。参照这个学习过程，他提出了基于实例的机器翻译思想，即不经过深层分析，仅仅通过已有的经验知识，通过类比原理进行翻译。其翻译过程是首先将源语言正确分解为句子，再分解为短语碎片，接着通过类比的方法把这些短语碎片译成目标语言短语，最后把这些短语合并成长句。对于实例方法的系统而言，其主要知识源就是双语对照的实例库，不需要什么字典、语法规则库之类的东西，核心的问题就是通过最大限度的统计，得出双语对照实例库。

基于实例的机器翻译对于相同或相似文本的翻译有非常显著的效果，随着例句库规模的增加，其作用也越来越显著。对于实例库中的已有文本，可以直接获得高质量的翻译结果。对与实例库中存在的实例十分相似的文本，可以通过类比推理，并对翻译结果进行少量的修改，构造出近似的翻译结果。

这种方法在初推之时，得到了很多人的推崇。但一段时期后，问题出现了。由于该方法需要一个很大的语料库作为支撑，语言的实际需求量非常庞大。但受限于语料库规模，基于实例的机器翻译很难达到较高的匹配率，往往只有限定在比较窄的或者专业的领域时，翻译效果才能达到使用要求。因而到目前为止，还很少有机器翻译系统采用纯粹的基于实例的方法，一般都是把基于实例的机器翻译方法作为多翻译引擎中的一个，以提高翻译的正确率。

3.基于人工神经网络的机译系统

2013年来，随着深度学习的研究取得较大进展，基于人工神经网络的机器翻译（Neural Machine Translation）逐渐兴起。其技术核心是一个拥有海量结点（神经元）的深度神经网络，可以自动地从语料库中学习翻译知识。一种语言的句子被向量化之后，在网络中层层传递，转化为计算机可以"理解"的表示形式，再经过多层复杂的传导运算，生成另一种语言的译文。实现了"理解语言，生成译文"的翻译方式。这种翻译方法最大的优势在于译文流畅，更加符合语法规范，容易理解。相比之前的翻译技术，质量有"跃进式"的提升。

目前，广泛应用于机器翻译的是长短时记忆（Long Short-Term Memory，LSTM）循环神经网络(Recurrent Neural Network，RNN)。该模型擅长对自然语言建模，把任意长度的句子转化为特定维度的浮点数向量，同时"记住"句子中比较重要的单词，让"记忆"保存比较长的时间。该模型很好地解决了自然语言句子向量化的难题，对利用计算机来处理自然语言来说具有非常重要的意义，使得计算机对语言的处理不再停留在简单的字面匹配层面，而是进一步深入到语义理解的层面。

代表性的研究机构和公司包括加拿大蒙特利尔大学的机器学习实验室，发布了开源的基于神经网络的机器翻译系统Ground Hog。2015年，百度发布了融合统计和深度学习方法的在线翻译系统，Google也在此方面开展了深入研究。

五、问题求解

问题求解，即解决管理活动中由于意外引起的非预期效应或与预期效应之间的偏差。能够求解难题的下棋（如国际象棋）程序的出现，是人工智能发展的一大成就。在下棋程序中应用的推理，如向前看几步，把困难的问题分成一些较容易的子问题等技术，逐渐发展成为搜索和问题归约这类人工智能的基本技术。搜索策略可分为无信息导引的盲目搜索和利用经验知识导引的启发式搜索，它决定着问题求解的推理步骤中使用知识的优先关系。另一种问题的求解程序，是把各种数学公式符号汇编在一起，其性能已达到非常高的水平，并正在被许多科学家和工程师所应用，甚至有些程序还能够用经验来改善其性能。例如，1993年美国发布的一个叫作MACSYMA的软件，它能够进行较复杂的数学公式符号运算。通过数十年的发展，现在人工智能领域的问题求解已经发展到非常先进的程度，基本上能够处理绝大多数涉及数学、物理、化学、生物学等领域的复杂问题。

六、机器学习

（一）简介

机器学习是机器具有智能的重要标志，同时也是机器获取知识的根本途径。有人认为，一个计算机系统如果不具备学习功能，就不能称其为智能系统。机器学习主要研究如何使计算机能够模拟或实现人类的学习功能。机器学习是一个难度较大的研究领域，它与认知科学、神经心理学、逻辑学等学科都有着密切的联系，并对人工智能的其他分支，如专家系统、自然语言理解、自动推理、智能机器人、计算机视觉、计算机听觉等方面，也会起到重要的推动作用。

（二）机器学习的分类

1.基于学习策略的分类

学习策略是指学习过程中系统所采用的推理策略。一个学习系统总是由学习和环境两部分组成。由环境（如书本或教师）提供信息，学习部分则实现信息转换，用能够理解的形式记忆下来，并从中获取有用的信息。在学习过程中，学生（学习部分）使用的推理越少，他对教师（环境）的依赖就越大，教师的负担也就越重。学习策略的分类标准就是根据学生实现信息转换所需的推理多少和难易程度来分类的，依从简单到复杂，从少到多的次序分为以下六种基本类型：

（1）机械学习(Rote learning)。

学习者无须任何推理或其他的知识转换，直接吸取环境所提供的信息。如塞缪尔的跳棋程序，纽厄尔和西蒙的LT系统。这类学习系统主要考虑的是如何索引存贮的知识并加以利用。系统的学习方法是直接通过事先编好、构造好的程序来学习，学习者不做任何工作，或者是通过直接接收既定的事实和数据进行学习，对输入信息不做任何的推理。

（2）示教学习(Learning from instruction)。

学生从环境（教师或其他信息源如教科书等）获取信息，把知识转换成内部可使用的表示形式，并将新的知识和原有知识有机地结合为一体。所以要求学生有一定程度的推理能力，但环境仍要做大量的工作。教师以某种形式提出和组织知识，以使学生拥有的知识可以不断地增加。这种学习方法和人类社会的学校教学方式相似，学习的任务就是建立一个系统，使它能接受教导和建议，并有效地存贮和应用学到的知识。不少专家系统在建立知识库时使用这种方法去实现知识获取。

（3）演绎学习(Learning by deduction)。

学生所用的推理形式为演绎推理。推理从公理出发，经过逻辑变换推导出结论。这种推理是"保真"变换和特化(specialization)的过程，使学生在推理过程中可以获取有用的知识。这种学习方法包含宏操作(macro-operation)学习、知识编辑和组块(Chunking)技术。演绎推理的逆过程是归纳推理。

（4）类比学习(Learning by analogy)。

利用两个不同领域（源域、目标域）中的知识相似性，可以通过类比，从源域的知识（包括相似的特征和其他性质）推导出目标域的相应知识，从而实现学习。类比学习系统可以使一个已有的计算机应用系统转变为适应于新的领域，来完成原先没有设计的相类似的功能。

类比学习需要比上述三种学习方式更多的推理。它一般要求先从知识源（源域）中检索出可用的知识，再将其转换成新的形式，用到新的状况（目标域）中去。类比学习在人类科学技术发展史上起着重要作用，许多科学发现就是通过类比得到的。例如著名的卢瑟福类比就是通过将原子结构（目标域）同太阳系（源域）作类比，揭示了原子结构的奥秘。

（5）基于解释的学习(Explanation-based learning)。

学生根据教师提供的目标概念、该概念的一个例子、领域理论及可操作准则，首先构造一个解释来说明为什么该例子满足目标概念，然后将解释推广为目标概念的一个满足可操作准则的充分条件。EBL已被广泛应用于知识库求精和改善系统的性能。

著名的EBL系统有迪乔恩（G.DeJong）的GENESIS、米切尔（T.Mitchell）的LEXII和LEAP以及明顿（S.Minton）等的PRODIGY。

（6）归纳学习(Learning from induction)。

归纳学习是由教师或环境提供某概念的一些实例或反例，让学生通过归纳推理得出该概念的一般描述。这种学习的推理工作量远多于示教学习和演绎学习，因为环境并不提供一般性概念描述（如公理）。从某种程度上说，归纳学习的推理量也比类比学习大，因为没有一个类似的概念可以作为源概念加以取用。归纳学习是最基本的、发展也较为成熟的学习方法，在人工智能领域中已经得到广泛的研究和应用。

2.基于所获取知识的表示形式分类

学习系统获取的知识可能有：行为规则、物理对象的描述、问题求解策略、各种分类及其他用于任务实现的知识类型。对于学习中获取的知识，主要有以下一些表示形式：

（1）代数表达式参数。

学习的目标是调节一个固定函数形式的代数表达式参数或系数来达到一个理想的性能。

（2）决策树。

用决策树来划分物体的类属，树中每一内部节点对应一个物体属性，而每一边对应于这些属性的可选值，树的叶节点则对应于物体的每个基本分类。

（3）形式文法。

在识别一个特定语言的学习中，通过对该语言的一系列表达式进行归纳，形成该语言的形式文法。

（4）产生式规则。

产生式规则表示为条件—动作对，已被极为广泛地使用。学习系统中的学习行为主要是：生成、泛化、特化（Specialization）或合成产生式规则。

（5）形式逻辑表达式。

形式逻辑表达式的基本成分是命题、谓词、变量、约束变量范围的语句，以及嵌入的逻辑表达式。

（6）图和网络。

有的系统采用图匹配和图转换方案来有效地比较和索引知识。

（7）框架和模式（schema）。

每个框架包含一组槽，用于描述事物（概念和个体）的各个方面。

（8）计算机程序和其他的过程编码。

获取这种形式的知识，目的在于取得一种能实现特定过程的能力，而不是为了推断该过程的内部结构。

（9）神经网络。

这主要用在联接学习中。通过学习所获取的知识，最后归纳为一个神经网络。

（10）多种表示形式的组合。

有时一个学习系统中获取的知识需要综合应用上述几种知识表示形式。

根据表示的精细程度，可将知识表示形式分为两大类：泛化程度高的粗粒度符号表示泛化程度低的精粒度亚符号(sub-symbolic)表示。像决策树、形式文法、产生式规则、形式逻辑表达式、框架和模式等属于符号表示类；而代数表达式参数、图和网络、神经网络等则属亚符号表示类。

3.按应用领域分类

最主要的应用领域有：专家系统、认知模拟、规划和问题求解、数据挖掘、网络信息服务、图象识别、故障诊断、自然语言理解、机器人和博弈等领域。从机器学习的执行部分所反映的任务类型上看，大部分的应用研究领域基本上集中于以下两个范畴：分类和问题求解。

（1）分类任务要求系统依据已知的分类知识对输入的未知模式（该模式的描述）做分析，以确定输入模式的类属。相应的学习目标就是学习用于分类的准则（如分类规则）。

（2）问题求解任务要求对于给定的目标状态，寻找一个将当前状态转换为目标状态的动作序列；机器学习在这一领域的研究工作大部分集中于通过学习来获取能提高问题求解效率的知识（如搜索控制知识、启发式知识等）。

4.综合分类

综合考虑各种学习方法出现的历史渊源、知识表示、推理策略、结果评估的相似性、研究人员交流的相对集中性以及应用领域等诸因素。将机器学习方法区分为以下六类：

（1）经验性归纳学习(empirical inductive learning)。

经验性归纳学习采用一些数据密集的经验方法（如版本空间法、ID3法、定律发现方法）对例子进行归纳学习。其例子和学习结果一般都采用属性、谓词、关系等符号表示。它相当于基于学习策略分类中的归纳学习，但扣除联接学习、遗传算法、加强学习的部分。

（2）分析学习（analytic learning）。

分析学习方法是从一个或少数几个实例出发，运用领域知识进行分析。其主要特征为：

①推理策略主要是演绎，而非归纳。

②使用过去的问题求解经验（实例）指导新的问题求解，或产生能更有效地运用领域知识的搜索控制规则。

③分析学习的目标是改善系统的性能，而不是新的概念描述。分析学习包括应用解释学习、演绎学习、多级结构组块以及宏操作学习等技术。

（3）类比学习。

它相当于基于学习策略分类中的类比学习。在这一类型的学习中比较引人注目的研究是通过与过去经历的具体事例作类比来学习，称为基于范例的学习(case_based learning)，或简称范例学习。

（4）遗传算法（genetic algorithm）。

遗传算法模拟生物繁殖的突变、交换和达尔文的自然选择（在每一生态环境中适者生存）。它把问题可能的解编码为一个向量，称为个体，向量的每一个元素称为基因，并利用目标函数（相应于自然选择标准）对群体（个体的集合）中的每一个个体进行评价，根据评价值（适应度）对个体进行选择、交换、变异等遗传操作，从而得到新的群体。遗传算法适用于非常复杂和困难的环境，比如，带有大量噪声和无关数据、事物不断更新、问题目标不能明显和精确地定义，以及通过很长的执行过程才能确定当前行为的价值等。同神经网络一样，遗传算法的研究已经发展为人工智能的一个独立分支，其代表人物为霍勒德（J.H.Holland）。

（5）联接学习。

典型的联接模型实现为人工神经网络，其由称为神经元的一些简单计算单元以及单元间的加权联接组成。

（6）增强学习（reinforcement learning）。

增强学习的特点是通过与环境的试探性（trial and error）交互来确定和优化动作的选择，以实现所谓的序列决策任务。在这种任务中，学习机制通过选择并执行动作，导致系统状态的变化，并有可能得到某种强化信号（立即回报），从而实现与环境的交互。强化信号就是对系统行为的一种标量化的奖惩。系统学习的目标是寻找一个合适的动作选择策略，即在任一给定的状态下选择哪种动作的方法，使产生的动作序列可获得某种最优的结果（如累计立即回报最大）。

在综合分类中，经验归纳学习、遗传算法、联接学习和增强学习均属于归纳学习，其中经验归纳学习采用符号表示方式，而遗传算法、联接学习和加强学习则采用亚符号表示方式；分析学习属于演绎学习。

实际上，类比策略可看成是归纳和演绎策略的综合。因而最基本的学习策略只有归纳和演绎。

从学习内容的角度看，采用归纳策略的学习由于是对输入进行归纳，所学习的知识显然超过原有系统知识库所能蕴含的范围，所学结果改变了系统的知识演绎闭包，因而这种类型的学习又可称为知识级学习；而采用演绎策略的学习尽管所学的知识能提高系统的效率，但仍能被原有系统的知识库所蕴含，即所学的知识未能改变系统的演绎闭包，因而这种类型的学习又被称为符号级学习。

七、逻辑推理与定理证明

逻辑推理是人工智能研究中最持久的领域之一，其中特别重要的是要找到一些方法，只把注意力集中在一个大型的数据库中的有关事实上，留意可信的证明，并在出现新信息时适时修正这些证明。医疗诊断和信息检索都可以和定理证明问题一样加以形式化。因此，在人工智能方法的研究中，定理证明是一个极其重要的论题。

八、自然语言处理

（一）简介

自然语言的处理是人工智能技术应用于实际领域的典型范例，经过多年艰苦努力，这一领域已获得了大量令人瞩目的成果。目前该领域的主要课题是，计算机系统如何以主题和对话情境为基础，注重大量的常识———世界知识和期望作用，生成和理解自然语言。这是一个极其复杂的编码和解码问题。

（二）详细介绍

语言是人类区别其他动物的本质特性。在所有生物中，只有人类才具有语言能力。人类的多种智能都与语言有着密切的关系。人类的逻辑思维以语言为形式，人类的绝大部分知识也是以语言文字的形式记载和流传下来的。因而，它也是人工智能的一个重要甚至核心部分。

用自然语言与计算机进行通信，这是人们长期以来所追求的。因为它既有明显的实际意义，同时也有重要的理论意义：人们可以用自己最习惯的语言来使用计算机，而无须再花大量的时间和精力去学习不很自然和习惯的各种计算机语言；人们也可通过它进一步了解人类的语言能力和智能的机制。

实现人机间自然语言通信意味着要使计算机既能理解自然语言文本的意义，也能以自然语言文本来表达给定的意图、思想等。前者称为自然语言理解，后者称为自然语言生成。因此，自然语言处理大体包括了自然语言理解和自然语言生成两个部分。历史上对自然语言理解研究得较多，而对自然语言生成研究得较少。但这种状况已有所改变。

无论实现自然语言理解，还是自然语言生成，都远不如人们原来想象的那么简单，而是十分困难的。从现有的理论和技术现状看，通用的、高质量的自然语言处理系统，仍然是较长期的努力目标，但是针对一定应用，具有相当自然语言处理能力的实用系统已经出现，有些已商品化，甚至开始产业化。典型的例子有：多语种数据库和专家系统的自然语言接口、各种机器翻译系统、全文信息检索系统、自动文摘系统等。

自然语言处理，即实现人机间自然语言通信，或实现自然语言理解和自然语言生成是十分困难的。造成困难的根本原因是自然语言文本和对话的各个层次上广泛存在的各种各样的歧义性或多义性（ambiguity）。

一个中文文本从形式上看是由汉字（包括标点符号等）组成的一个字符串。由字可组成词，由词可组成词组，由词组可组成句子，进而由一些句子组成段、节、章、篇。无论在上述的各种层次：字（符）、词、词组、句子、段……还是在下一层次向上一层次转变中都存在着歧义和多义现象，即形式上一样的一段字符串，在不同的场景或不同的语境下，可以理解成不同的词串、词组串等，并有不同的意义。一般情况下，它们中的大多数都是可以根据相应的语境和场景的规定而得到解决的。也就是说，从总体上说，并不存在歧义。这也就是我们平时并不感到自然语言歧义，和能用自然语言进行正确交流的原因。但是一方面，我们也看到，为了消解歧义，是需要极其大量的知识和进行推理的。如何将这些知识较完整地加以收集和整理出来？又如何找到合适的形式，将它们存入计算机系统中去？以及如何有效地利用它们来消除歧义，都是工作量极大且十分困难的工作。这不是少数人短时期内可以完成的，还有待长期的、系统的工作。一个中文文本或一个汉字（含标点符号等）串可能有多个含义。它是自然语言理解中的主要困难和障碍。反过来，一个相同或相近的意义同样可以用多个中文文本或多个汉字串来表示。

因此，自然语言的形式（字符串）与其意义之间是一种多对多的关系。其实这也正是自然语言的魅力所在。但从计算机处理的角度看，我们必须消除歧义，而且有人认为它正是自然语言理解中的中心问题，即要把带有潜在歧义的自然语言输入转换成某种无歧义的计算机内部表示。

歧义现象的广泛存在使得消除它们需要大量的知识和推理，这就给基于语言学的方法、基于知识的方法带来了巨大的困难，因而以这些方法为主流的自然语言处理研究几十年来一方面在理论和方法方面取得了很多成就，但在能处理大规模真实文本的系统研制方面成绩并不显著。研制的一些系统大多数是小规模的、研究性的演示系统。

目前存在的问题有两个方面：一方面，迄今为止的语法都限于分析一个孤立的句子，上下文关系和谈话环境对本句的约束和影响还缺乏系统的研究，因此分析歧义、词语省略、代词所指、同一句话在不同场合或由不同的人说出来所具有的不同含义等问题，尚无明确规律可循，需要加强语用学的研究才能逐步解决。另一方面，人理解一个句子不是单凭语法，还运用了大量的有关知识，包括生活知识和专门知识，这些知识无法全部贮存在计算机里。因此一个书面理解系统只能建立在有限的词汇、句型和特定的主题范围内；计算机的贮存量和运转速度大大提高之后，才有可能适当扩大范围。

以上存在的问题成为自然语言理解在机器翻译应用中的主要难题，这也就是当今机器翻译系统的译文质量离理想目标仍相差甚远的原因之一；而译文质量是机译系统成败的关键。中国数学家、语言学家周海中教授曾在经典论文《机器翻译五十年》中指出：要提高机译的质量，首先要解决的是语言本身问题而不是程序设计问题；单靠若干程序来做机译系统，肯定是无法提高机译质量的；另外在人类尚未明了大脑是如何进行语言的模糊识别和逻辑判断的情况下，机译要想达到"信、达、雅"的程度是不可能的。

九、计算机视觉

（一）简介

计算机视觉是一门用计算机实现或模拟人类视觉功能的新兴学科，其主要研究目标是使计算机具有通过二维图像认知三维环境信息的能力，这种能力不仅包括对三维环境中物体形状、位置、姿态、运动等几何信息的感知，还包括对这些信息的描述、存储、识别与理解。目前，计算机视觉已在人类社会的许多领域得到成功应用。例如，在图像、图形识别方面有指纹识别、染色体识别、字符识别等；在航天与军事方面有卫星图像处理、飞行器跟踪、成像精确制导、景物识别、目标检测等；在医学方面有图像的脏器重建、医学图像分析等；在工业方面有各种监测系统和生产过程监控系统等。

（二）计算机视觉原理

计算机视觉就是用各种成像系统代替视觉器官作为输入敏感手段，由计算机来代替大脑完成处理和解释。计算机视觉的最终研究目标就是使计算机能像人那样通过视觉观察和理解世界，具有自主适应环境的能力。要经过长期的努力才能达到的目标。因此，在实现最终目标以前，人们努力的中期目标是建立一种视觉系统，这个系统能依据视觉敏感和反馈的某种程度的智能完成一定的任务。例如，计算机视觉的一个重要应用领域就是自主车辆的视觉导航，还没有条件实现像人那样能识别和理解任何环境，完成自主导航的系统。因此，人们努力的研究目标是实现在高速公路上具有道路跟踪能力，可避免与前方车辆碰撞的视觉辅助驾驶系统。这里要指出的一点是在计算机视觉系统中计算机起代替人脑的作用，但并不意味着计算机必须按人类视觉的方法完成视觉信息的处理。计算机视觉可以而且应该根据计算机系统的特点来进行视觉信息的处理。但是，人类视觉系统是迄今为止，人们所知道的功能最强大和完善的视觉系统。如在以下的章节中会看到的那样，对人类视觉处理机制的研究将给计算机视觉的研究提供启发和指导。因此，用计算机信息处理的方法研究人类视觉的机理，建立人类视觉的计算理论，也是一个非常重要和让人感兴趣的研究领域。这方面的研究被称为计算视觉（Computational Vision）。计算视觉可被认为是计算机视觉中的一个研究领域。

第四节　人工智能的未来与展望

一、人工智能的困境与问题

（一）理论不够成熟

人工智能理论从诞生发展到现在，已经从最初的"经典控制论"发展到现今的反馈控制、最优控制、模糊逻辑控制、专家智能控制理论等若干分支理论，但是除了"经典控制论"建构了详尽而规范的理论体系之外，其他后发展起来的智能控制理论，或多或少都是依据一定的工程背景或特殊的应用场合才逐步发展起来的，因此，人工智能控制理论的发展呈现出不同的理论算法只适用于特定的领域或工程背景、理论的通用性和可移植性较弱的特点；另外，人工智能理论的发展与人工智能技术的实现是相辅相成的，有的人工智能理论的发展先于技术的实现，有的理论算法是在特定的工程应用领域内的研究才获得或提出的，因此，人工智能技术的实现对于理论的发展也存在了一定程度的影响，而且很多人工智能的理论的提出或算法的分析研究都是以相关的技术实现为假设前提的，这就决定了很多人工智能的理论在某些特定的方面必然存在一定的局限性，因此，到目前为止，人工智能理论的发展还尚未形成一个完整而系统的理论结构框架。

（二）技术上难以实现

在人脑思维过程中的大脑神经网络连接活动具有不可重复性。而符号化的思维活动（比如语言符号的语义约定）却具有可重复的普遍共性。因此，在大脑神经网络连接活动与符号化的思维活动之间，并不存在具有普遍意义的映射关系。换句话说，大脑神经网络连接活动与符号化的思维活动是两条永不相交的平行线。因此，如果要想模拟人类思维活动，应该模拟符号化思维活动，而不是模拟思维活动的生物过程。

另外，要提高人工智能技术的使用价值，应该从系统方案设计之初就充分重视人机优势互补的方法论探讨，而不仅仅是将人机对话、人机互补当成一个不得已的补丁或遮羞布。实践证明，任何以自动化技术为中心的人机接口技术，其应用价值往往大打折扣。同时，只有加强人工智能工程技术开发的方法论研究，建立人工智能工程技术可行性论证规范，才能尽可能降低开发风险，保证人工智能工程性项目开发的顺利完成和市场前景。

目前来说，在人工智能领域现阶段应用中由于技术限制而产生的问题主要有以下几个方面：

1.机器翻译所面临的问题

在计算机诞生的初期，有人提出了用计算机实现自动翻译的设想。目前机器翻译所面临的问题仍然是1964年语言学家黑列尔所说的构成句子的单词和歧义性问题。歧义性问题一直是自然语言理解(NLU)中的一大难关。同样一个句子在不同的场合使用，其含义的差异是司空见惯的。因此，要消除歧义性就要对原文的每一个句子及其上下文进行分析理解，寻找导致歧义的词和词组在上下文中的准确意义。然而，计算机却往往孤立地将句子作为理解单位。另外，即使对原文有了一定的理解，理解的意义如何有效地在计算机里表示出来也存在问题。目前的NLU系统几乎不能随着时间的增长而增强理解力，系统的理解大都局限于表层上，没有深层的推敲，没有学习，没有记忆，更没有归纳。导致这种结果的原因是计算机本身结构和研究方法的问题。现在NLU的研究方法很不成熟，大多数研究局限在语言这一单独的领域，而没有对人们是如何理解语言这个问题做深入有效的探讨。

2.自动定理证明和GPS的局限

自动定理证明的代表性工作是1965年鲁宾逊提出的归结原理。归结原理虽然简单易行，但它所采用的方法是演绎，而这种形式上的演绎与人类自然演绎推理方法是截然不同的。基于归结原理演绎推理要求把逻辑公式转化为子句集合，从而丧失了其固有的逻辑蕴含语义。前面曾提到过的GPS是企图实现一种不依赖于领域知识求解人工智能问题的通用方法。GPS想摆脱对问题内部表达形式的依赖，但是问题的内部表达形式的合理性是与领域知识密切相关的。不管是用一阶谓词逻辑进行定理证明的归结原理，还是求解人工智能问题的通用方法GPS，都可以从中分析出表达能力的局限性，而这种局限性使得它们缩小了其自身的应用范围。

3.模式识别的困惑

虽然使用计算机进行模式识别的研究与开发已取得大量成果，有的已成为产品投入实际应用，但是它的理论和方法与人的感官识别机制是全然不同的。人的识别手段、形象思维能力，是任何最先进的计算机识别系统望尘莫及的，另外，在现实世界中，生活并不是一项结构严密的任务，一般家畜都能轻而易举地对付，但机器不会，这并不是说它们永远不会，而是说目前不会。

（三）应用范围难以突破

由于人工智能理论的复杂性，并且目前理论的发展还未形成系统而详尽的规范框架，因此人工智能技术难以获得广泛的应用，目前仅仅在航天航空、地理信息系统建设、机器人等高端科技领域有所涉及应用。近年来，模糊逻辑控制理论也开始逐步应用于家电产品，但是这只是人工智能技术应用的冰山一角，更加宽广的应用范围有待于理论的加深和硬件技术以及软件算法的发展成熟。我们如果想获得人工智能技术的突破式发展，必须要摆脱知识崇拜，承认和重视人类知识的相对性，是现代科学精神的精髓。充分理解具有封闭性特征的公共知识系统在解决探索性问题时只具有辅助功能和参考价值具有十分重要的意义。因为无论多么复杂的人工智能技术，其基本功能仍然是提供公共知识服务。

二、人工智能发展展望

人工智能作为一个整体的研究才刚刚开始，离我们的目标还很遥远，但人工智能在某些方面将会有大的突破。而且人工智能是一门跨学科，需要多学科提供基础支持的科学，它将随着神经网络、大数据的发展而不断发展。如今，人工智能相关领域的研究成果已被广泛地应用于国民生活、工业生产、国防建设等各个领域。在信息网络和知识经济时代，人工智能技术正受到越来越广泛的重视，必将为推动科技进步和产业的发展发挥更大的作用。我们有理由相信：在未来的发展过程中，随着科学技术的不断发展和信息化的不断推进，人工智能将迈入一个快速发展的时代，其功能、其应用都将得到空前的发展。人工智能技术也将更大程度上改变我们的生活、改变我们的世界。

（1）自动推理是人工智能最经典的研究分支，其基本理论是人工智能其他分支的共同基础。一直以来自动推理都是人工智能研究的最热门内容之一，其中知识系统的动态演化特征及可行性推理的研究是最新的热点，很有可能取得大的突破。

（2）机器学习的研究取得长足的发展。许多新的学习方法相继问世并获得了成功的应用，如增强学习算法、reinforcement learning等。也应看到，现有的方法处理在线学习方面尚不够有效，寻求一种新的方法，以解决移动机器人、自主agent、智能信息存取等研究中的在线学习问题是研究人员共同关心的问题，相信不久会在这些方面取得突破。

（3）自然语言处理是AI技术应用于实际领域的典型范例，经过AI研究人员的艰苦努力，这一领域已获得了大量令人瞩目的理论与应用成果。许多产品已经进入了众多领域。智能信息检索技术在Internet技术的影响下，近年来迅猛发展，已经成为了AI的一个独立研究分支。由于信息获取与精化技术已成为当代计算机科学与技术研究中迫切需要研究的课题，将AI技术应用于这一领域的研究是人工智能走向应用的契机与突破口。从近年的人工智能发展来看，这方面的研究已取得了可喜的进展。

人工智能一直处于计算机技术的前沿，其研究的理论和发现在很大程度上将决定计算机技术的发展方向。今天，已经有很多人工智能研究的成果进入人们的日常生活。将来，人工智能技术的发展将会给人们的生活、工作和教育等带来更大的影响。

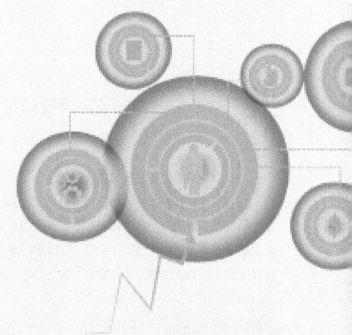

第三章

大数据与人工智能

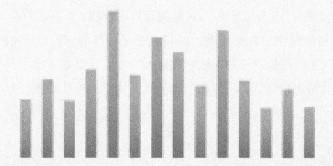

第一节　大数据与人工智能的关系

一、大数据是人工智能发展的基石

任何智能的发展，其实都需要一个学习的过程。而近期人工智能之所以能取得突飞猛进的进展，不能不说是因为这些年来大数据长足发展的结果。正是由于各类感应器和数据采集技术的发展，我们开始拥有以往难以想象的海量数据，同时，也开始在某一领域拥有深度的、细致的数据。而这些，都是训练某一领域"智能"的前提。

如果我们把人工智能看成一个嗷嗷待哺拥有无限潜力的婴儿，某一领域专业的海量的深度的数据就是喂养这个天才的奶粉。奶粉的数量决定了婴儿是否能长大，而奶粉的质量则决定了婴儿后续的智力发育水平。

与以前的众多数据分析技术相比，人工智能技术立足于神经网络，同时发展出多层神经网络，从而可以进行深度机器学习。与以往传统的算法相比，这一算法并无多余的假设前提（比如线性建模需要假设数据之间的线性关系），而是完全利用输入的数据自行模拟和构建相应的模型结构。这一算法特点决定了它是更为灵活的且可以根据不同的训练数据而拥有自优化的能力。

但这一显著的优点带来的便是显著增加的运算量。在计算机运算能力取得突破以前，这样的算法几乎没有实际应用的价值。十几年前，我们尝试用神经网络运算一组并不海量的数据，整整等待三天都不一定会有结果。但今天的情况却大大不同了。高速并行运算、海量数据、更优化的算法共同促成了人工智能发展的突破。这一突破，如果我们在30年以后回头来看，将会是不弱于互联网对人类产生深远影响的另一项技术，它所释放的力量将再次彻底改变我们的生活。

二、人工智能发展让大数据海洋更加广阔

数据深入挖掘和处理是深入了解日志数据的关键，因为日志数据在大数据领域里成规模分布。人工智能的发展可以确保数据的采集、分析处理，同时，它对数据的显示结果规制和事件驱动的履行和数据流一样高速。日志分析自动化主要引擎包括机器数据集成中间件、业务规则管理、系统语义分析、数据流计算平台和人工智能算法。

不同的人工智能技术适合不同类型的日志数据以及不同的分析挑战。利用相关性与其他现有模式为人工智能机制构建先验性监督方案才是正确的处理方式。如果日志数据模式无法以预告方式做出精确定义，那么非监督性强化学习机制可能更为适合。这些由人工

智能技术支持的日志数据分析方案可谓自动化处理的最理想场景，因为此类方案会自主选择匹配程度较高的处理模式并进行优先级排序，从而在无法人为提供培训数据集的前提下完成既定任务。

"深入学习"（deep learning）成为了大数据科学家的人工智能开发系统中的一个重要工具。利用神经网络开展的深入学习有助于从这些数据流中提取感知能力，因为这些数据流可能涉及组成对象之间语义关系的层次结构安排。

人工智能对大数据应用投资回报的贡献主要体现在两个方面：一是促进数据科学家们的多产性；二是发现一些被忽视的方案，有些方案甚至遭到了最好的数据科学家们的忽视。这些价值来自于人工智能的核心功能，即让分析算法无须人类干预和显式程序即可对最新数据进行学习。许多情况下，人工智能是大数据创新的最佳投资回报，人工智能的发展也让大数据的挖掘更上一层楼。

第二节　大数据与人工智能的融合

大数据和人工智能是现代计算机技术应用的重要分支，近年来这两个领域的研究相互交叉促进，产生了很多新的方法、应用和价值。大数据和人工智能具有天然的联系，大数据的发展本身使用了许多人工智能的理论和方法，人工智能也因大数据技术的发展步入了一个新的发展阶段，并反过来推动大数据的发展。

什么是大数据？这是一种文化基因（meme），一个营销术语。确实如此，不过也是技术领域发展趋势的一个概括，这一趋势打开了理解世界和制定决策的新办法之门。根据技术研究机构IDC的预计，大量新数据无时无刻不在涌现，它们以每年50%的速度在增长，或者说每两年就要翻一番多。并不仅仅是数据的洪流越来越大，而且全新的支流也会越来越多。比方说，现在全球就有无数的数字传感器依附在工业设备、汽车、电表和板条箱上。它们能够测定方位、运动、振动、温度、湿度甚至大气中的化学变化，并可以通信。将这些通信传感器与计算智能连接在一起，你就能够看到所谓的物联网（Internet of Things）或者工业互联网（Industrial Internet）的崛起，对信息访问的改善也为大数据趋势推波助澜。

大数据技术是继移动互联技术和云计算技术之后一项颠覆性的信息技术，它使得我们拥有了对一些数量巨大、种类繁多、价值密度极低、本身快速变化的数据有效和低成本存取、检索、分类、统计的能力。但这并不意味着我们今天能够有效和低成本地了解这些数据中蕴藏的巨大价值，尤其是这些数据中隐性的社会科学规律和经验所代表的巨大价值。所幸，人工智能领域的一些理论和比较实用的方法，已经开始用于大数据分析方面，并显现出初步令人振奋的结果。本书就大数据和人工智能未来发展的相互关系和潜力进行一些初步探讨。

我们认为，人工智能领域的一些理论和比较实用的方法，能够显著和有效地提升我们所拥有的大数据的使用价值，与此同时，大数据技术的发展也将在为人工智能提供用武之地的同时，唤醒人工智能巨大的潜力，从而使这两个领域的技术和应用出现加速发展的趋势。

大数据技术的战略意义不在于掌握庞大的数据信息，而在于对这些含有意义的数据进行专业化处理。换言之，如果把大数据比作一种产业，那么这种产业实现盈利的关键，在于提高对数据的"加工能力"，通过"加工"实现数据的"增值"。

虽然大数据目前在国内还处于初级阶段，但是商业价值已经显现出来。首先，手中握有数据的公司站在金矿上，基于数据交易即可产生很好的效益；其次，基于数据挖掘会有很多商业模式诞生，定位角度不同，或侧重数据分析。比如帮企业做内部数据挖掘，或侧重优化，帮企业更精准找到用户，降低营销成本，提高企业销售率，增加利润。据统计，目前大数据所形成的市场规模在151亿美元左右，而到2020年，预计会上涨到530亿美元。

时至今日，包括IBM、HP、EMC、Oracle、微软、Intel、TeraData等IT企业纷纷推出自己的大数据解决方案。到目前为止，大数据技术已能够使一些数量巨大、种类繁多、价值密度极低、本身快速变化的数据的使用价值凸显出来，初步展现大数据的价值。

建立具有真正意义的人工智能系统，是人类一直以来的梦想。面向大数据和人工智能的研究近来呈现出螺旋上升式发展态势，大数据时代的到来，赋予人工智能新的起点、新的使命和新的召唤。因此，在不久的将来，我们不难想象，大数据和人工智能领域的各种理论和方法会有加速的发展趋势，在大数据与人工智能融合后，从而史无前例地影响整个人类的发展进程。

第三节　大数据与人工智能的运用

人工智能技术包括推理技术、搜索技术、知识表示与知识库技术、归纳技术、联想技术、分类技术、聚类技术等，其中最基本的三种技术即知识表示、推理和搜索都在大数据中得到了体现。

一、知识表示

知识表示是指在计算机中对知识的一种描述，是一种计算机可以接受的用于描述知识的数据结构。由于目前对人类知识的结构及机制还没有完全搞清楚，因此关于知识表示的理论及规范尚未建立起来。尽管如此，人们在对智能技术系统的研究及建立过程中还是结合具体研究提出了一些知识表示方法：符号表示法和连接机制表示法。

符号表示法使用各种包含具体含义的符号，以各种不同的方式和次序组合起来表示知识，它主要用来表示逻辑性知识。连接表示法是把各种物理对象以不同的方式及次序连接起来，并在其间相互传递及加工各种包含具体意义的信息。大数据中关联规则的挖掘用到了符号表示法。关联规则挖掘是从大量的数据中挖掘出有价值的描述数据项之间相互联系的有关知识。例如，通过分析某个超市的数据库后，发现许多顾客在购买A牌牛奶时，同时也购买了A牌面包，显然这是一个很重要的知识，因为它可以帮助商家对这两种商品打包出售，并且及时调整货架商品摆放。连接表示法对应于大数据中神经网络分类法。神经网络通过调整权重来实现输入样本与其类别的对应，从而达到从训练后的神经网络中挖掘出知识。

二、推理技术

推理技术从已知的事实出发，运用已掌握的知识，找出其中蕴含的实事，或归纳出新的实事。推理可分为经典推理和非经典推理，前者包括自然演绎推理、归纳演绎推理、与/或形演绎推理等，后者主要包括多值逻辑推理、模态逻辑推理、非单调推理等。

一般而言，大数据在处理过程中其基本思想是非经典的，而其依据的"剪枝"规则应该是经过经典推理严格证实的———有其严格的数学背景。比如，聚类处理时的基本思想是基于非经典推理，但为了提高效率而采取的"剪枝"技术必须保证完备性、正确性，经得起推理，否则便成了随意剪枝和删除信息，虽然提高了效率，但其正确性不能保证，就没有什么意义了。

三、搜索技术

搜索是根据问题的实际情况不断寻找可利用的知识，从而构造一条代价较小的推理路线。搜索分为盲目搜索和启发式搜索，盲目搜索是按预定的控制策略进行搜索，在搜索过程中获得的中间信息不用来改进控制策略。启发式搜索是在搜索过程中加入与问题有关的启发性信息，用于指导搜索朝着最有希望的方向前进，加速问题的求解过程，并找到最优解。搜索机制在大数据中得到了最详尽的体现。例如，在属性约简中，如果我们发现某一列属性的取值完全一样或区分能力不大，则可以提前删去。搜索机制提高了大数据的效率，这对解决人工智能中的NP难问题是一个积极的探索。

第四节　大数据与人工智能的发展

"机器学习"是人工智能的核心研究领域之一，其最初的研究动机是为了让计算机系统具有人的学习能力以便实现人工智能，因为众所周知，没有学习能力的系统很难被认为是具有智能的。目前被广泛采用的机器学习的定义是"利用经验来改善计算机系统自身的性能"。事实上，由于"经验"在计算机系统中主要是以数据的形式存在的，因此机器学习需要设法对数据进行分析，这就使得它逐渐成为智能数据分析技术的创新源之一，并且为此而受到越来越多的关注。

"大数据"和"知识发现"通常被相提并论，并在许多场合被认为是可以相互替代的术语。对大数据有多种文字不同但含义接近的定义，例如"识别出巨量数据中有效的、新颖的、潜在有用的、最终可理解的模式的非平凡过程"。其实顾名思义，大数据就是试图从海量数据中找出有用的知识。大体上看，大数据可以视为机器学习和数据库的交叉，它主要利用机器学习界提供的技术来分析海量数据，利用数据库界提供的技术来管理海量数据。

一、大数据与人工智能结合发展的实例

随着计算机技术的飞速发展，人类收集数据、存储数据的能力得到了极大的提高，无论是科学研究还是社会生活的各个领域中都积累了大量的数据，对这些数据进行分析以发掘数据中蕴含的有用信息，成为几乎所有领域的共同需求。正是在这样的大趋势下，机器学习和大数据技术的作用日渐重要，受到了广泛的关注。

例如，网络安全是计算机界的一个热门研究领域，特别是在入侵检测方面，不仅有很多理论成果，还出现了不少实用系统。那么，人们如何进行入侵检测呢？首先，人们可

以通过检查服务器日志等手段来收集大量的网络访问数据，这些数据中不仅包含正常访问模式还包含入侵模式。然后，人们就可以利用这些数据建立一个可以很好地把正常访问模式和入侵模式分开的模型。这样，在今后接收到一个新的访问模式时，就可以利用这个模型来判断这个模式是正常模式还是入侵模式，甚至判断出具体是何种类型的入侵。显然，这里的关键问题是如何利用以往的网络访问数据来建立可以对今后的访问模式进行分类的模型，而这正是机器学习和大数据技术的强项。

实际上，机器学习和大数据技术已经开始在多媒体、计算机图形学、计算机网络乃至操作系统、软件工程等计算机科学的众多领域中发挥作用，特别是在计算机视觉和自然语言处理领域，机器学习和大数据已经成为最流行、最热门的技术，以至于在这些领域的顶级会议上相当多的论文都与机器学习和大数据技术有关。总的来看，引入机器学习和大数据技术在计算机科学的众多分支领域中都是一个重要趋势。

机器学习和大数据技术还是很多交叉学科的重要支撑技术。例如，生物信息学是一个新兴的交叉学科，它试图利用信息科学技术来研究从DNA到基因、基因表达、蛋白质、基因电路、细胞、生理表现等一系列环节上的现象和规律。随着人类基因组计划的实施，以及基因药物的美好前景，生物信息学得到了蓬勃发展。实际上，从信息科学技术的角度来看，生物信息学的研究是一个从"数据"到"发现"的过程，这中间包括数据获取、数据管理、数据分析、仿真实验等环节，而"数据分析"这个环节正是机器学习和大数据技术的舞台。

正因为机器学习和大数据技术的进展对计算机科学乃至整个科学技术领域都有重要意义，美国NASA-JPL实验室的科学家在*Science*上专门撰文指出，机器学习对科学研究的整个过程正起到越来越大的支持作用，并认为该领域将稳定而快速地发展，并将对科学技术的发展发挥更大的促进作用。NASA-JPL实验室的全名是美国航空航天局喷气推进实验室，位于加州理工学院，是美国尖端技术的一个重要基地，著名的"勇气"号和"机遇"号火星机器人正是在这个实验室完成的。从目前公开的信息来看，机器学习和大数据技术在这两个火星机器人上有大量的应用。

除了在科学研究中发挥重要作用，机器学习与大数据技术与普通人的生活也息息相关。例如，在天气预报、地震预警、环境污染检测等方面，有效地利用机器学习和大数据技术对卫星传递回来的大量数据进行分析，是提高预报、预警、检测准确性的重要途径；在商业营销中，对利用条形码技术获得的销售数据进行分析，不仅可以帮助商家优化进货、库存，还可以对用户行为进行分析以设计有针对性的营销策略。

公路交通事故是人类面临的最大杀手之一，全世界每年有上百万人丧生车轮，仅我国每年就有约10万人死于车祸。美国一直在对自动驾驶车辆进行研究，因为自动驾驶车辆不仅在军事上有重要意义，还对减少因酒后、疲劳而引起的车祸有重要作用。在美国

DARPA（国防部先进研究计划局）组织的自动驾驶车辆竞赛中，斯坦福大学的参赛车在完全无人控制的情况下，成功地在6小时53分钟内走完了132英里（约212公里）的路程，获得了冠军。比赛路段是在内华达州西南部的山区和沙漠中，路况相当复杂，有的地方路面只有几米宽，一边是山岩，另一边是百尺深沟，即使有丰富驾驶经验的司机，在这样的路段上行车也是一个巨大的挑战。这一结果显示出自动驾驶车辆已经不再是一个梦想，可能在不久的将来就会走进普通人的生活。值得一提的是，斯坦福大学参赛队正是由一位机器学习专家所领导的，而获胜车辆也大量使用了机器学习和大数据技术。

Google、Yahoo、百度等互联网搜索引擎已经开始改变了很多人的生活方式，例如很多人已经习惯于在出行前通过网络搜索来了解旅游景点的背景知识、寻找合适的旅馆、饭店等。美国新闻周刊曾经对Google有个"一句话评论"："它使得任何人离任何问题的答案之间的距离只有点击一下鼠标这么远。"现在很少有人不知道互联网搜索引擎的用处，但可能很多人并不了解，机器学习和大数据技术正在支撑着这些搜索引擎。其实，互联网搜索引擎是通过分析互联网上的数据来找到用户所需要的信息，而这正是一个机器学习和大数据任务。事实上，无论Google、Yahoo还是微软，其互联网搜索研究核心团队中都有相当大比例的人是机器学习和大数据专家，而互联网搜索技术也正是机器学习和大数据目前的热门研究话题之一。

二、当代大数据与人工智能的发展

机器学习和大数据在过去10年经历了飞速发展，目前已经成为子领域众多、内涵非常丰富的学科领域。"更多、更好地解决实际问题"成为机器学习和大数据发展的驱动力。事实上，过去若干年中出现的很多新的研究方向，例如半监督学习、代价敏感学习、流大数据、社会网络分析等，都起源于实际应用中抽象出来的问题，而机器学习和大数据领域的研究进展，也很快就在众多应用领域中发挥作用。值得指出的是，在计算机科学的很多领域中，成功的标志往往是产生了某种看得见、摸得着的系统，而机器学习和大数据则恰恰相反，它们正在逐渐成为基础性、透明化、无处不在的支持技术、服务技术，在它们真正成功的时候，可能人们已经感受不到它们的存在，人们感受到的只是更健壮的防火墙、更灵活的机器人、更安全的自动汽车、更好用的搜索引擎等。

由于机器学习和大数据技术的重要性，各国都对这方面的研究非常关注。例如，美国计算机科学研究的重镇——卡内基梅隆大学宣布成立"机器学习系"。而美国DARPA开始启动5年期的PAL（Perceptive Assistant that Learns）计划，首期1～1.5年投资即达2千9百万美元，总投资超过1亿美元。从名字就可以看出，这是一个以机器学习为核心的计划。具体来说，该计划包含两个子计划，一个称为RADAR，由卡内基梅隆大学单独承担，其目标为研制出一种软件，它"通过与其人类主人的交互，并且通过接收明晰的建议和指令来学习""将帮助繁忙的管理人员处理耗时的任务"。另一个子计划称为CALO，牵头单位为斯坦福国际研究院，参加单位包括麻省理工学院、斯坦福大学、卡内基梅隆大学、加州大学伯克利分校、华盛顿大学、密歇根大学、德克萨斯大学奥斯汀分校、波音公司等20家单位，首期投资即达2千2百万美元。显然，CALO是整个PAL计划的核心，因为其参加单位不仅包含了美国在计算机科学和人工智能方面具有强大力量的主要高校以及波音公司这样的企业界巨头，其经费还占据了PAL计划整个首期投资的76%。DARPA没有明确公布CALO的目标，但从其描述可见端倪："CALO软件将通过与为其提供指令的用户一起工作来进行学习，它将能够处理常规任务，还能够在突发事件发生时提供协助"，考虑到"911"之后美国对突发事件处理能力的重视，以及波音公司对该计划的参与，该计划的（部分）成果很可能会用于反恐任务。DARPA还说，"CALO的名字源于拉丁文calonis，含义是'战士的助手'"，而且DARPA曾在网站上放置了这样一幅军官与虚拟参谋人员讨论战局的画面，可以预料，该计划的（部分）成果会直接用于军方。从上述情况来看，美国已经把对机器学习的研究上升到国家安全的角度来考虑。

如果要列出目前计算机科学中最活跃的研究分支，那么机器学习和大数据必然位列其中。随着机器学习和大数据技术被应用到越来越多的领域，可以预见，机器学习和大数据不仅将为研究者提供越来越大的研究空间，还将给应用者带来越来越多的回报。对发展如此迅速的机器学习和大数据领域，要概述其研究进展或发展动向是相当困难的，感兴趣的读者不妨参考近年来机器学习和大数据方面一些重要会议和期刊发表的论文，可以更好地把握近年来大数据与人工智能发展的脉络。

第五节 大数据与人工智能的未来

人工智能领域专家认为，大数据的异军突起，为人工智能注入了新的活力，现在的形势就像中国红军的作战一样，目前已在更广泛的领域内利用新的思想、新的理论、新的技术去解决实际问题，而大数据和人工智能未来存在以下几个发展趋势。

一、更加注重智能化

人工智能和大数据都很注重对智能技术的研究，例如自动客户需求分析、自动资料更新、机器人自动识别、自动交通管理等。高度的智能化是大数据和人工智能研究最终追求的目标，也是二者最终合而为一的标志。可以预计未来的10年里将是人工智能和大数据高度智能化发展的10年。

二、网络化

将人工智能的技术应用于网络中将会使网络技术带上"智能"的特性，可以提高网络运行效率、解决网络拥塞问题、增加网络安全性、智能管理网络客户等。目前关于大数据在网络上的应用已经很常见了，例如利用大数据的方法在万维网上进行搜索的三种算法，提出了一种基于大数据的高效搜索引擎的编制算法。但是人工智能和大数据的网络化仍然存在着算法效率和结果的可靠性不够理想的问题。

三、各种技术交叉融合

结合逻辑学的方法提出了负关联规则的挖掘问题，首次将稳定性理论的研究成果应用于大数据；提出了挖掘软件数据的方法，并首次提出软件大数据的概念。另外物理的理论和方法、化学的理论和方法、生物的理论和方法、复杂性问题的理论和方法、模式识别的理论和方法、管理学的理论和方法、运筹学的理论和方法、制造业的理论和方法都已经开始融入了人工智能和大数据之中。未来的人工智能和大数据技术必将是一个融合众多领域的复合学科。

四、知识经济化

知识经济时代的人工智能和大数据必将受到经济规律的影响，这决定了人工智能和数决挖掘必将带有经济化的特征。人工智能和大数据技术作为无形资产可以直接带来经济效益，这种无形资产通过传播、教育、生产和创新将成为知识经济时代的主要资本。可以预计未来的人工智能和大数据技术将是更加经济化、更加实用的技术。

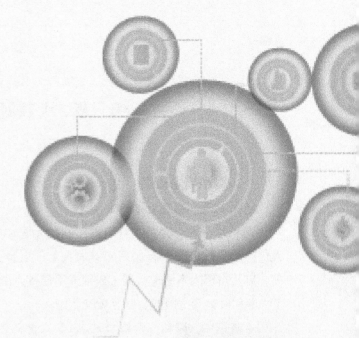

第四章

大数据与人工智能引发的思考

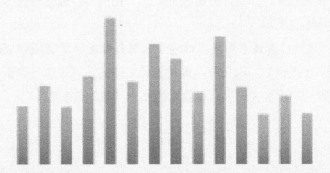

第一节　大数据与个人隐私

一、隐私与隐私权

（一）隐私的定义与解释

隐私是一种与公共利益、群体利益无关，当事人不愿他人知道或他人不便知道的个人信息（只能公开于有保密义务的人），当事人不愿他人干涉或他人不便干涉的个人私事，以及当事人不愿他人侵入或他人不便侵入的个人领域。隐私是个人的自然权利。从人类抓起树叶遮羞之时起，隐私就产生了。

在英语中，隐私一词是"privacy"，含义是独处、秘密，与汉语的意思基本相同。但似乎汉语的"隐私"一词强调了隐私的主观色彩，而英文的"privacy"一词更注重隐私的客观性，这一点体现了感性的东方文明与理性的西方文明的差异。

从法理意义上讲，隐私应当这样定义：已经发生了的符合道德规范和正当的而又不能或不愿示人的事或物、情感活动等。

（二）隐私的特征

（1）隐私的主体是自然人。

隐私源于人的羞耻感，故只有自然人才可以成为享有隐私的主体。企业法人及其他非法人组织等经营单位的秘密属于商业秘密，仅与商业信誉和经济利益相联系，与人的羞耻感无关，故企业单位不能构成隐私主体。国家机关的秘密，如审判秘密是公共权力运作的表现，此种秘密的泄露将对机关系统的正常运作产生损害，也与羞耻感无关，故国家机关也不能成为隐私主体。

（2）隐私的客体是自然人的个人事务、个人信息和个人领域。

个人事务，是相对于公共事务、群体事务、单位事务而言，是以具体的、有形的形式表现于外界的隐私，且以特定个人为活动的主体，如朋友往来、夫妻生活、婚外性行为等。个人信息指特定个人不愿公开的情报、资料、数据等，是抽象的、无形的隐私。个人领域是指个人的隐密范围，如身体的隐蔽部位、日记内容、通信秘密等，隐私的客体是隐私中的"私"的具体表现。

（3）隐私的内容即客观方面是指特定个人对其事务、信息或领域秘而不宣、不愿他人探知或干涉的事实或行为。隐私的内容是隐私主体的主观意志作用于客体及客观世界，即主客观因素相统一的过程和结果，也就是隐私中"隐"的表现。

（三）隐私的本质

1.隐私是个人的自然权利

隐私感是自然人进入人类社会后的第一个表现，它应当产生于人类劳动之前，即在原始人能够进行抽象思维之前，就已产生了类似的意识和感觉。其中，羞耻感及其派生的隐私感是最先表征出来的本能。隐私感是人类羞耻感的表现，它使人从主观意志和客观行为两方面都告别了动物界。无论是相对个人性的隐私，如身体的隐蔽部位，还是明显社会性的隐私，如汇款希望工程、婚外性关系，均是仅凭个人的主观意志即可作为，无须公众或不特定多数人、少数人的协助或配合。因此，隐私的存在，隐私之于社会公众而言是不可剥夺的，这正是自然权利的特点。

隐私的自然性告诉我们，只要主体愿意隐瞒，隐私客体即可成为隐私事实，即使违反法律或公序良俗，隐私照样可以产生并继续存在。而且，是否公开、何时公开隐私内容，也任由当事人自行处置。

2.隐私是客观事实

无论隐私内容如何，是否违反道德或法律，也无论社会舆论或国家法律对隐私内容做出怎样的评价，隐私的内容总是客观存在的，不以他人是否承认或如何评价为转移。隐私的客观性告诉我们，隐私是客观真实的社会存在。社会舆论、国家法律或其他规则可以对特定隐私做否定性的评价，但无法否认它的存在。

（四）隐私的种类

从隐私的种类来看，可以将隐私分为个人事务、个人信息、个人领域三种。对此，学术界几乎没有争议。

1.根据隐私的外在表现形式，可将隐私分为抽象的隐私和具体的隐私

（1）抽象的隐私是指隐私内容是由一些数据、情报等形式所形成的，如日记内容、女性三围、通信秘密等。

（2）具体的隐私是指隐私的内容能够以具体形状、行为等形式表现出来，如身体的隐蔽部位、婚外性行为、夫妻生活等。将隐私分为抽象的隐私和具体的隐私，可从事物自身存在的特点方面界定对隐私客体的保护范围。例如女性的三围，只有将特定女性三围的具体数据传播或公布出去，才能构成侵权。如果仅做状态性或形象性描述，则不能构成对隐私权的侵害，至多只能是以侮辱行为构成名誉侵权。

2.根据隐私的性质，可将隐私分为合法的隐私与非法的隐私

（1）合法的隐私是指符合法律明文规定和社会公德的隐私。例如，《中国人权百科全书》中将隐私定义为：隐私即秘密，是指尚未公开的、合法的事实状态和一般情况。如果已经向公众公开或向无保密义务的特定人公开，即不属于隐私。

（2）非法的隐私是指违反法律明文规定或违背社会公德的隐私，它又可分为违法的隐私、一般违规的隐私和法不调整的隐私。广义上的违法的隐私是指违反基本的实体法的强行性规定及一般的公共道德的隐私，包括严重违法即犯罪的隐私，一般违法包括违反民事法律、行政法律的隐私，轻微违法的隐私三类。

（3）狭义上的违法的隐私是指违反基本的实体法的强行性规定及重要的公共道德的隐私，包括严重违法的隐私和一般违法的隐私两类。鉴于通常所指的违法仅指严重违法和一般违法，而不包括轻微违法，故违法的隐私也应限于狭义的违法的隐私两类。

（五）隐私权

隐私权是指自然人享有的私人生活安宁与私人信息秘密依法受到保护，不被他人非法侵扰、知悉、收集、利用和公开的一种人格权，而且权利主体对他人在何种程度上可以介入自己的私生活，对自己是否向他人公开隐私以及公开的范围和程度等具有决定权。随着社会文明进程的不断推进，个人权利与人身尊严越来越引起人们的重视，隐私权已成为当代公民保护自身人格的一项重要权利。科技手段和现代传媒的普及，使猎取他人隐私、满足好奇心理或达到商业及政治目的的社会现象已屡见不鲜。如今，涉及隐私权的案例呈上升趋势。

隐私权的特征有：隐私权的主体只能是自然人，隐私权的内容具有真实性和隐秘性，隐私权的保护范围受公共利益的限制。隐私权以及隐私观念，它至少是一个人格尊严的体现，从这个意义上说它是必要的、它是重要的，它体现一个人人格、人格尊严这样一个东西。"支配或控制隐私权"和别人分享、在总结由纯属我个人事件当中可以阐发出来的公共的意义叫作支配或者控制隐私的权利。

在中国现行法律中，只有《侵权责任法》第二条讲民事权益范围中包括了隐私权，根据中国国情及国外有关资料，下列行为可归入侵犯隐私权范畴：

（1）未经公民许可，公开其姓名、肖像、住址和电话号码。

（2）非法侵入、搜查他人住宅，或以其他方式破坏他人居住安宁。

（3）非法跟踪他人，监视他人住所，安装窃听设备，私拍他人私生活镜头，窥探他人室内情况。

（4）非法刺探他人财产状况或未经本人允许公布其财产状况。

（5）私拆他人信件，偷看他人日记，刺探他人私人文件内容及将它们公开。

（6）调查、刺探他人社会关系并非法公诸于众。

（7）干扰他人夫妻性生活或对其进行调查、公布。

（8）将他人婚外性生活向社会公布。

（9）泄露公民的个人材料或公诸于众或扩大公开范围。

（10）收集公民不愿向社会公开的纯属个人的情况。

（六）隐私的保护

1.个人保护

随着网络的不断发展，相关的安全性问题特别是个人隐私的保护备受关注，据媒体调查显示，互联网时代，55.8%的受访者认为保护个人隐私"越来越难"，29.3%的人认为，"个人信息被随意公开泄露"，而提高保护意识是杜绝个人信息外泄的重要方法。

2.网络保护

（1）个人登录的身份、健康状况，网络用户在申请上网开户、个人主页、免费邮箱以及申请服务商提供的其他服务（购物、医疗、交友等）时，服务商往往要求用户登录姓名、年龄、住址、身份证、工作单位等身份和健康状况，服务者得以合法地获得用户的这些个人隐私，服务者有义务和责任保守个人的这些秘密，未经授权不得泄露。

（2）个人的信用和财产状况，包括信用卡、电子消费卡、上网卡、上网账号和密码、交易账号和密码等。个人在上网、网上购物、消费、交易时，登录和使用的各种信用卡、账号均属个人隐私，不得泄露。

（3）邮箱地址同样也是个人的隐私，用户大多数不愿将之公开。掌握、搜集用户的邮箱，并将之公开或提供给他人，致使用户收到大量的广告邮件、垃圾邮件或遭受攻击不能使用，使用户受到干扰，显然也侵犯了用户的隐私权。

（4）个人在网上的活动踪迹，如IP地址、浏览踪迹、活动内容，均属个人隐私。显示、跟踪并将该信息公诸于众或提供给他人使用，也属侵权。比如，将某人的IP地址告诉黑客，使其受到攻击；或将某人浏览黄色网页、办公时间上网等信息公诸于众，使其形象受损，这些也可构成对网络隐私权的侵犯。

（5）通过使用纯网页版本的软件有利于保护隐私，比如纯网页版本的PPMEET视频会议；而类似于360、QQ之类需要安装到电脑硬盘上的软件会对用户隐私安全保护方面造成相当大的影响，存在潜在危机。

3.法律保护

最高人民法院2001年3月公布的司法解释中明确了对隐私权的保护。但该解释没有对隐私和隐私权两个概念的内涵和外延进行界定，只是强调"违反公共利益、公共道德，侵害他人隐私"即侵害人违反法律和公共道德的情况，而没有说明如果受侵害的隐私违反公共利益和重要的公共道德时是否受保护的问题，从而造成一种隐私与隐私权两个概念等同的错觉。此问题如不解决，法律适用过程中的冲突与混乱仍将不可避免。

在保护隐私问题上，中国与欧美的差距很大。美国制定《联邦隐私权法》并通过《联邦电子通信隐私法案》，21世纪初又出台了第一部关于网上隐私的联邦法律《儿童网上隐私保护法》，还有《公民网络隐私权保护暂行条例》《个人隐私权与国家信息基础设施》等法律作为业界自律的辅助手段。欧盟在通过《电信事业个人数据处理及隐私保护指令》之后，又先后制定了《互联网上个人隐私权保护的一般原则》《信息公路上个人数据收集、处理过程中个人权利保护指南》等相关法规。

二、个人隐私的泄露与担忧

（一）个人隐私的泄露

互联网已经成为我们生活的一部分，留下了我们访问各大网站的数据足迹。在大数据环境下，这使我们的隐私泄露变得更加容易，我们时刻暴露在"第三只眼"下，如淘宝、亚马逊、京东等各大购物网站都在监视着我们的购物习惯；百度、必应、谷歌等监视我们的查询记录；QQ、微博、电话记录等窃听了我们的社交关系网；监视系统监控着我们的E-mail、聊天记录、上网记录等；cookies泄露了我们的某些使用习惯或者位置等信息，广告商便跟踪我们的这些信息并推送相关广告等。我们的日常活动也被监视着，如智能手机监视着我们所在位置；工作单位、各大活动场所、商店、小区等监视我们的出入行为。数字传感器技术的发展使得我们日常情况下的新型数据也可以被收集，如基于射频识别的自动付款系统和车牌识别系统、可植入的传感器监视病人的健康、监视系统监视着在家的老人等。随着传感器技术的不断成熟，各种类型的传感器将会被广泛地用于我们个人或组织。这些系统的特点是交互变得越来越模糊，因此，需要新的机制来管理个人信息和隐私产生的风险。企业获得了大量的个人数据，它们会利用这些数据挖掘其蕴含的巨大价值，促进企业的发展或者获得更多的经济利益。个人隐私数据的保护面临着内忧外患。内忧主要指的是企业内部，专家指出企业在处理数据的过程中造成隐私泄露问题有4个相关的数据维：信息的收集、误用、二次使用以及未授权访问。此外，业内人可以对外发布数据，无授权地访问或窃取，把个人数据卖给第三方、金融机构或政府机构或者同他们共享数据等。外患主要指的是外部人为了获取数据，通过系统的漏洞对数据的窃取。同时，研究者们也发现通过财务奖励补偿用户，可以鼓励他们进行信息发布，同样，如果用户想要获得个性化服务，他们可能会提供更多的个人信息。因此，个人隐私的泄露不仅有企业的责任也有个人的因素，而个人隐私的泄露可能影响到个人的情感、身体以及财物等多个方面。

（二）不同人对个人隐私的担忧

个人的经历和自身特性也影响对隐私问题的不同看待。IBM调查显示：高管们通常都会低估客户对隐私的担忧；更多精通技术和受过教育的受访者更会意识到且更担心潜在的网上隐私的侵犯；通过调查发现女人比男人更担心她们隐私信息被收集；年轻人、穷人、接受更少教育的人更少担忧个人隐私的泄露。一些研究者也发现，个人对企业或组织的信任也影响隐私数据的收集；企业在对待用户隐私方面值得用户信任，将在竞争中更占据优势。用户对企业信任会更少担心他们的隐私被泄露，也更愿意提供个人信息。

（三）个人隐私与安全的关系

安全对应个人信息保护问题的三个具体目标：

（1）完整性，确保信息在传输和存储过程中不被篡改。

（2）认证，对用户身份以及数据访问资格的验证。

（3）保密，要求数据的使用只限于被授权的人。

组织可以安全地存储个人信息，但是可能对随后个人信息的使用做出错误的决定，导致隐私信息泄露的问题。安全对隐私是必要的，但是安全不足以保证随后的使用，不足以将发布的风险最小化，也不足以使用户放心。由此可见，安全并不能保证个人隐私完全受到保护，必须在确保个人信息安全的基础上，加之对个人信息的正确使用才能确保个人隐私不被泄露的可能。

三、大数据时代个人隐私面临的挑战

"人、机、物"三元世界在网络空间中交互、融合产生的网络大数据带来了巨大的机遇，同时也给现有的IT架构、机器处理以及计算能力带来许多科学问题和极大挑战。此外，大数据具有数据量大、数据类型繁多、数据生成速度快以及价值密度低等特点，加之个人隐私随着诸多因素动态变动的特性，使得保护大数据时代的个人隐私更是难上加难。下面针对大数据的个人隐私保护，阐述相关的几个挑战和研究问题。

（一）个人隐私保护的范围难以确定

根据以上对个人隐私概念的阐述，隐私的概念是随着信息技术的发展而变化的，同时还要考虑不同人的特性和背景，因此，隐私保护哪些敏感数据很难界定。

（二）侵犯个人隐私的行为难以认定

侵犯个人隐私的形式复杂多样，对于界定是否构成侵权行为，根据目前的法律却无法判断。用户在网络上通常使用假名，这种匿名方式使受害人很难收集证据并找到真正的侵权人。即使受害人通过网页备份等手段取得证据，但网页总是处于不断更新之中，只要侵权人不予承认也难以发挥证据的效力。因此，如何判定是谁侵犯了个人隐私面临着极大的挑战。

（三）随着信息和通信技术变得越来越普遍，管理个人隐私信息也变得更加困难

管理个人隐私信息包括个人隐私信息的收集、存储、使用以及发布。

（1）在收集个人信息时，如何保证收集到的信息在传输过程中维持其完整性；

（2）在存储个人信息时，使用何种技术保证信息不被窃取或非法访问；

（3）对于个人信息的使用，应该如何设置严格的访问控制策略，使不同的人见到不同访问级别的数据，同时不增加太多的管理工作量；

（4）在发布信息时，控制需要发布什么信息以及谁可以在网络上访问发布的信息已经成为企业越来越关注的问题。对于将要发布的数据，如何保证数据不会泄露个人的隐私信息，同时保证数据的效用，而不能为了保护隐私就将所有的数据都加以隐藏，这样则不

能体现数据的价值所在。企业的管理者越来越意识到保护个人隐私数据的重要性，因为这些数据将直接关系到企业的利益。然而，如何管理好数据，即保证数据使用效用的同时保护个人隐私，是大数据时代企业面临的巨大挑战之一。

（四）个人隐私保护的技术挑战

当人们意识到要保护自己的隐私，试图将自己的行为隐藏起来时，却没有想到自己的行为已经在互联网尤其是社交网络的不同的地点产生了许多数据足迹。这种数据具有累积性和关联性的特点，单个地点的信息可能不会暴露用户的隐私，但是如果将某个人的很多行为从不同的独立地点聚集在一起时，他的隐私就会暴露，因为有关他的信息已经足够多，这种隐性的数据暴露往往是个人无法预知和控制的。从技术层面来说，可以通过数据抽取和集成实现用户隐私的获取，而在现实中通过所谓的"人肉搜索"的方式能更快速、准确地得到结果。服务提供商也可能从授权用户数据的二次使用来获得利益，如目标广告的投放，目前，对数据的二次使用还没有技术障碍。此外，大数据时代数据具有产生速度快的特点，对动态数据需要怎样的处理技术以迅速地构建隐私保护，而不影响到数据的使用效用，面临着技术和人力层面的双重考验。

（五）为构建良好的大数据生态环境，构建多维的、灵活的个人隐私保护政策面临着极大的挑战

企业为了提高市场竞争力或为用户提供更好的服务，要求用户注册时提供一些包括个人敏感信息的相关数据，而用户为了得到某些服务也依据要求提供了自己的相关数据，但是在数据的传输或使用过程中，欺诈犯罪和个人隐私泄露频繁发生，威胁到了个人的生活安全。用户意识到需要保护自己的隐私时，注册的个人信息不再填写真实的数据，而企业为了提供更好的个性化服务，对用户的相关数据进行分析时，由于用户信息的不真实，造成分析的结果与现实存在很大的偏差，达不到企业想为用户提供服务的效果。在这种情况下，如果没有相关的个人隐私保护政策出台，将引起个人信息不真实与企业提供个性化服务偏差的恶性循环。因此，提出更好的个人隐私保护策略、构建良好的大数据生态环境，是急需解决的问题。

（六）大数据的数据来源成为研究者的研究障碍

由于大数据的数据量巨大（如Web数据、科学数据、财政数据、移动对象数据等），因此，只有大公司拥有这样的数据，以至于研究者很难得到数据，加之对个人隐私的动态研究紧密关系到用户的行为过程，而不能建立在假设的基础上，导致许多研究无法进行。总之，大数据的个人隐私保护在人员、管理、生态环境和研究的各个层面上提出了挑战性研究问题。目前，大数据的个人隐私保护研究刚开始起步，各大企业也在摸索着行业规则，谨慎地处理个人的信息。当然本书提出的挑战只是个人隐私保护的几个方面，随着技术和观念的不断成熟和演化，会有更多的挑战等待解决。

四、大数据个人隐私保护技术

现有的隐私保护技术分为3类：数据扰动技术、数据加密技术和数据匿名化技术，而个人隐私数据经历收集、存储和使用过程（使用包括数据的二次使用、数据共享以及数据发布），因此，应该实施数据的多级安全保护，本节结合大数据的特征从数据层、应用层以及数据展示层对个人隐私保护技术和相关的工作进行叙述。

（一）数据层的个人隐私保护

通信中的数据可以使用SSL协议保证数据的安全，因此，数据层的数据保护主要是指对数据的存储和管理的保护。保证数据层个人信息的安全是其他一切以数据为基础应用的根本，包括保证数据的机密性、完整性和可用性。本节主要从数据的加密和访问控制两方面叙述保护个人隐私数据的相关研究。

1.数据加密的个人隐私保护

数据加密技术已有悠久历史，进入数字化时代之后，它仍然是计算机系统对敏感信息保护的一种可靠的方法。数据加密的作用是防止入侵者窃取或者篡改重要的数据。按照加密的密钥算法，数据加密可分为对称加密算法和非对称加密算法。

（1）对称加密算法是加密和解密时使用相同的密钥，主要用于保证数据的机密性。最具有代表性的算法是20世纪70年代IBM公司提出的DES（data　encryption standard）算法；在此基础上又提出了许多DES的改进算法，如三重DES（tripleDES）、随机化DES（RDES）、IDEA（international data enryption　algorithm）、广义DES（generalized DES）、NewDES、Blowfish、FEAL以及RC5等。2001年美国国家标准与技术研究院发布高级加密标准（advanced　encryption standard，AES）取代了DES，成为对称密钥加密中最流行的算法之一。

对称加密算法的优点是计算开销小、加密速度快，适用于少量或海量数据的加密，是目前用于信息加密的主要算法。其缺点是通信双方使用相同的密钥，很难确保双方密钥的安全性；密钥数据量增长时，密钥管理会给用户带来负担；此外，它仅适用于对数据进行加解密处理，提供数据的机密性，它不适合在分布式网络系统中使用，密钥管理困难，且成本较高。

（2）非对称加密算法也叫公开密钥算法，其加密和解密是相对独立的，使用不同的密钥。它主要用于身份认证、数字签名等信息交换领域。公钥密码体制的算法中最著名的代表是RSA，此外还有背包密码、DSA、McEliece密码、Diffe_Hellman、Rabin、零知识证明、椭圆曲线、EIGamal算法等。

非对称加密算法的优点是可以适应网络的开放性要求，且密钥管理问题也较为简单，可方便地实现数字签名和验证。其缺点是算法复杂、加密数据的速率较低。然而，无论是对称加密算法还是非对称加密算法都存在密钥泄露的风险。因此在1989年开发出MD2

算法，不需要密钥，引发了杂凑算法（也称Hash函数）的研究，即把任意长的输入消息字符串变化成固定长的输出串，不需要密钥，且过程是单向的、不可逆的。比较流行的算法有MD5、sha-1、RIPEMD以及Haval等。杂凑算法不存在密钥保管和分发问题，非常适合在分布式网络系统上使用，但因加密计算复杂，通常只在数据量有限的情形下使用，如广泛应用在注册系统中的口令加密、软件使用期限加密等。

数据加密技术能保证最终数据的准确性和安全性，但计算开销比较大，加密并不能防止数据流向外部，因此，加密自身不能完全解决保护数据隐私的问题。数据加密算法作为隐私保护的一项关键技术，大数据时代研究重点将集中在对已有算法的完善；综合使用对称加密算法和非对称加密算法。随着新技术的出现会研究出符合新技术发展的新加密算法。

2.数据库的个人隐私保护

数据库仍然是信息系统的主体，如政府数据库存储的大量个人及家庭信息；金融数据库存储的个人财务信息；医疗数据库存储的个人医疗历史信息等，网络上使用的网上银行、邮件信息以及个人注册信息等。大数据时代虽然MapReduce技术广泛用于相关的数据分析，成为数据库的竞争者，但是MapReduce不能完全替代数据库，它们之间可以相互学习，并且走向集成，形成新生态系统。

数据库不但面临入侵者的威胁，也面临内部人员的威胁，主要包括未授权的数据查看、不正确的数据修改以及数据的不可用性。保证数据库安全要从4个层面考虑：物理安全、操作系统安全、DBMS安全和数据库加密。前3层不足以保证数据的机密性，数据库加密能保证敏感信息以密文的形式存在从而受到保护。为了保护数据库中的敏感数据，采取数据加密和访问控制的双重机制。由于数据加密和访问控制的研究工作已经比较成熟，这里只叙述使用加密和访问控制时注意的事项。对数据库中的数据进行加密增强了DBMS的安全性，但是对数据操作时的加密和解密操作也带来计算成本的开销，因此应该考虑实际的需求：

（1）只加密敏感数据。

（2）在查询期间，只加密或解密感兴趣的数据。

（3）基于加密属性值建立索引，会导致一些索引特性的丢失，如范围查询。

（4）加密的数据库不应该增加太多的存储空间。

单纯的数据库加密不能防止各种攻击，还需要通过访问控制来确保数据的安全。访问控制技术起源于20世纪70年代，为了满足当时系统上共享数据授权访问的需要。访问控制是数据库保护资源的关键策略之一，保证合法用户对资源只能进行经过相应授权的合法操作，其内容包括认证、控制策略实现和安全审计，其中安全审计可以审计用户的行为，并将用户的行为记录在审计日志中，作为一项重要事件追踪的依据，所有的用户都无权修改。数据库的访问控制对象包括数据库、关系、元组以及属性，因此，访问控制级别分为粗粒度（如数据库或表）和细粒度（如元组或属性）两种。

访问控制策略包括自主访问控制策略、强制访问控制策略以及基于角色的访问控制策略等。根据大数据对数据访问灵活性的需求，访问控制策略应该根据应用灵活地设置，如非级联权限回收、时间段内的授权以及使用视图支持基于内容的控制策略等。数据加密确保个人的敏感信息以密文的形式存储，即使攻击者获得受保护的数据，也无法读取和使用。对于内部人员使用细粒度的访问控制策略，确保不同的人或群组拥有不同的访问权限。所有人员的操作都必须记录到审计日志中，通过日志可以跟踪到具体人员的操作行为。

3.云存储环境下的个人隐私

保护云计算可以看成高速公路，而大数据则是高速公路上的一辆车。云计算为大数据提供了基础存储平台，以一种实惠且容易使用的方式帮助组织存储、管理、共享以及分析大数据。现在许多企业和个人把数据存储在云上，节约了软硬件成本，减轻了本地存储和维护的负担，而且能不限地理位置地随意访问，但是企业和个人失去了对数据的完全控制，云计算也给数据的安全带来了新挑战。个人数据并非以一种完全加密的形式存储在云服务器中，面临着入侵者和内部人员对数据的威胁。因此，存在个人隐私数据泄露的风险，加之云提供商没有完善的审计和监测技术，不能及时检测到所有入侵和违规操作；提供商可以记录用户的服务需求，并且推断用户的隐私信息；管理员的误用导致丢失了用户的隐私数据；员工为了经济利益或者恶意用户突破机器的安全窃取数据；数据被其他有相同服务且没有被授权的用户的访问等。云计算中通常关系到个人数据的收集、使用、发布、存储、销毁等。

（二）应用层的个人隐私保护

针对具体的大数据应用，研究相应的个人隐私保护技术是目前企业更加切合实际且满足具体应用需求的做法。本节主要从大数据时代比较流行的应用，即在线社会网络、移动定位以及射频识别3个方面讲述个人隐私保护的技术方法。

1.在线社会网络隐私保护

在社会网络中，当用户参与更多活动且包含更多的社会内容时，隐私问题便更加凸显出来。当个性化中有新的内容加入到社会网络中时，这些内容中的隐私信息可以在用户不能预见的多种途径上被共享。用户不仅担心他们的隐私信息被使用，而且担心无意中隐私信息流入到社会网络。

在线社会网络（online social networks，OSNs）提供给许多人一种交流、共享兴趣以及更新他们当前活动的途径。现在流行的OSNs包括社交网站（如人人网、Facebook）、微博（如新浪微博、Twitter）、博客等。隐私问题最大的威胁是信息的泄露：SNS提供商采用的内容管理策略允许第三方为不同的目的利用OSNs用户信息；另一个泄露的危险应用是信息链接，如为了推断一个用户的身份或者行为信息，没有授权的第三方有从不同社会数据中整合数据的可能性。因此，实际的危险是用户失去了对他们自身信息传播的完整控制，如用户经常无条件同意提供商制定的条款；允许提供商使用和挖掘用户数据；存储在OSNs提供商处的数据存在潜在的被盗、内部攻击或执法机构的查看等危险。OSNs提供商对数据缓存的通常做法和离线存储增加了隐私泄露的风险，并对用户的隐私构成了永久的威胁。因此，OSNs面临的一个关键问题是用户隐私保护问题。处理在OSNs中的个人隐私需对数据的拥有者授权对数据的控制，如用户可授权给他的朋友访问他的数据，同时对提供商和其他未授权的实体隐藏数据。

在OSNs中，用户的隐私不仅包括个人信息，也包括交流信息。保护这些信息需要达到的目的是只有被用户直接授权的人才能访问，访问控制需要是细粒度的并且每个属性能分开管理。然而，在OSNs中隐私保护面临的问题是：

（1）用户不能控制他们的隐私数据，社会网络的提供商可以全权访问用户的数据，潜在着对用户私有数据如简介、通讯录等的访问，或对这些数据进行挖掘，或卖于第三方。

（2）这些网络中，用户只能定义粗粒度的访问控制，不能设置细粒度的访问控制，如微博发布时权限有密友圈、仅自己可见、分组可见（可以选择已定义好的分组）以及公开（默认权限）。

可见，用户的隐私信息易受到供应商的误用以及意外或恶意的泄露，因此，需要更有效的方法来保护用户的隐私，避免用户隐私的泄露。

针对OSNs的隐私保护，在研究界已经提出很多方法。集中式OSNs是一个支持高可用性和实时内容传播的社会网络模型。通过基于属性加密和传统公钥加密技术的组合，提供灵活的细粒度的访问控制，通过加密技术确保数据的保密性和隐私。而且微博（如新浪微博、Twitter）的隐私机制应该不同于社交网站（如人人网、Facebook）。微博除了内容隐私外，使用标签标记以及检索内容可能泄露个人的习惯、政治观点甚至健康状况，因此，需要检测是否符合存储和管理内容的信任或者检索的标准，同时增强用户的访问控制列表。

使用P2P架构来解决ONSs隐私问题。分散式架构可能隐藏实时消息的可用性，或者需要用户购买云存储来存储他们的数据。分散设计（decentralized designs）不依靠单方信任或不信任实体，这样的设计不集中数据管理，用户自己或他们信任的联系人存储数据。在分布式OSNs的研究中，同时满足安全、隐私和服务质量需求存在极大的挑战。

大量的社会网络被建模成图，也包含了大量敏感信息，隐私问题关系到图数据的分析和管理，因此隐私保护给图处理带来了更大的挑战。在图数据中保护隐私的敏感关系的问题的研究中，把从匿名图数据中推断敏感关系的问题看作链接重鉴定问题，根据数据移除量和隐私保护量提出了5种不同的隐私保护策略。

2.移动定位的隐私保护

随着无线通信和移动定位技术（如GPS、WiFi）的出现，以及移动数据带宽的增加，定位服务（location-based services，LBSs）变得越来越普及，许多新的应用使用用户的物理位置为商业、社会或信息的目的提供LBSs。因此，服务提供商可以持续地跟踪用户的位置，根据对用户精确的物理定位为他们提供服务，如开发新的移动应用、提高个性化搜索结果、提供移动广告服务以及天气信息等。电子商务服务也根据用户的位置进行差异定价或提供优惠券等。基于定位服务给各方带来利益的同时，也暴露了移动用户的个人信息，如追踪、暴露家庭位置、被老板跟踪、被政府跟踪以及基于位置广告的打扰等，这成为提供基于位置服务所担忧的关键问题。针对如何提供定位服务的同时保护好移动用户的位置隐私（如用户想查找"据他所在位置最近的购物商场"同时隐藏他的确切位置以及他查询的敏感信息），研究者们已经提出了很多方法。两种最常用的隐私度量标准是匿名和干扰技术。当隐藏了用户的身份信息时，一些基于用户身份的在线服务将不可用。

针对这种情况，研究者们提出一种解决方法是保护用户隐私的同时减少位置信息的精确性。如Google+允许用户根据不同的好友圈子范围在不同程度上分享自己的地理位置：用户可以和家人分享自己精确的地理位置，而与同事或朋友只分享所在的城市。为了防止依赖位置攻击，保护位置隐私，相关学者提出采用隐私粒度和位置k-anonymity作为隐私的测量标准，利用图模型来形式化问题，并转换成在图中寻找k节点团的问题，提出了一个基于团的递增的匿名算法ICliqueCloak，当新的需求达到时能快速识别并产生匿名区域保护位置隐私。Ardagna等人为了解决对用户位置隐私的不同等级，提出了模糊处理由传感技术测量的位置信息的解决办法，保护用户的位置隐私。使用相关性来测量位置信息的精确性和隐私，保证解决方案的鲁棒性，并使用自动协商协议对服务提供商需要的定位服务的位置精确性等级和用户要求的位置信息保护进行权衡。

3.射频识别的安全和隐私

射频识别（radiofrequencyidentification，RFID）是一种无线通信技术，用来识别物体或人。许多行业都运用了射频识别技术：射频标签附着在一辆正在生产中的汽车上，厂方可以追踪此车在生产线上的进度；射频标签附于产品上可以监控产品在物流管理供应链中准确和实时的移动信息；射频标签也可以附于牲畜或宠物上，方便对牲畜或宠物的识别；射频识别的身份识别卡可以使员工得以进入建筑锁住的部分；汽车上的射频应答器也可以用来征收收费路段与停车场的费用等。由于RFID标签无须直接与收发器接触，当RFID的标签序列号和个人信息关联时，可能会在未经本人许可的情况下读取个人信息，这就威胁到个人隐私，包括两个主要的隐私担忧：秘密跟踪和推断。如消费者使用信用卡购物时，商店可能建立起他的身份和标签序列号之间的联系，卖主可能使用RFID阅读器网络识别和分析消费者。一方面，消费者带着有RFID标签的物品可能提供一个秘密的物理跟踪。另一方面，对个人拥有的RFID标签的物品的推断可以获得重要的个人信息：通过个人所带的药物判断得了什么病；通过个人所带的RFID优惠卡判断他会在哪里购物；甚至可以推断出个人所穿衣服的尺寸以及饰品的偏好等。可见，一旦RFID普遍应用，RFID所面临的挑战是如何保护好个人隐私的问题。为了保护个人隐私，已经提出了很多隐私增强技术：

（1）当购买商品后，销售点的设备将"杀掉"RFID标签，使RFID标签永久不起作用。

（2）重命名方法，包括重贴标签、"简约"加密、重加密、通用重加密。

（3）代理方法，用户不依靠公共的RFID阅读器来增强隐私保护，而使用自有的RFID隐私增强设备，如一些手机包含了RFID功能，他们可能最终会支持隐私保护。

（4）距离测量，在RFID阅读器与射频标签间有一个粗略的距离测量，只有在距离范围内才能获得更多的具体信息。

（5）阻塞（blocking），在射频标签中加入一个可修正的隐私位，0表示无限制的公开扫描，1表示隐私，此种方法包括软阻塞和信任计算。

（6）通过立法来保护个人隐私等。

（三）数据发布的个人隐私保护

政府、企业以及个人可以对收集到的数据进行分析，从而提升服务或者做出决策，在这种利益的驱动下，他们之间需要共享或发布一些数据。如果数据的发布者没有考虑隐私保护而发布数据，将对企业造成经济或名誉损失的严重后果，因此，数据发布面临的挑战是发布的数据既能保证个人隐私信息不泄露，又能最大程度地提高发布数据的效用。

传统的数据库在有数据需求的情况下才发布数据，即使用拉的策略；但是，在Web应用环境下，数据在无需求的情况下也会发送给授权的主体，即使用推的策略。因此数据的发布不仅要有正确的发布策略，也应该有方法支持发布给第三方的信息架构，保证发布数据的可用性，同时也要保护好个人的隐私信息。

1.匿名化方法的个人隐私保护

数据发布技术是个人隐私保护的研究热点，目前已有很多数据的发布技术，主要的研究集中于匿名化方法。匿名化方法是通过隐藏用户的身份和敏感数据达到隐私保护的目的。在数据发布前，主要的匿名操作有泛化、压缩、分解、置换以及干扰。其中泛化和压缩是隐藏准标识符（能识别出用户的属性集）的一些细节，使用一个通用的值替换一个具体的值；分解和置换是通过分组和混排敏感属性，解耦准标识符和敏感属性之间的关联；干扰是通过添加噪声（如使用随机化方法）、数据交换以及合成数据生成等来干扰敏感数据。

通常的个人隐私受到的威胁是通过发布的数据记录推断某条记录的相关个人，为了解决这个问题，可以通过匿名化方法避免攻击者使用链接（包括属性链接、记录链接以及表链接）推断出个人的隐私信息。避免记录链接的方法以k-anonymity为基础，及其改进方法（X，Y）-anonymity和MultiR k-anonymity等，它们是把某一记录隐藏在一个大组记录中，达到保护个人隐私的目的。避免属性链接的方法有l-diversity、（α，k）-anonymity、t-closeness等，防止攻击者通过发布的数据推断敏感属性值。避免表链接的方法δ-Presence，为防止攻击者推断某一用户的记录是否出现在表中，通过限定表中每个元组在一个指定的概率范围内达到隐私保护的目的。

国内学者针对数据发布提出的比较著名的匿名化隐私保护方法有Alpha+，对不同领域考虑属性权重的数据匿名发布算法WAK-anonymity等。当然还有许多根据不同的攻击类型而提出的匿名化方法，它们都有各自的优缺点，其中匿名化隐私保护的一些方法存在的最大缺点是当攻击者拥有大量的背景知识时，通过结合发布的信息进行关联分析，还是容易推断出某个记录的敏感信息。大数据环境下，为了减少数据共享或发布时无意的数据泄露，数据在传输前应该匿名化，并结合其他技术使接受者对收到数据无法做关联推断，这样既能利用那些数据，又能避免牵扯到具体的个人。利用匿名化共享或发布数据的应用很多，如关系数据、个人的移动数据、时空数据（特定时间个人的位置）、社会网络数据、查询日志以及数据挖掘等。

2. PPDM的数据发布

数据挖掘可以使我们发现隐藏在数据中有价值的信息。这就驱动人们使用各种挖掘算法挖掘出能支持管理者决策的信息或者带来更多商业利益的信息。与此同时，也带来了安全和隐私问题。IBM Almaden研究中心的研究小组，在ACMSIGMOD会议上首次提出了"隐私保护数据挖掘（privacy-preserving data mining，PPDM）"的概念。隐私保护数据挖掘主要考虑2个问题：

（1）为了数据的接收者不危害他人的隐私，原始数据的敏感信息像标识符、姓名、地址等应该被修改或者从原始数据中去除。

（2）通过使用数据挖掘算法，从数据中挖掘出的敏感知识也应该被去除，因为这些知识可能同样危害到个人隐私。

PPDM的主要目的是利用算法在一定程度上对原始数据进行修改，使得隐私数据和隐私知识在挖掘过程之后仍然保持隐私。目前，PPDM主要有2种方法：干扰、加密以及匿名化。下面主要讲述匿名化方法。

在PPDM中，公布带隐私的数值或分类数据时，最常用的匿名方法有k-anonymity、l-diversity、t-closeness等。PPDM中对于动态数据采用顺序发布，Wang等人提出使用有损连接防止攻击者对两次发布的视图进行连接以识别记录的身份。当对原始的数据增加或者删除属性时，为了避免再次发布时隐私泄露的风险，Xiao等人提出了m不变性的泛化原则。这些方法的主要思想是对于当前和以前发布的数据都需要满足k-anonymity要求。大数据中也存在文本和字符串数据类型，PPDM中对它们采用了其他方法辅助匿名化的方法。文本数据的特点是高维、稀疏，因此并不能使用标准的k-anonymization技术解决PPDM问题。Aggarwal等人利用文本数据稀疏的特征提出了基于草绘的方法构建数据的匿名化表示。字符串数据的特点是不同记录的字符串长度不同，构建变长的属性匿名化非常困难。Aggarwal等人提出了基于压缩的方法对字符串数据进行匿名化。

许多PPDM方法面临的最大挑战是维度灾难，为了解决这个问题，通过找出定义大多数行为的关键属性来降低数据的维数或者对大量的属性进行压缩。PPDM是大数据时代价值发现的主要研究领域，因此还会有更多新的方法来适应大数据应用的发展。

3.差分隐私保护

随着隐私保护的需求越来越严格，针对匿名方法存在由背景知识推断某些记录敏感信息的缺点，2006年首次提出了一个统计隐私模型，即差分隐私保护（differential privacy）解决了这个问题。差分隐私保护的优点是它提供了一个更多的语义保证，无论攻击者拥有怎样的背景知识和权力，只能从个人数据中得出有限的结论。差分隐私保护定义了一个极为严格的攻击模型，并对隐私泄露风险进行了严格的数学证明和定量化表示，攻击者即使知道除一条记录之外所有记录的敏感信息，仍然不能推断出这条记录的任何敏感信息，所以隐私泄露的风险很小。在数据集中添加或删除一条记录也不会对输出结果产生影响。差分隐私保护的目的是最小化隐私泄露、最大化数据效用，因此，差分隐私保护提出后就在统计数据库领域得到了相当大的支持，它与特定领域无关的特性能与其他领域很好地结合，现已广泛地应用到其他领域，如数据挖掘、机器学习、社交网络、安全通信、决定论、经济学以及密码学等。

差分隐私保护是基于数据失真技术，在数据集中加入满足特定分布的随机噪声，从而达到隐私保护的目的，但所加入的噪声量与数据集大小无关，只与全局敏感性密切相关，因此对于大型数据集，仅通过添加少量的噪声就能达到高级别的隐私保护。常用的添加噪声的机制有拉普拉斯机制、指数机制和数据库访问机制。差分隐私的数据发布技术主要采用非交互式框架发布带敏感数据的信息，且发布的数据满足数据分析者的需求。常采用的发布技术有直方图、采样和过滤、数据立方体以及划分（如树或网格）等。这些方法中采用不同的添加噪声策略，主要有2种：

（1）对原始数据添加噪声。

（2）对转换后的原始数据添加噪声。

差分隐私保护在大大降低隐私泄露风险的同时，极大地保证了数据的可用性，成为了现今使用的新的隐私保护模型和各领域的研究焦点，也是大数据时代隐私保护的主要技术，比较适合个人隐私保护的需求，如用户购买商品的信息和行为模式的挖掘、抽取用户兴趣特征的个性化推荐或广告推荐、社交网络中用户社交圈的挖掘、移动终端对用户位置的定位以及发布数据给第三方或与第三方共享数据等。然而，大数据具有产生快的动态性，如何解决好动态数据的差分隐私保护还有待研究。

4.数据访问控制的个人隐私保护

现在一些企业也提供了一些机制使个人也可以控制自己的敏感信息是否对外发布或者对哪些人发布，他可以编辑许可约束限制权或指定条件才能访问他的数据。如在新浪微博发布信息时，可以选择哪些用户能见到你发布的信息，主要权限有"密友圈""仅自己可见""分组可见"（可以选择你的分组），如果都不选择则默认是公开发布，所有人都可见。在发表博客时查看权限有："公开""博友""私人"，根据自己发表博文的内容选择可见的用户。在最常用的QQ通信中，权限设置包括"所有人可见""仅好友可见""仅自己可见"，根据你的公布每项个人信息的意愿，选择访问权限。Facebook有五种权限设置："私人""指定人""仅朋友""朋友的朋友""每个人"，默认设置是每个人。

针对隐私设置对200名Facebook的用户作了调查之后，发现对共享默认的隐私设置有36%的内容；隐私设置满足用户的期望只有37%的时间，表明当前的设置在大多数时间都不正确；当用户改变他们默认的隐私设置时，改变的设置只满足用户期望的39%的时间，表明有更多隐私意识的用户也很难正确地管理和维护他们隐私设置。和Facebook相比，2011年Google推出的Google+在隐私设置上显示了突出的优点，Google+是社交网站与身份服务，对隐私功能进行了细粒度划分，让用户可以在不同的朋友圈里分享信息。由用户自己决定哪些自身的信息是他们比较关心的信息，信息可以被哪些人看到，这是大数据时代保护个人隐私发展的一种趋势。现在企业开发的软件这方面的功能还比较弱，不能满足用户的隐私保护需求，因此，企业应该对现有的软件进行完善或更新，为用户提供更细粒度的访问控制机制，使用户对自己要保护的信息有更主动的控制权。企业可以根据用户的设置确定信息的保护范围和保护级别，并对他们的信息进行合理的存储、管理、使用和发布，更好地保护个人隐私，提供更人性化的服务。

5.数据发布的个人隐私保护

评估带敏感信息的发布必须在效用和隐私间做到很好的权衡。效用的目标是对每个潜在的用户独立他的辅助信息和偏好，最优化效用。发布完全准确的信息需要最大化效用同时最小化隐私。对隐私保护技术的度量通常的做法有：

（1）隐私保护度。

通过发布数据的泄露信息的风险来反映，泄露信息的风险越小，隐私保护度越高。如2009年加拿大隐私高级代表办公室对Facebook隐私功能进行评估，要求Facebook对其隐私政策进行升级。Facebook增加了向用户提供有关其隐私功能的信息，以及采取技术调整措施，以加强隐私保护力度。

（2）数据指标。

是对发布数据质量的度量，它反映通过隐私保护技术处理后信息的丢失程度：数据缺损越高信息丢失越多，数据利用率（utility）越低。具体的度量有信息丢失、重构数据与原始数据的相似度等。

（3）搜索指标。

指匿名化算法的每一步最大化信息可用性、最小化信息的失真。

五、大数据个人隐私保护的法律和行业规范

个人隐私保护是一个复杂的社会问题，除了需要先进的保护技术外，还需要结合国家制定的相关政策法规以及行业间形成的行业规范来保护好个人隐私，确保个人免遭人身安全的威胁以及财产损失。

（一）隐私保护相关法律

到目前为止，我国还没有相关法律条例可以用来规范对个人信息数据的管理与使用。早在2002年12月23日九届人大常委会第31次会议首次审议的民法草案中已有明确界定，私人信息、私人活动和私人空间都属隐私范畴。在《未成年人保护法》中规定："不得披露未成年人的隐私"，即隐私权是公民民事权利能力的内容之一。在《个人数据保护法研究》一书中，研究了中国应如何建立个人数据保护的法律制度，对中国应如何制定独立的、综合性的个人数据保护法提出了具体建议，并对个人数据使用者应如何正确使用个人数据提供了针对性的意见和建议。在保护隐私问题上，中国与欧美的差距很大。美国制定了《联邦隐私权法》《电子通信隐私法》，出台了关于未成年上网隐私的法律《儿童网上隐私保护法》，还有《公民网络隐私权保护暂行条例》《个人隐私权与国家信息基础设施》等法律作为业界自律的辅助手段。欧盟在通过了《个人数据保护指令》《电信事业个人数据处理及隐私保护指令》，之后又制定了《互联网上个人隐私权保护的一般原则》《信息公路上个人数据收集、处理过程中个人权利保护指南》等相关法令。

在欧洲联盟国家，如果数据当事人知道数据处理及其目的，一般只允许个人身份信息被处理，对敏感数据的处理设置了特殊的限制。由此可见，国外对数据隐私的保护给予了相当的重视，希望可以通过立法来打击数据隐私侵害行为。Bansal等人指出所有的声明和法律要求对个人信息必须做到：

（1）要公平、合法地获得。

（2）只用作最初规定的目的。

（3）适当地、相关地并且不过分地使用。

（4）信息是准确和最新的。

（5）对主体是可访问的。

（6）确保安全性。

（7）完成目的后毁掉。

（二）个人隐私保护的法律和行业规范

在大数据时代到来之前，一些政策专家就看到了信息化给人们的隐私带来的威胁，社会也已经建立起了庞大的规则体系来保证个人的信息安全。然而在大数据时代，对原有规范进行修修补补已经不能满足个人隐私保护的需求，也不足以抑制大数据所带来的风险，因此，这些规则都不再适用，需要重新定义规则来满足现今的需求。数据提供者、企业以及政府需要提升对隐私保护的高度重视，个人隐私保护应做到数据使用者为其行为承担责任；建立完善的个人隐私保护的法律法规；加强行业的自律性建设及制定行业隐私法。

1.责任承担

用户如果想在互联网上使用某种服务，如购物、医疗、交友、建立个人主页、免费邮箱、下载资源等，服务商往往要求用户申请注册，并填写登录姓名、年龄、住址、身份证、手机号、工作单位等身份信息，还要同意他们所制定的一些条款，往往在这步操作时，用户不会详细阅读，而直接同意，这使得服务商以合法的形式获得了用户信息的支配和使用权。

在大数据时代需要设立一个不一样的隐私保护模式，该模式应该着重于数据使用者为其行为承担责任，而不是将重心放到收集数据之初取得个人同意上。将责任从用户转移到数据的使用者很有意义，因为数据使用者比任何人都明白他们想要如何使用数据，他们是数据二次应用的最大受益者，所以应该让他们对自己的行为负责。服务商对收集的个人数据，有义务和责任保守个人的敏感信息，未经授权不得泄露。个人也应该意识到保护好自己的隐私，如果隐私保护机制存在缺陷，个人应该加以区分并拒绝提供敏感数据，尽量避免面临生命和财产威胁的隐患。因此，服务商需要使用正规的评测方法评测数据再利用的行为对个人所造成的影响，且这种影响不能对用户的生活构成威胁。

2.建立个人隐私数据保护法

大数据时代使用技术手段保护个人隐私远远不够，它不能代替法律体制，必须要建立个人隐私保护的法律法规和基本规则，加大对侵害个人隐私行为的打击力度。2006年3月8日，民建中央企业委员会在全国政协会议期间向大会提交了《个人信息数据保护法的提案》，要求通过制定法规对公民个人信息数据的采集、使用、营销等方面进行明确限制，并对触犯法规的行为予以处罚，从而更完善地保护公民权利与安全，保障社会稳定与国家安全，增强经济发展。《个人信息数据保护法》从数据获得的限制、数据使用的限制、数据营销的限制以及刑事处罚4个方面进行提议。虽然该提议在当时有一定的意义，但是对于进入大数据时代的今天，这些提议已经明显不能满足个人隐私数据保护的需求。因此，应该根据大数据的特点以及个人隐私数据的特征建立通用的大数据《个人隐私数据保护法》。法律建立的目的是维护大数据时代个人隐私保护的权利，明确大数据时代个人隐私数据保护的范围，法律管辖的对象是用户及企业或特定的组织；法律的监督机构是建议设立或委托专门的行业协会和行业自律组织辅助相关政府部门监管该项法律的实施，如中国互联网协会。法律建立的视角是个人数据的收集、使用、发布、共享以及刑事处罚。

（1）关于数据收集的规定：任何企业或组织不能为某种特定目的以欺骗的手段收集个人的信息，对收集到的用户信息，要保证在传输过程中不会被窃听；不能试图获得某些特定用户群的更详细信息，而对他们进行跟踪；在用户并不知情的情况下，企业或组织收集到个人信息时，不能滥用或者卖于他人。

（2）关于数据使用的规定：对个人隐私数据进行二次使用时要保证不能丢失、泄露或者滥用个人的隐私信息；数据使用中应该建立严格的等级访问控制策略，保证敏感数据的安全。

（3）关于数据发布的规定：发布出来的数据信息既有利于数据挖掘研究又能保护到个人的隐私信息；对发布的数据要有非常清晰的权限界定，不能造成个人隐私的泄露。

（4）关于数据共享的规定：在数据共享的过程中，数据共享的双方需签订一份有法律效力的合同或者协议，能保证用户的数据不被泄露，一旦引起用户隐私数据的泄露，将追究所有参与方的连带刑事责任。

（5）刑事处罚：对违反上述条款的企业或组织，依据对个人生活或财产造成后果的严重程度，予严厉的刑事处罚。

3.个人隐私保护的行业规范

客户是企业利益的源泉，企业在遵守《个人隐私数据保护法》的同时，也应该根据企业的应用需求遵守相关的行业规范，避免损失潜在的利益，吸引更多的客户。行业规范应包括以下4个方面：

（1）企业实施隐私保护机制的数据访问系统应该定义3个标准：

①灵活性：不同的人有各自的隐私保护需求，因此要为用户提供一个灵活的机制，能根据他们的需求来设置保护策略。

②数据质量：在保护用户隐私的同时应保证数据的质量。

③简单：政策的建立应该简单并且容易实施。

（2）遵守行业隐私法。

一些特殊的行业会涉及更复杂的隐私数据管理，因此，要制定更精细的行业隐私法来更好地保护个人隐私数据。在美国对特定类型的记录有各自的行业法，如信用报告、视频租用记录以及敏感信息类如健康信息等。

（3）数据访问权限的传递控制。

数据提供者应该明确数据使用者访问数据的目的、条件、保持时间以及责任。数据提供者也应该注意传递数据的隐私等级，并确保传输的安全，使用内容加密和辅助措施相结合。

（4）建立企业与用户间的信任。

Patrick等人强调在人们对系统的接受上，一个重要的因素是人们对系统的信任问题。因此，为了减少用户对自身隐私的担忧，企业应尽量建立有效的个人隐私数据保护机制。用户信任企业就更少地担心他们的隐私被泄露，更愿意提供个人信息。当企业和用户之间建立起相互的信任关系时，企业便形成了良好的发展环境。

第二节　大数据与信息安全

一、信息安全概述

（一）定义

信息安全主要包括以下五方面的内容，即需保证信息的保密性、真实性、完整性、未授权拷贝和所寄生系统的安全性。信息安全本身包括的范围很大，其中包括如何防范商业企业机密泄露、防范青少年对不良信息的浏览、个人信息的泄露等。网络环境下的信息安全体系是保证信息安全的关键，包括计算机安全操作系统、各种安全协议、安全机制（数字签名、消息认证、数据加密等），直至安全系统，如UniNAC、DLP等，只要存在安全漏洞便可以威胁全局安全。信息安全是指信息系统（包括硬件、软件、数据、人、物理环境及其基础设施）受到保护，不受偶然的或者恶意的原因而遭到破坏、更改、泄露，系统连续可靠正常地运行，信息服务不中断，最终实现业务连续性。

信息安全可分为狭义安全与广义安全两个层次，狭义的安全是建立在以密码论为基础的计算机安全领域，早期中国信息安全专业通常以此为基准，辅以计算机技术、通信网络技术与编程等方面的内容；广义的信息安全是一门综合性学科，从传统的计算机安全到信息安全，不但是名称的变更也是对安全发展的延伸，安全不再是单纯的技术问题，而是将管理、技术、法律等问题相结合的产物。

（二）影响信息安全的主要因素

信息安全与技术的关系可以追溯到远古。埃及人在石碑上镌刻了令人费解的象形文字；斯巴达人使用一种称为密码棒的工具传达军事计划，罗马时代的凯撒大帝是加密函的古代将领之一，"凯撒密码"据传是古罗马凯撒大帝用来保护重要军情的加密系统。它是一种替代密码，通过将字母按顺序推后3位起到加密作用，如将字母A换作字母D，将字母B换作字母E。英国计算机科学之父阿兰·图灵在英国布莱切利庄园帮助破解了德国海军的Enigma密电码，改变了第二次世界大战的进程。美国NIST将信息安全控制分为3类。

1.技术

包括产品和过程（例如防火墙、防病毒软件、侵入检测、加密技术）。

2.操作

主要包括加强机制和方法、纠正运行缺陷、各种威胁造成的运行缺陷、物理进入控制、备份能力、免予环境威胁的保护。

3.管理

包括使用政策、员工培训、业务规划、基于信息安全的非技术领域。信息系统安全涉及政策法规、教育、管理标准、技术等方面，任何单一层次的安全措施都不能提供全方位的安全，安全问题应从系统工程的角度来考虑。

（三）信息安全的目标与原则

1.目标

所有的信息安全技术都是为了达到一定的安全目标，其核心包括保密性、完整性、可用性、可控性和不可否认性五个安全目标。

（1）保密性（Confidentiality）是指阻止非授权的主体阅读信息。它是信息安全一诞生就具有的特性，也是信息安全主要的研究内容之一。更通俗地讲，就是说未授权的用户不能够获取敏感信息。对纸质文档信息，我们只需要保护好文件，不被非授权者接触即可。而对计算机及网络环境中的信息，不仅要制止非授权者对信息的阅读，也要阻止授权者将其访问的信息传递给非授权者，以致信息被泄露。

（2）完整性（Integrity）是指防止信息被未经授权的篡改。它是保护信息保持原始的状态，使信息保持其真实性。如果这些信息被蓄意地修改、插入、删除等，形成虚假信息将带来严重的后果。

（3）可用性（Availability）是指授权主体在需要信息时能及时得到服务的能力。可用性是在信息安全保护阶段对信息安全提出的新要求，也是在网络化空间中必须满足的一项信息安全要求。

（4）可控性（Controlability）是指对信息和信息系统实施安全监控管理，防止非法利用信息和信息系统。

（5）不可否认性（Non-repudiation）是指在网络环境中，信息交换的双方不能否认其在交换过程中发送信息或接收信息的行为。

信息安全的保密性、完整性和可用性主要强调对非授权主体的控制。而对授权主体的不正当行为如何控制呢?信息安全的可控性和不可否认性恰恰是通过对授权主体的控制，实现对保密性、完整性和可用性的有效补充，主要强调授权用户只能在授权范围内进行合法的访问，并对其行为进行监督和审查。

除了上述的信息安全五性外，还有信息安全的可审计性（Audiability）、可鉴别性（Authenticity）等。信息安全的可审计性是指信息系统的行为人不能否认自己的信息处理行为。与不可否认性的信息交换过程中行为可认定性相比，可审计性的含义更宽泛一些。信息安全的可见鉴别性是指信息的接收者能对信息的发送者的身份进行判定。它也是一个与不可否认性相关的概念。

2.原则

为了达到信息安全的目标，各种信息安全技术的使用必须遵守一些基本的原则。

（1）最小化原则。

受保护的敏感信息只能在一定范围内被共享，履行工作职责和职能的安全主体，在法律和相关安全策略允许的前提下，为满足工作需要，仅被授予其访问信息的适当权限，称为最小化原则。敏感信息的知情权"一定要加以限制，是在"满足工作需要"前提下的一种限制性开放。可以将最小化原则细分为知所必须（need to know）和用所必须（need to use）的原则。

（2）分权制衡原则。

在信息系统中，对所有权限应该进行适当的划分，使每个授权主体只能拥有其中的一部分权限，使他们之间相互制约、相互监督，共同保证信息系统的安全。如果一个授权主体分配的权限过大，无人监督和制约，就隐含了"滥用权力""一言九鼎"的安全隐患。

（3）安全隔离原则。

隔离和控制是实现信息安全的基本方法，而隔离是进行控制的基础。信息安全的一个基本策略就是将信息的主体与客体分离，按照一定的安全策略，在可控和安全的前提下实施主体对客体的访问。

在这些基本原则的基础上，人们在生产实践过程中还总结出了一些实施原则，它们是基本原则的具体体现和扩展。包括整体保护原则、谁主管谁负责原则、适度保护的等级化原则、分域保护原则、动态保护原则、多级保护原则、深度保护原则和信息流向原则等。

二、大数据时代的信息安全隐患

（一）大数据成为网络攻击的显著目标

在网络空间，大数据是更容易被"发现"的大目标。一方面，大数据意味着海量的数据，也意味着更复杂、更敏感的数据，这些数据会吸引更多的潜在攻击者。另一方面，数据的大量汇集，使得黑客成功攻击一次就能获得更多数据，无形中降低了黑客的进攻成本，增加了"收益率"。

（二）大数据加大隐私泄露风险

大量数据的汇集不可避免地加大了用户隐私泄露的风险。一方面，数据集中存储增加了泄露风险，而这些数据不被滥用，也成为人身安全的一部分；另一方面，一些敏感数据的所有权和使用权并没有明确界定，很多基于大数据的分析都未考虑到其中涉及的个体隐私问题。

（三）大数据威胁现有的存储和安防措施

大数据存储带来新的安全问题。数据大集中的后果是复杂多样的数据存储在一起，很可能会出现将某些生产数据放在经营数据存储位置的情况，致使企业安全管理不合规。大数据的大小也影响到安全控制措施能否正确运行。安全防护手段的更新升级速度无法跟上数据量非线性增长的步伐，就会暴露大数据安全防护的漏洞。

（四）大数据技术成为黑客的攻击手段

在企业用数据挖掘和数据分析等大数据技术获取商业价值的同时，黑客也在利用这些大数据技术向企业发起攻击。黑客会最大限度地收集更多有用信息，比如社交网络、邮件、微博、电子商务、电话和家庭住址等信息，大数据分析使黑客的攻击更加精准。此外，大数据也为黑客发起攻击提供了更多机会。黑客利用大数据发起僵尸网络攻击，可能会同时控制上百万台傀儡机并发起攻击。

（五）大数据成为高级可持续攻击的载体

传统的检测是基于单个时间点进行的基于威胁特征的实时匹配检测，而高级可持续攻击（APT）是一个实施过程，无法被实时检测。此外，大数据的价值低密度性，使得安全分析工具很难聚焦在价值点上，黑客可以将攻击隐藏在大数据中，给安全服务提供商的分析制造很大困难。黑客设置的任何一个会误导安全厂商目标信息提取和检索的攻击，都会导致安全监测偏离应有方向。

（六）大数据技术为信息安全提供新支撑

当然，大数据也为信息安全的发展提供了新机遇。大数据正在为安全分析提供新的可能性，对于海量数据的分析有助于信息安全服务提供商更好地刻画网络异常行为，从而找出数据中的风险点。对实时安全和商务数据结合在一起的数据进行预防性分析，可识别钓鱼攻击，防止诈骗和阻止黑客入侵。网络攻击行为总会留下蛛丝马迹，这些痕迹都以数据的形式隐藏在大数据中，利用大数据技术整合计算和处理资源有助于更有针对性地应对信息安全威胁，有助于找到攻击的源头。

三、保障大数据时代信息安全的建议

（一）重视大数据及其信息安全体系建设

大数据作为一个较新的概念，目前尚未直接以专有名词被我国政府提出来给予政策支持。在物联网"十二五"规划中，信息处理技术作为4项关键技术创新工程之一被提出来，其中包括了海量数据存储、数据挖掘、图像视频智能分析，这都是大数据的重要组成部分。在对大数据发展进行规划时，建议加大对大数据信息安全形势的宣传力度，明确大数据的重点保障对象，加强对敏感和要害数据的监管，加快面向大数据的信息安全技术的研究，培养大数据安全的专业人才，建立并完善大数据信息安全体系。

（二）加快大数据安全技术研发

云计算、物联网、移动互联网等新技术的快速发展，为大数据的收集、处理和应用提出了新的安全挑战。建议加大对大数据安全保障关键技术研发的资金投入，提高我国大数据安全技术产品水平。推动基于大数据的安全技术研发，研究基于大数据的网络攻击追踪方法，抢占发展基于大数据的安全技术的先机。

（三）加强对重点领域敏感数据的监管

海量数据的汇集加大了敏感数据暴露的可能性，对大数据的无序使用也增加了要害信息泄露的危险。在政府层面，建议明确重点领域数据库范围，制定完善的重点领域数据库管理和安全操作制度，加强日常监管。在企业层面，建议加强企业内部管理，制定设备特别是移动设备安全使用规程，规范大数据的使用方法和流程。

（四）运用大数据技术应对高级可持续攻击

传统安全防御措施很难检测出高级持续性攻击。安全厂商要利用大数据技术对事件的模式、攻击的模式、时间和空间上的特征进行处理，总结抽象出一些模型，变成大数据安全工具。为了精准地描述威胁特征，建模过程可能会耗费几个月甚至几年，并耗费大量人力、物力、财力。建议整合大数据处理资源，协调大数据处理和分析机制，推动重点数据库之间的数据共享，加快对高级可持续攻击的建模进程，消除和控制高级可持续攻击的危害。

第三节　人工智能与社会发展

　　人工智能，也称机器智能，它是计算机科学、控制论、信息论、神经生理学、心理学、语言学等多种学科互相渗透而发展起来的一门综合性学科。人工智能的研究及应用领域包括问题求解、逻辑推理与定理证明、自然语言理解、自动程序设计、专家系统、机器学习、人工神经网络、机器人学、模式识别、机器视觉、智能控制、智能检索和智能调度与指挥等。自人工智能出现以来，科学家们在这些领域的研究已经取得了非常惊人的成果，同时，这些人工智能研究成果也证明了在某一特定方面计算机可以超越人的能力。人工智能的发展已对人类及其未来产生深远影响，现在我们抛开其对科学技术发展中的作用不谈，从社会发展的角度着重说明这一技术对人类的经济利益、社会文化生活对人类等方面的影响。

一、人工智能对经济发展的促进

（一）专家系统带来的经济效益

　　人工智能系统的开发和应用，已为人类创造出可观的经济效益。科学家要发展人工智能技术是需要很大的投入的，乍看起来不仅没有促进经济的发展，反而是在大量消耗着资金。其实，在当今时代，技术的发展是以人类的意志为转移的，人类开发人工智能最主要的目的还是要为人类服务，当然经济利益的回报无疑是最直接最有效的，尤其是对企业而言，如果这个技术能为其带来高额的经济利益，那无疑会得到优先的发展。

　　人工智能对经济的促进作用不单是对个别企业和行业，随着计算机系统价格的继续下降，人工智能技术必将得到更大范围的推广，产生更大的经济效益。专家系统的应用就是一个很好的例子。一般的说，专家系统是一个智能计算机程序系统，其内部具有大量专家水平的某个领域的知识与经验，能够利用人类专家的知识和解决问题的方法来解决该领域的问题。也就是说，专家系统是一个具有大量专门知识的系统，它应用人工智能技术，模拟人类专家的决策过程，以解决那些需要专家决定的复杂问题。

　　成功的专家系统能为它的建造者、拥有者和用户带来明显的经济效益。用机器执行任务而不需要有经验的专家，可以极大地减少劳务开支和培养费用。由于软件易于复制，所以专家系统能够广泛传播专家知识和经验，推广应用数量有限的和昂贵的专业人员及其知识。而且如果保护得当，软件能被长期地和完整地保存，并可根据该领域知识的发展及时更新。

专家系统在比较专业的领域有着十分光明的前景，比如医疗领域。即使是很专业的医生也难以同时保持最新的治疗方案和方法，而专家系统却能迅速地更新和保存这类建议，即提高了医院的经济效益，也让病人可以得到最好的治疗。

虽然现在的专家系统仍然只能是局限于某些领域，而且由于没有固定的算法，还要在不完全、不精确或不确定的信息基础上做出结论，准确性还有待保证。但是随着人工智能的发展，专家系统也在不断完善，相信将来这项技术就可以大规模、有可靠地应用在许多领域，可以让最多的人享受到最好的服务。

（二）人工智能推动计算机技术发展

人工智能研究已经对计算机技术的各个方面产生并将继续产生较大影响。人工智能应用要求繁重的计算，促进了并行处理和专用集成片的开发。

算法发生器和灵巧的数据结构获得应用，自动程序设计技术将开始对软件开发产生积极影响。所有这些在研究人工智能时开发出来的新技术，推动了计算机技术的发展，进而使计算机为人类创造更大的经济实惠。

二、人工智能对社会文化生活的影响

同时，人工智能也对人类的文化生活产生了深刻的影响。比如劳动就业方式的改变、思维方式的变革、改善人类语言以及改善文化生活等。

（一）劳动就业方式的改变

首先，在劳动就业问题上矛盾将会比较突出。由于人工智能能够代替人类进行各种脑力劳动，整个社会的劳动效率将会有极大地提高，但同时也会使一部分人不得不改变他们的工种，甚至造成失业。尤其是人工智能在高科技和工程中的应用，会使一些高级人才也失去介入信息处理活动的机会，甚至不得不改变自己的工作方式。如果不能很好地处理人工智能和人类的合作关系，技术的进步不仅不会给人类带来福音，带来的反而是人类对自身价值的否定。

其次，是社会结构的变化。人们一方面希望人工智能和智能机器能够代替人类从事各种劳动，另一方面又担心它们的发展会引起新的社会问题。实际上，未来的社会结构将会由"人——机器"的社会结构，发展为"人——智能机器——机器"的社会结构。现在和将来的很多本来是由人承担的工作将由机器人来担任，因此，人们将不得不学会与有智能的机器相处，并适应这种变化了的社会结构。

（二）思维方式与观念的变化

人工智能的发展与推广应用，将影响到人类的思维方式和传统观念，并使它们发生改变。例如，传统知识一般印在书本、报刊或杂志上，因而是固定不变的，而人工智能系统的知识库的知识却是可以不断修改、扩充和更新的。又如，一旦专家系统的用户开始相信智能系统的判断和决定，那么他们就可能不愿多动脑筋，变得懒惰，并失去对许多问题及其求解任务的责任感和敏感性。那些过分依赖计算器的学生，他们的主动思维能力和计算能力也会明显下降。过分地依赖计算机的建议而不加分析地接受，将会使智能机器用户的认知能力下降，并增加误解。因此在设计和研制智能系统时，应考虑到上述问题，尽量鼓励用户在问题求解中的主动性，让他们的智力积极参与问题求解过程。

当前的"Net Generation"也是计算机与互联网对人类文化及发展的影响的例子。"Net Generation"这一代人是精通互联网的一代，他们沿着科技进步的轨道，在日常生活的许多领域都超越了父辈，并且相信他们自己更能促进时代的快速发展。在人类教育过程中，这一代的思维模式及教育方式对以往的文化、价值观教育模式都有着很大的冲击，同时也对人类的社会进步、经济发展和文化提高都有巨大的影响，随着时间的推进和技术的进步，这种影响将越来越明显地表现出来。

（三）改善人类语言

根据语言学的观点，语言是思维的表现和工具，思维规律可用语言学方法加以研究，但人的下意识和潜意识往往只能意会，不可言传。由于采用人工智能技术，综合应用语法、语义和形式知识表示方法，我们有可能在改善知识的自然语言表示的同时，把知识阐述为适用的人工智能形式。

随着人工智能原理日益广泛传播，人们可能应用人工智能概念来描述他们生活中的日常状态和求解各种问题的过程。人工智能能够扩大人们交流知识的概念集合，为我们提供一定状况下可供选择的概念，描述我们所见所闻的方法以及描述我们的信念的新方法。

（四）改善文化生活

人工智能技术为人类文化生活打开了许多新的窗口。比如图像处理技术必将对图形艺术、广告和社会教育部门产生深远的影响。比如现有的智力游戏机将发展为具有更高智能的文化娱乐手段。

三、人工智能带来的社会担忧

人工智能在给它的创造者、销售者和用户带来经济利益的同时，就像任何新技术一样，它的发展也引起或即将出现许多问题，并使一些人感到担心和忧虑。美国科幻作家阿西莫夫1950年在《我是机器人》中提出了"机器人三守则"，即机器人必须不危害人类，也不允许它眼看人类受害而袖手旁观。机器人必须绝对服从人类，除非这种服从有害于人类。机器人必须保护自身不受伤害，除非为了保护人类或者是人类命令它做出牺牲。虽然这只是科幻作家的希望与理念，但是在人工智能及认知科学研究中，这样的守则也映射出人们对人工智能研究的期待与要求。

针对人工智能和人类的关系问题。出现了这样的疑问："谁将是未来地球上的支配物种，人工智能机器还是人类？"针对这一问题，也出现了两种不同的声音，即宇宙主义者和地球主义者。支持制造人工智能机器的集团，称之为"宇宙主义者"（Cosmist），宇宙主义者认为，人工智能机器如果被制造出来，它们迟早会发现人类是如此的低等，像一个有害物，从而决定来灭绝我们，不论以什么样的理由。因此，宇宙主义者已经准备接受人类被灭绝的风险。宇宙主义者试图去追求整个宇宙的利益最大化而抛弃人类自身的重要性，这是一种很理想又伟大的自我牺牲精神，但是牺牲的结果如何，可能他们自己也不知道。

与此相反，强烈反对制造人工智能机器的集团，称之为"地球主义者"（Terran），他们反对人工智能的开发，因为他们担忧，人工智能的发展必定会发起对人类的清洗，从而导致人类的灭亡，这样的结果是这群人类中心主义者所无法接受的。

现在的人工智能技术还远没有达到上面所讲的程度，但是随着它的发展，人和智能机器人的关系必定会是人类需要解决的问题之一。同时我也认为人工智能的一些影响，在现在是看不到的，也可能是我们现在难以预测的，但不管这种影响是积极的还是消极的，可以肯定，人工智能将对人类的物质文明和精神文明产生越来越大的影响。

第四节　人工智能与传播思维

人工智能（Artificial Intelligence）是指计算机系统具备的能力，该能力可以履行原本只有依靠人类智慧才能完成的复杂任务。它是使计算机实现从"smart"向"intelligent"的转变，它可以像人一样合理地思考，像人一样合理地行动，其应用领域主要包括以下几个方面：自然语言处理（包括语音和语义的识别、自动翻译）、计算机视觉（图像识别）、知识表示、自动推理（包括规划和决策）、机器学习、机器人学。云计算、大数据训练、深度学习、人脑芯片四项高新技术，被视为人工智能的四大催化剂和发展转折点。人工智能以其独特价值和影响改变着整个世界图景，这种影响从外而内，这种悄然而生的改变从外部表象世界潜移默化地向人类的内心世界和思维方式传播深入。

一、人工智能技术对人类思维方式的影响

所谓思维方式，就是思维活动的具体形式，是人认知世界以及看待事物的方式。它影响着人们的世界观和方法论等思维体系，对人们的言行举止和精神气质都有一定效应。恩格斯说："全部哲学，特别是近代哲学的重大基本问题，是思维与存在的关系问题。"在辩证唯物主义者看来，存在先于思维是第一性，存在决定思维。然而，思维又通过人类实践而反作用于存在，思维与存在既矛盾又依存，彼此促进，是一种对立统一的辩证发展关系。人工智能是技术的一种，而技术是作为存在体系中的一个元素，它的应用和发展必

定将对人类思维方式产生一定的影响。

（一）从正向肯定、逆向否定到辩证扬弃

在人类历史的初期，由于生产力和改造自然的能力严重不足，人类相对于自然处于一种从属和依附的次要性地位，这时人们只能依赖、肯定、认同自然的一切，并且从中寻求自己的解释，从而形成一种正向的依赖性和肯定性的思维方式。在劳动和实践中，人类的双手得到解放，大脑不断发展，智慧愈发深邃，对自然的理解和认知不断加深，通过劳动积累起的原始技术不断发展，改造自然的能力逐渐增强，人类意识到以往对于自然的盲目肯定和服从是有局限性的，因而人类逐渐培养起一种否定批判的反思思维方式。这种思维方式从对自然的幻想与对现实的认知的比较中逐渐发现矛盾的地方，从而对原来那种盲目性的肯定认同思维进行逆向思考，否定批判。然而，当科学技术和哲学思想进一步积累发展，人们又会发现，一味地否定和批判同样具有很大的局限性，甚至极具破坏性，由此，逐渐认识到辩证扬弃的重要性，发展出辩证思维方式。

在 21 世纪人类的信息技术高度发展的今天，人工智能技术集群将进一步给人类思维方式带来全新的变革。众所周知，物质在微观领域具有绝对的积极活性，但是在宏观领域却具有相对的消极惰性，无机物质的刺激感应性要远远弱于有机生物。但是，人工智能的核心功能就是要让无机物构成的机械电子设备具有分析综合、判断推理等如同人类大脑一样思考的能力，这是一种强刺激感应性，它无疑是一种全新的历史性突破，这就是在对原先基于物质的认识进行否定批判的过程中，辩证的扬弃的否定之否定的过程，因此，人工智能的发展将有助于人们辩证思维方式的培养。

（二）随着哲学和科学的发展而演变

孙正聿先生说："哲学是一种'反思'的思维活动，或者说，是一种'反思'的思维方式。"人类的思维方式在历史中不断发展，而哲学和科学正是这种发展的动力源泉。在文明发展的初期，由于人们不理解自然现象，无论是对于自然的认识（科学），还是改造自然的能力（技术），都处于萌芽阶段，故将世界和人生都归结为命运的安排，这是一种被动天命式的思维方式。人类历史进入到奴隶社会，随着对自然认识的加深，人们将世界的本源归结为水火土气等某些特殊的物质，形成了最初的朴素唯物主义思维方式。随着宗教的传播和教会统治的根深蒂固，这时由于宗教思想的影响，人们的思维形成一种形而上学的唯心主义，这时人们主要思考的是有关神祇的实在性问题和宗教教义的合法性与合理性。

17 世纪，瓦特发明现代意义上的蒸汽机，第一次工业革命来临，人类逐渐进入社会化大生产的蒸汽时代，尤其是在牛顿力学和欧几里得几何学的指导下，僵化的机械论唯物主义思维方式盛极一时。启蒙运动之后，休谟彻底的怀疑论打破了人们对于因果律的必然性和绝对真理的独断论迷梦，经过康德、费希特、谢林等人的发展，能动的辩证法唯心主义思维在黑格尔处达到集大成的巅峰。后来，马克思和恩格斯发展了黑格尔的辩证法，将之引入历史唯物主义范畴，形成了具有划时代意义的辩证唯物主义，这是一种能动的、发展着的唯物主义。与此同时，随着发电机的发明和电力的使用，人类迎来电气时代，第二次工业革命应运而生，自动化生产流水线的发明，更将第二次工业革命推向高潮。人类思维方式产生了唯科学主义的转变，从此科学取代了哲学，成为了主导人类精神和思维的决定性力量。

进入 20 世纪，随着计算机和网络技术的开发与普及，人类产生了一种信息化和数据化的思维方式。人工智能力图通过对人类所生存的世界和周遭环境的各种声音、图像、语言等要素进行数据化处理，并且根据所得信息，模拟人类思维进行判断推理，合理支配机器行为，使其完成工作实现功能，这对人类的生活工作产生了积极影响。在人工智能之前，人们在计算机和网络技术的影响下，虽然形成了一种信息化和数据化的思维方式，但是这种思维方式却是僵化的、机械的。在古希腊，普罗泰戈拉提出"人是万物的尺度"，弘扬了人的主体地位和主观能动性。但是到了近代，拉美特里"人是机器"的机械论思想一度甚嚣尘上。在初等信息技术的影响下，人们的数据化和信息化的思维方式，诸如"万物皆是信息""一切皆可数据"的思想，是一种僵化机械的信息和数据思维，而人工智能的产生，帮助人们发展出一条能动的、辩证的信息数据思维方式，它重新倡导对人本身的研究和认识，突出了人的感性和理性认识能力才是这个世界上最伟大的鲜活的力量。

（三）多种逻辑思维方式的并存

人类的认识来源于实践，分为初级的感性认识和高级的理性认识。感性思维方式偏向于对现象的感觉和对事物表象的被动接受，而理性的思维方式则偏重对事物深层本质的认识、对概念的严谨理解，以及逻辑演绎和精密的计算。而非理性的思维方式则是一种服从于人类原始欲望、本能，或者天才直觉的思维方式，即尽量少计算推理，而相信人的所谓第六感，通过冥想可以达到顿悟。技术起源很早，且源远流长，早在石器时代和原始社会，就已经有了广义上的朴素技术。在漫长的奴隶社会和封建社会时期，作为一种劳动形式和生产方式，技术主要依靠人的肢体尤其是双手来完成，技术效率也主要依靠人的肢体的协调和技艺的熟练程度来决定。这时期人类所信仰依赖的思维方式，正是感性表象型思维方式。文艺复兴后，科学技术取得长足的进步，尤其是工业革命之后，蒸汽机和电力机器的发明和使用，解放了人类的双手，发展了生产力，变革了生产关系，使工业进入社会化大生产的阶段。而技术史上的另一个里程碑——自动化生产线，则是工业革命社会化大生产的高级阶段。这时候人类的思维方式愈发偏重于概念范畴和理性逻辑，因为这个时期的技术是在理性科学的羽翼庇护之下才得以飞速发展的。而人工智能的出现，很可能引起新的思维方式的变革，那就是非理性的直觉与意志的思维方式。

人工智能的主要功能是由信息数据库和语言逻辑或日常语言处理等先天设计所决定

的，但这只是人工智能的初级表层阶段。如果想要将人工智能发展到高级健全的地步，就离不开另一种功能，那就是机器意志。所谓机器意志，就是让机器在能够像人一样思考和推理的同时，具有一定的自主能动性和选择权利。目前，人类只需要明确自己想要什么，也就是用可以被机器理解的语言表达出自己的意志，人工智能系统就可以自动执行，这类似于一种意志直观的思维方式。当然，这三种思维方式并无高下好坏之分，而且在大多数情况下混合运用，只有主次的区别，而无相互的对立。

（四）分析发散性思维到综合收敛性思维

在哲学中，分析与综合两种方法既是相互对立又是相互依存的，属于辩证发展彼此扬弃的对生性哲学范畴。就思维方式而言，分析方法属于一种发散性思维，而综合的方法则属于一种收敛性思维。所谓分析的发散性思维，即是将一个完整的系统逐级解析，分析出各个层次与结构要素；所谓综合的收敛性思维，即是将原本相互分离的事物群作为整体来理解，找出事物之间的联系脉络，组成一个统筹的系统。人工智能的应用，离不开对人的认识过程和知识结构的发散性分析，同样也离不开对外界事物或表象世界的数据化处理和收敛性综合，因此，分析发散性和综合收敛性这两种思维方式，在人工智能的研发领域中是协调共生、同步发展的。

（五）伦理导向框架中价值思维方式的转变

20世纪之后，由于科学技术和发达工业给地球环境与资源带来了空前的灾难与破坏，思想家们开始对传统的人类中心主义进行批判，也由于科学技术的不断发展，使得人们对于自然和自身的认识不断加深，信息论、控制论、系统论盛行，人类思维方式出现了新的突破，那就是耗散系统的思维方式。人工智能的研究，可以帮助人们认识到，人类智能是一种生命形式的升华，生命是由有机物所组成的，有机物又来源于无机物，所以可以说，人类智能是物质的高级形式。并且，人类智能同样可以通过对物质的改造，使其具有可以模拟人类智能的形式与功能，进而促进人类智能的发展，甚至在量上超越人类智能。这种"人类智能和人工智能的矛盾运动"的辩证发展模式，可以使人认识到人在自然中的地位，认识到人产生于物质并且需要依赖于物质，物质手段发展到高级阶段同样可以媲美人类，人只不过是自然系统中的一个相对重要的组成部分，而绝非自然的主宰者。人要想获得幸福的未来，就必须要与整个自然系统和谐相处，只有人与自然和谐，才有可能促使人与人、人与宇宙的和谐。这是一种自然系统式的思维方式。

二、人工智能在思维方式上的弊端

埃吕尔说："所有技术进步都有代价，技术引起的问题比解决的问题多，有害和有利的后果不可分离，所有技术都隐含着不可预见的后果。""……技术进步一方面增加了什么东西，另一方面它必然减少一些东西。"人工智能作为一个高新技术集群，其发展应用在社会上必然引起诸多变革，其中也潜藏着许多危机，它对于人类思维方式的负面影响，主要表现在以下几个方面：

（一）技术合理性使思维上产生盲目认同

马尔库塞说："科学—技术的合理性和操纵一起被溶解成一种新型的社会控制形式。""技术已经变成物化——处于最成熟和最优形式的物化——的重要工具，个人的社会地位及其同他人的关系，看来不仅要受到客观性质和规律的支配，而且这些性质和规律似乎也会丧失其神秘性和无法驾驭的特征；它们是作为科学合理性的可靠证明而出现的。这个世界势必变成甚至把管理者也包括在内的全面管理的材料，统治的罗网已经变成理性自身的罗网，这个社会最终也会被困在该罗网之中。理性的超越性方式看来会超越理性自身。"人工智能的发展，势必将增强世界物化的程度，也使得技术合理性与统治逻辑更加根深蒂固，使人深深陷入"合理"与"统治"编织而成的罗网。只因各种类型的专家系统——不光可以解放人类的身体，同样还具有自主认知、学习、判断、推理的功能，具有辅助人类思维、学习并进行决策的功效。正是这种功效使得人工智能就犹如其他技术集群一样产生一定技术合理性，人类必然在思维上对技术合理性产生盲目认同，这种一味肯定的思维方式，使人失去了批判与反思的思维方式，变成"单向度的人"，这是一种技术对人思维的异化。

（二）统治逻辑造成的思维方式上的过度依赖

对于技术合理性的盲目认同，在人们的头脑中形成了一种统治逻辑，这种统治逻辑的形成，可以说是一种必然的趋势，然而，从某些方面来看，这是有害的。因为它在一定程度上剥夺了人类的主观能动性，削弱了人类自主思考的能力，使人遇到问题首先想到的不是通过自己的思考和判断来解决它，而是通过人工智能，尤其是专家系统的自动推理等数据化处理和数理逻辑的推演等技术功能来进行处理。这种依赖性，固然是对于"技术环境"的一种适应，但更多的是增加了人类的懒惰和消极的思维方式，使人变得目光短浅，只顾眼前利益得失，而忽视了长远的发展和进步，这是对"人的自由全面的发展"的一种阻碍现象。

（三）技术环境的改造造成人的不适和排斥

埃昌尔说："技术已经成为人类必须生存其间的新的、特定的环境。它已代替了旧的环境，即自然的环境……毋宁说它们置身其中，置于一个改变了所有传统社会概念的全新背景之中。""开发者是其所开发的那些特定技术的主人，但它们仍然服从其他的技术行为。""技术员总是专家，而且除了他自己的技术之外，根本谈不上已经控制了其他任何一项技术。"人工智能的发展必然使这种业已形成的技术环境产生新的变革，这种变革必然在一定时期内，无论在人的身体、心理，还是精神上，都产生一种严重的疏离感。例如，现在年轻人使用智能手机，而老年人却很难接受这种新鲜事物。在这个阶段中，人必定会感到自己与当下的社会脱节，有一种跟不上潮流的失落和寂寞。

（四）人工智能在思维方式上负效应的哲学反思

1.现象与原因

埃吕尔说："技术世界是一个物质事物的世界……当技术表现出对人的兴趣，它都会把人转化成一个物质对象。""如果我们把人放在这个社会中来考察，那么它只能被当做一个陷在由对象、机器以及无数物质构成的世界中的存在物。技术世界不是把人，而是把物质的东西放到首位，所以它不是，也不可能是一个真正的人本主义社会。"这正是一种技术对人的异化。以上所说，人工智能给人的生活方式和思维方式带来的一些弊端，都或多或少体现出一些技术对人的异化现象。所谓人的异化，正是人在他物的作用下，使得原本不属于人本身的一些属性或特质，通过相互作用同化为人的本质。马克思有所谓"神圣形象中的自我异化"和"非神圣形象中的自我异化"的感念之分，"神圣形象中的自我异化"是指，在自然经济下，人在对天主基督的崇拜中丧失了自己；而"非神圣形象中的自我异化"是指，"在市场经济条件下，人在对物的依赖性中，丧失了自己。"技术对于人的异化，正是属于"非神圣形象中的自我异化"现象。技术对人的异化问题，是后现代主义的主题之一。马尔库塞对西方社会的意识形态进行了整体批判。"所谓单面是双面的异化，人性是辩证的，由对立面组成，表现人性的哲学也是双面的。马尔库塞分析说，'理性'是哲学中最重要的概念，理性是判断真假，拯救存在的能力。在思维方式方面，意识形态把否定思维变成肯定思维，理性被畸形化，成为技术合理性。"

2.认同与依赖性反思

"海德格尔认为，现代技术把事物限定在某一方向上，自然事物就成为贯彻技术意志的被限定、被谋算、被利用的持存物。技术绝不可能与机器相同，甚至人成为主体也因技术在本质上乃是展现决定的。技术使人从存在中异化，应达到技术的自我认识，回到真理的基础上来，避免对科学技术的膜拜。"功能强大而且种类繁多的技术构建起技术环境和技术系统，人类深陷于技术所编织的罗网之中，人类需要依赖于技术来实现自身合目的性与合规律性的实践活动，形成了强大的技术合理性与统治的逻辑，人类在其面前似乎只能俯首帖耳、唯命是从。然而，在人的实践活动中，人始终是处于中心地位的主体，因为只有人才具有狭义上的精神与意志，也就是一种合目的性的价值指向。须知人工智能技术是人的实践能力的体现，是人思维能力的物化，人如果因为依赖和认同而服从于自己的创造物，只能说是一种本末倒置，是人本质力量即实践能力弱化的表现。人的认知和思维都来源于实践，但是，人的思维和认知同样对于客观物质世界具有能动的反作用，只有这种辩证发展，才能使人与世界进入良性循环。人类要从人工智能的技术性实践中加深对世界的认识，继而更进一步地发展自己的本质力量，使自己的主观能动性得到充分的发挥。只有这样，才能真正不盲从依赖技术，重新确立起人对于客观物质世界与技术环境的主体性地位。

3.技术环境疏离性反思

人在技术环境中感到疏离，是因为没能很好地融入其中。技术在本质上是人造物，对于技术研发主体和管理主体而言，它无疑是得心应手的操持之物，并无任何疏离。然而，这类人群毕竟是少数，对于大多数技术应用主体而言，技术是一系列并不容易接受的外来物，包围着自己构成相对陌生的技术环境。面对如此境遇，人应该在意识形态上培养自己融入技术潮流的意愿，并在知识上培养对技术的认识能力。人工智能作为人类社会的产物，其思维上对于人类思维有益的部分，应该加以培养和传播，于此同时，人类本身也不应该心存芥蒂，将人工智能思维的传播看作洪水猛兽，完完全全拒之门外。

第五节　人工智能与伦理问题

一、人工智能技术的主要伦理问题

从生活中常见的智能手机到已经研制成功的自动驾驶汽车，再到目前人工智能技术研究领域热点之一的医疗机器人技术等，这些都表明我们已经进入了人工智能技术的革命时代。人工智能技术使我们的生活变得丰富多彩，给我们带来了很多便利：人工智能技术可以将文本从一种语言翻译成另一种语言；人工智能技术使得互联网搜索更加灵敏；人工智能技术可以给在拥挤的交通中的人们推荐最畅通的线路；人工智能技术还可以帮助人们识别信用卡诈骗术等。不可否认，人工智能技术使我们的生活变得更加便利美好，但是，人工智能技术也给人类社会带来了很多问题：人工智能技术对劳动力市场的冲击；人工智能技术引起的法律问题；人类对人工智能技术的过度依赖而导致的身心健康及精神上的伤害；人工智能技术引起的所有权问题等。就拿对劳动力市场的影响来说，在制造行业，自从越来越多的机器人被引进后，大量工作由机器人操作使得劳动需求降低，很多工人被迫下岗。如亚马逊网站最近购买了用机器人承担仓库内搬运工作Kiva Systems后大幅减少了对人工的需要。

另外，人工智能技术侵入非制造业领域的例子比比皆是：律师们可以用智能程序取代助手来进行案件研究；《福布斯》杂志用一款叫Nattative Science的智能软件来代替记者撰写关于公司盈利的报道；税务筹划软件和旅行网站也代替了从前人做的工作；从银行、航空公司到有线电视公司，众多企业都将它们大部分的客户服务工作交给了自动服务亭或语音识别系统……由此可见，人工智能技术也像其他一些新兴技术一样存在两面性。不过，不管人工智能技术给人类带来了怎样的益处还是害处，人工智能技术的伦理问题却是无法掩盖的事实，目前人工智能技术主要存在着人权伦理问题、责任伦理问题、道德地位伦理问题、代际伦理问题以及环境伦理问题，人工智能技术伦理问题不容忽视。

二、人工智能技术主要伦理问题的表现

（一）人权伦理问题

1.人权及人权伦理

将人权理念作为一种普世性的价值诉求及人类社会文明进步的重要标志已得到越来越多国家的认同。经过总结历史资料，西方现代人权思想的根源可以追溯到洛克，最终，洛克的人权思想影响了美国的人权思想并被写进宪法。我国将人权写入宪法是在2004年，这是我国法律史上更是道德思想史上的一座里程碑。对于人权的概念目前还没有统一的说法，学者对人权的定义大致分成三类：人权是政治权利；人权是法律权利；人权是道德权利。关于人权的具体定义引用我国学者甘少平先生的观点："所谓人权，是作为个体的人在他人或某一主管面前，对于自己基本利益的要求与主张，这种要求或主张是通过某种方式得以保障的，它独立于当事人的国家归属、社会地位、行为能力与努力程度，为所有的人平等享有。"

人权是人之为人的最基本的权利，是一切利益和权利的前提和基础。人权虽然是权利的一种，但也有别于其他权利的特征。从人权的定义可以看出，首先，人权具有道德适用性的特点。其次，所有的人，不应受他的种族、国籍、宗教、性别、出生、法律背景或是文化归属的偶然性的影响，而都应该享有人权，即人权具有普世性的特点。人权的第三个特征是它的基础性，即人权所保障和满足的是基本的利益与需求。一种利益或一种需求之所以是基本的，是因为其被损害或得不到满足要么意味着死亡或严重痛苦，要么触及到自主性的核心领域。"毫无疑问，人权概念蕴含着伦理的思想。"所谓人权伦理，即人权中本身蕴含的基本伦理道德以及在一切人权制度、人权活动中所体现出来的道德、价值和伦理关系以及应遵循的道德原则、道德规范的总和。"人权伦理旨在实现人的本质及人的自由与全面发展，并且主张把人当人来看待。

人权伦理的内容主要分为四个方面：

（1）珍视人的生命、尊重人的尊严。

（2）尊重人的自由和平等。

（3）发扬民主精神和互爱精神。

（4）促进人的发展。

人权伦理具有主体性、普遍性、实践性的特点。人权伦理的主体性强调，人首先要有主体性，只有有了主体性，人才能够体现自身的价值。人权伦理的普遍性则正如马克思所强调的那样："一切人，作为人来说，都有某些共同点，在这些共同点所及的范围内，他们是平等的。"人权伦理实践性的特点指人权要从应有的权利转化成法定的公民权利才

有意义，这需要人们的努力与实践。

2.人工智能技术带来的人权伦理问题

随着人工智能技术的快速发展各种"人工生命"相继问世，而这些人造生命的问世使得"人权"遭受了前所未有的挑战。当人工智能技术的发展使得以往那些只是从事简单体力活的智能机器人具有了不同程度的情感及"人性"后，智能机器人的应用领域越加广泛，机器替代人类工作已经不再是神话。这给人类生活带来了便利和福音，但是，随着这些智能机器人的大量投入使用，智能机器人却面临着越来越尖锐的人权伦理问题。例如，随着人工智能技术的持续发展，智能机器人是否会逐渐侵犯人类的"人权"？如危害人类的生命与健康、侵犯人类的尊严与隐私、破坏人类的自由等。而且，如果当智能机器人具有"人性"后，我们是否该给他们以相同的"人权"？总之，诸如此类的问题接踵而至，这不得不使人类进行探讨和深思。

关于机器人，古代很早就有记载。公元850年古希腊Hcmer中记载了一个跛子铁匠用金子制造一些帮他打铁和扶他走路的"少女助手"。这些"少女"的外表和人类非常像，她们聪明伶俐，还可以和人类进行通话。在我国，史籍《列子·汤问》记载，匠师偃师给周穆王进献一个能歌善舞的机器人，使周穆王将之误以为是真人，最后因这个机器人不懂君臣礼节而冒犯了周穆王的侍妾使得周穆王大怒。当然在古代这个连人类自身都少有人权的时代是不会也不可能给机器人以"人权"的，人们也仅仅把这些机器人当作"仆从"来使唤。现在智能机器人的表情和行为是通过应用程序来控制和实现的。通过程序代码使智能机器人拥有人的某些特性，而且有些由电脑武装起来的智能机器人在某些方面的能力已经远远超过了人类。随着人类与智能机器人的交集越来越大，似乎智能机器人正在侵犯人类人权的迹象更加明显，而且对于是否给机器人以人权的争论也越来越激烈。其中反对者认为：我们不要太能干的机器人，也绝不能给机器人以"人权"。让机器人拥有"人权"，就是企图违背"机器人三大法则"，就是企图放纵机器人，就是间接地在危害人类。

而赞成机器人有权利的人基本上认为，如果制造的机器人有道德良知，能同人类互动，他们就应该享有一定程度的权利。斯坦福大学的教授克利福德·纳斯也曾指出过，生命是特别的，我们不应该像破坏法律那样去虐待那些机器、动物等非人类生命，非人类生命也应该有相应的"人权"。而且2007年，韩国一位政治家宣布韩国将是第一个制定如何对待机器人法律条例的国家。而笔者认为，对于是否给智能机器人以"人权"不能太极端化，我们应该按照某些标准或是准则去进行分析判断。比如，用于关心和照顾老人孩子的机器仆人就可以被适当地赋予一定程度的"人权"，毕竟它们是人类喜欢和愿意去爱护的对象，我们可不希望看到人类对这些也需要保护的对象施以不人性的对待或是侮辱，这也是对人类道德伦理底线的侵犯。而对于可以赋予多大程度的人权，这就需要我们进行

"度"的思考。至于对那些明显就存有伦理争议的智能机器人，比如那些用于战争的或是具有触犯法律倾向等一切可能会破坏人类社会和谐的机器人就不应给予"人权"。

（二）责任伦理问题

1.责任及责任伦理

目前学术界关于"责任"的研究比较深入，对于"责任"的界定主要分为两个派别。一派主要从法律方面对责任进行界定，主要代表学者有张文显和孙笑侠；另一派则主要从法律、道德和政治方面对责任进行界定，主要代表学者有沈晓阳和王成栋。责任通常是指与某种特定的社会角色或机构相联系的职责，指分内应做之事或没有做好分内应做之事而应承担的否定性后果。从哲学意义上讲责任常与因果性相联系，具体地说，"责任的最一般、最首要的条件是因果力，即我们的行为都会对世界造成影响；其次，这些行为都受行为者控制；第三，在一定程度上它能预见后果"。关于责任伦理，这一概念最早源于德国社会学家马克斯·韦伯。而真正把责任伦理学作为一个概念提出的则是德国学者汉斯·伦克（Hans Lenk），其于1979年出版的《责任原理：技术文明时代的伦理学探索》一书促使责任伦理兴起。责任伦理学作为技术时代的伦理学，在哲学界和神学界引起了极大反响，并且推动了当代相关政治、经济及社会问题的探究。责任伦理是在对责任主体行为的目的、后果、手段等因素进行全面、系统的伦理考量的基础上，对当代社会的责任关系、责任归因、责任原因及责任目标等进行整体伦理分析和研究的理论范畴。责任伦理作为一门实践哲学，在科技高速发展的当代，将与人类生活越来越密切。而且把握好责任伦理，这将对解决技术时代中的各种难题都会有重要帮助。

2.人工智能技术责任伦理问题

自20世纪50年代末世界上第一台机器人问世以来，经过几十年的发展，机器人技术发生了翻天覆地的变化，而且正以惊人的速度向服务、娱乐、军事、农业、教育等领域扩展。例如曾经在上海世博会露过面的机器人中有伴侣机器人、餐厅机器人、医疗机器人等。这些机器人各有各的本事，但它们给人类带来帮助的同时也让人非常纠结，因为这些机器人都是"高智能"的，有学习功能、能"自学成才"，也就是说，一段时间之后，它不再是出生时的它了，它会像人一样，根据自己的所"见"所"想"自作主张——要是想法走偏瞎搞一气怎么办？电影《人工智能》（Artificial Intelligence）在开头借科学家之口向观众提出了这样一个问题："爱"既然是相互的，而当机器人被设计成爱人类，那么人类是否也该或者有责任将爱反馈给机器人呢？当然，人类到底要不要去爱自己制造的机器人在这里不是问题的关键，只是人类既然制造了机器人，我们就得为自己的行为负责。而关于规范或改善人工智能技术伦理问题相关方面的伦理规制与伦理原则的制定及更新的速度远远没有跟上人工智能技术发展的速度，这使得人工智能技术带给人类的责任伦理问题显而易见，人类正面临着各方面的责任伦理压力。

特别是由谁来负责人工智能技术引发的责任伦理问题是争论的焦点之所在。随着人工智能技术逐渐渗透到社会生活的方方面面，对于人工智能技术带来的短期效应和长远后果的反差也使人们产生了对人工智能技术从未有过的恐慌和担忧。人们担心：如果人工智能技术代替更多的人力劳动后，谁来负责不断加剧的失业率？医疗行业用于诊断的专家系统如果出现失误后导致的医疗事故将是谁的责任？股市的预测系统给股民带来的损失到底由谁来赔偿？机器伤害或是杀害人类的事故到底是机器的责任还是人类自己的责任，以及这些机器的开发者、使用者是否要负担相应的责任，且分别应负什么样的责任等。诸如此类的责任伦理问题，就如同第二次世界大战后，由原子弹的爆发和对纳粹医生的审判而引发的人们对科学家的社会责任问题的关注一样，争论得如热锅上的蚂蚁。

另外，责任伦理强调要对现在和未来负责，对子孙后代负责，很显然人工智能技术在保障当代人在享受过当今的一切后又不危及到后代发展的问题上根本没有明确的把握。随着人工智能技术带来的责任伦理问题越来越明显，人们对责任及责任伦理产生了广泛关注。但是，对于人工智能技术的发展，不管是政策制定者还是科研人员或是产品消费者都应担负起相应的责任。现代技术的不可逆性，警示我们不能随便拿人类命运冒险，更不能将技术的进步当作"赌注"与人类和自然界相互较量。而且，舆论认为在当代高科技迅猛发展的情况下，人工智能技术有可能对人类造成包括环境破坏、影响人类身心健康等更多新的伦理问题。而传统伦理学根本无法涵盖和应对人工智能技术活动中出现的伦理问题，特别是责任伦理问题。于是，人工智能技术引发的责任伦理问题值得我们深思和探讨。伦理对技术是一种责任，技术的发展需要伦理的介入和匡正，而责任伦理就是对当代技术最好的责任。人工智能技术引发的责任伦理问题不可小觑，为了人类的长远发展，我们要给予相应的关注。

（三）道德地位伦理问题

1.道德地位对于人工智能技术的含义

随着科学技术全面地融入人类社会，人类从"前技术时代"迈入了真正的"技术时代"，现代科学技术不仅改造了人类自身的内在结构，也使人与自然的关系发生了深刻变化。同人工智能技术给人类带来的人权伦理问题类似，人工智能技术也给人类带来了道德地位伦理问题。我们说人类具有道德地位，往往是基于某些精神能力或特点的归属。那些经常被提到的关于道德地位的精神特点主要有：感觉疼痛的能力或具有感情、目标导向、对于周围环境和自己的认识或意思、思维和推理的能力、语言能力等。这些性质，其实并不是人类所独有，人工智能技术也需要有道义上的考虑。生态学关于生态系统中所有事物都是相互联系、相互作用的理论，以及物种的多样性、丰富性和共生对生态系统稳定的重要性，是构成深层生态学整体理论思想和基本原则的科学依据。深层生态哲学的代表人物利奥波德认为，整个生态系统都应该具有道德地位，即拥有生存和发展下去的权利，但不是每一个生物都拥有"神圣不可侵犯"的权利。鉴于此，对于人工智能技术创造的智能机器人，特别是那些具有人类情感的机器人，当他们扮演着人一般的角色的时候，他们也就应当享有相应的道德地位。

2.人工智能技术道德地位伦理问题

如果说一种事物拥有道德地位，人类就应该对之具有相应的道德义务。如果我们否定智能机器的道德地位，即当我们不承认智能机器的道德身份时，我们就可以以任何我们自己喜欢的方式来对待他们，不管是仁慈的还是残酷的。而事实上，不顾智能机器人的道德地位而为所欲为，似乎与我们传统的伦理道德相违背，如果说将来有一天这些机器人同人一样具有了人权，那么我们对这些情感机器人任意地指使和传唤或是谩骂殴打，绝对不是道德所能容忍的。道德的概念注定了我们不能随心所欲地对待具有道德地位者。当有天你看到作为家庭的仆人机器人被主人任意谩骂辱打、作为餐厅服务员的机器人被毫无尊严地使唤难道不觉得这些正与我们的人道主义相悖吗?的确，就像如今的某些动物一样，人工智能机器人很有可能会被不公平地对待。我们利用智能机器给我们干最脏的最危险的活、可以不顾智能机器的感受让他们夜以继日地工作劳动、我们可以对智能机器无休止地使唤甚至为所欲为……可是，我们是否为这样的行为找到了正当的理由呢?而事实上，并不是只有人类才有道德诉求。总之，对于人工智能机器的道德地位伦理问题值得深思。

（四）代际伦理问题

1.代际伦理的内涵及主要原则

在当今社会，"代沟"使得代与代之间的冲突越加明显，整个世界处于一个前所未有的局面之中，年轻人和老年人——青少年和所有比他们年长的人——隔着一条深沟在互相望着，而这与科技的发展及全球化加速息息相关。随着社会结构和社会关系的转型和变迁，人类的代际关系也发生了很大变化。代际伦理是一门应用伦理学的新兴交叉性学科，代际伦理的概念目前并没有明确的定义，不过已有很多专家学者从不同角度对之进行了界定。汪家堂教授认为，国际上的一些伦理学家大多从家庭伦理的角度对它进行界定和阐释，以期说明世代之间（尤其是亲代和子代之间，乃至老一代与第三代、第四代、第五代之间）的伦理关系及其在家庭结构中的内在调节作用。

廖小平教授认为，"代际伦理，就是人类代与代之间的伦理关系和伦理规范的总称，是社会伦理关系和伦理形态的重要组成部分"。目前，国内学者大多偏向使用廖小平教授的论述。当然对于代际伦理尽管到最近几十年才有了比较有突破的成果，但是代际伦理毕竟不会一成不变，随着经济的市场化和全球化、社会的信息化等的加速发展，社会代际伦理关系也会发生相应的变化，因而新的代际伦理问题也会接踵而至。特别是文化变迁速度和社会变革速度的加快，这将加大代际伦理问题的激烈程度。代际伦理同其他伦理形态和道德规范一样也有自己的基本原则，"道义与功利相统一、和谐与整体相一致、生存与发展相协调是代际伦理最鲜明的三大基本原则"。很显然，代际伦理所具有的这些原则可以作为分析或界定人工智能技术代际伦理问题理论上的依据和支撑。

2.人工智能技术代际伦理问题

现代社会的代际伦理主要表现有：道德价值观的代沟与沟通问题、现代家庭代际伦理、可持续发展的代际伦理支持和公平问题以及全球背景下的代际伦理。这些问题将与社会的和谐稳定及人类的可持续发展密切相关，因此严格审视这些代际伦理势在必行。人工智能技术的发展也不可避免地给社会带来了比较复杂的代际伦理问题。人工智能技术带来的代际伦理问题比较复杂，仅仅从上文列出的代际伦理的原则就可以看出人工智能技术在某些方面已经违反了"和谐与整体相一致"原则及"生存与发展相协调"原则。首先，和谐是当今世界的主题，也是人类社会追求的共同目标。而不管是用于战争的智能机器人还是被可以任意使唤的且毫无尊严的仆人智能机器人都显得不那么"和谐"。其次，可持续发展也是人类共同的目标，而当看到因人工智能技术而导致的各种生态的或是给人类造成的精神上的恐慌等明显破坏代内和代际间的公平的事实时，人工智能技术代际伦理问题不捅自破。当然，人工智能技术带来的代际间的伦理问题远远不只这些。

比如，如果有一天当智能机器人同人一样具有生存权或是人权的时候，那么人工智能机器将有可能给人类带来"代"的困惑。智能机器人本身是模仿人的智能，那么不可否认他们也会如人类一样拥有自己的后代。如今，智能型机器人正在进入"类人机器人"的高级发展阶段。比如有些科学家正在从事的一项研究：他们设想给智能机器人植入一种"人造染色体"，这样机器人将与人类一样拥有自己的"基因代码"，这将会使这类机器人同人类一样拥有喜怒哀乐的情感。另外再假设，如果将来可以为这类机器人设计出类似人类的X和Y染色体，那么机器人也许会有了性别之分，如此看来，这类机器人的自我复制也就成为可能。还假设，如果这些雌雄机器人能够"相爱"的话，通过进行"染色体"之间遗传物质的交换来产生出一套新的"染色体"，如果把这套新的"染色体"植入小机器人中，那么，他们的"孩子"就"诞生"了。也就是说，机器人的"传宗接代"也会成为可能。当然，这些都只是猜测，但是，我们也不可否认这些在将来就不会出现。如果从代际伦理的视角而言，假设（仅仅是假设而已），如果智能机器人变得很普遍，而且又已无法进行必要控制的话（这是完全有可能的），那么是否会出现"代"和亲属关系（儿子可能就是老子，兄弟可能成为爷孙等）的混乱呢？不管这样的担忧是杞人忧天，或者是遥远将来的事，人工智能技术代际伦理问题不容忽视。

（五）环境伦理问题

1.环境伦理概述

环境伦理是指人类对自然的伦理。它涉及人类在处理与自然的关系时，何者为正当合理的行为，以及人类对自然负有什么样的义务等的问题。环境伦理的基本原则有：

（1）可持续发展原则。

可持续发展原则在构建科学环境伦理学中处于统领地位。环境伦理的可持续发展原则又可以分为三点：首先，公平性原则。指代内公平、代际公平及有限资源的分配公平。其次，持续性原则。人类的发展应充分考虑自然资源的耗竭率，应以不损害那些支持地球生命的水、大气、生物、土壤等自然系统为前提。最后，共同性原则。指要充分认识任何能源危机、环境危机等都不会孤立存在，若要实现可持续发展，就得保持人与自然关系的和谐性。

（2）人与自然协同进化原则。

人与自然协同进化原则是构建科学环境伦理学的基础。关于协同进化，首先，指个体之间与物种之间直接的相互受益；其次，指为了达到生态平衡，不同生物种群之间具有的相互制约作用。人与自然协同进化原则是环境伦理思想的基础、根据和最终目标。人与自然协同进化的环境伦理的标准，就是看是否有利于人类，是否有利于生态，也就是所谓的"双标尺度"。

（3）环境平等原则。

确立环境平等原则是构建科学环境伦理学的前提条件。这个原则是对人类道德领域的延伸与拓展。首先，在人与自然的关系方面，要求确立人与自然的平等观并强调人与自然要和谐发展；其次，在人与人的关系方面，强调确立人类的平等并实现人类利益及发展权利的平等；最后，在人与动物（生物）的关系方面，强调人的生存要依赖其他动物（生物），从而主张动物（生物）的平等。

2.人工智能技术环境伦理问题

人工智能技术给人类带来的环境伦理问题显而易见。在人类历史发展过程中，高新科技始终扮演着重要角色，其中包括人工智能技术。高新技术确实给人类带来了福利，但是，不可否认，也正是由于这些高新科技的快速发展，使得人类似乎正在走向科技出发点的反面。资源过度消耗、环境破坏、生态污染等全球性的环境问题的爆发，表明了科技发展在一定程度上的异化，而人工智能技术也没能例外。如今，人工智能技术几乎应用于社会生活的各个领域，随着时间的推移和社会的发展，这也意味着人工智能技术的耗材量将越来越大。根据最近的一些新闻报道，目前很多大型工厂都在计划增加智能机器人充当劳力，如果以世界经济发展的速度来推算，那么这类机器人的使用市场和使用量将会俱增，这虽然会给工作带来效率、给社会带来更多财富，但也使社会面临更多环境伦理方面的问题。

同时，因人工智能技术的产品换代或是废旧品而带来的固体垃圾问题也将更加严峻。例如，人工智能技术在宇宙开发中的应用：尽管人工智能技术对于宇宙开发有着十分重大的科研和应用价值，但是由此而产生的太空垃圾则严重威胁着人类对太空的和平利用，也危及着宇宙航行的安全，更影响了地球的环境，这将进一步加剧生态危机。环境伦理是一门尊重自然价值和权利的伦理学，它主要根据现代科学所揭示的人与自然相互作用的规律性，以道德为手段从整体上协调人与自然的关系，它是人们在反思当今生态环境问题基础上的新兴学科，是传统伦理学向自然领域的延伸。环境伦理观要求人类热爱大自然，利用科技造福人类，要求实现人与自然的协调发展。科技时代的环境伦理观将爱护环境置于科学技术发展的开发研究之中，将热爱环境的思想提升为道德上的自律行为。人工智能技术之所以产生环境伦理问题，与人工智能技术的发展没有遵循环境伦理观的思想密切相关，另外，也由于人工智能技术发展的速度远远超过了伦理学发展的速度，在人工智能技术发展的过程中，由于伦理方面理论上的不足才导致了如今人工智能技术发展道路上的各种障碍。人工智能技术导致的环境伦理问题应引起相应的重视。

三、人工智能主要伦理问题的成因分析

（一）技术上的局限性

谢菲尔德大学人工智能教授诺埃尔·夏基说，目前的自主机器人还无法准确区分平民和战斗人员，但这是国际法和国际人道主义的基石。他还强调，即便是具有智能的机器人，也会缺乏人类所拥有的一种微妙的判断和拿捏能力——如何在获得军事优势的前提下最大限度地避免平民伤亡。如果在现实中，军事机器人发生故障或出错会怎样?之所以会有这样的担忧，透过问题的实质，归根结底还是由人工智能技术自身的局限性导致的。如今人工智能技术已经应用于各个行业，大到军事战争、航天开发，小到家庭助理、儿童智能玩具等。

因此，人工智能技术的发展给人类带来了巨大的财富，前景非常诱人。但是人工智能技术也因为技术上的不足而导致的伦理方面的问题给人们带来了不同程度的恐慌，这些伦理问题甚至成为人工智能技术发展道路上的拦路虎。当然，人工智能技术的发展只有几十年的历史，属于一个正在成长中的技术，该技术自身还存在很多局限性，使得技术增长的速度没能抵上伦理问题形成的速度。另外，人工智能技术毕竟是模仿人类的智能，这是一门前沿的综合技术，从人工智能技术的发展史就可以看出，人工智能技术的发展并非一帆风顺，它有自身技术上的瓶颈。特别是人工智能技术在模仿人类情感方面确实正处于一个比较尴尬的时期——尽管人工情感的研究已经开展了多年，但是成果总不尽如人意。人工智能技术在模拟情感方面存在很多缺陷，正如美国联军司令部的戈登·詹森对军事机器人的那句名言所描述的那样："它们不会饥饿，不会害怕，但会牢牢记住自己的使命。"也就是说，人工智能技术只是人类程序的结果，它们始终只能按照人类为它设定的程序来执行被人类赋予的"命令"。目前，它们还无法如人类那样有属于自己的思想及情感，它们根本无法去判断自己"行为"的对错，也无法自动停止自己的某项"行为"，所以如果人工智能技术一旦被不法分子利用，后果则不堪设想。而且，人类还没有一套解决人工智

能技术在操作中一旦失控时该如何制止该项操作的技术方案，所以一旦发生操作失误，后果也很难想象。可见，人工智能技术自身的局限性是人工智能技术带来伦理问题的内在因素之一。

（二）伦理规制与伦理原则的缺乏

从科学技术发展的历史可以看出，只有当科技进步与社会伦理规制和伦理原则的相关要求相一致，并对科学技术的发展结果做出合乎伦理价值的评价来引导科学技术朝着正确的方向发展，这样的科技才能够持续地推动人类社会的文明进步。我国古代很早就有"以道驭术"的技术伦理观念，科学技术的发明和使用应遵循事物本质自然而然的规律。科技为人类带来方便和利益，必须做到高效与合理的统一。中国传统技术把追求"大道"作为目标。"大道"在传统技术中可以理解为平衡和谐地照顾到各方冲突和制约。人工智能技术的伦理问题会产生，很大一部分因素就在于人工智能技术相关伦理规制与伦理原则的缺乏，聊天机器人就是很好的例子。例如在现实生活中，当一个人的某些情绪无法得到满足需要发泄时，他就可以向聊天机器人宣泄自己的情绪，从而得到情感上的弥补和慰藉。

但聊天机器人毕竟只是虚拟网络世界中的一项技术，如果这个人与聊天机器人进行长时间的沟通，这将避免不了他有一天会对聊天机器人产生情感上的（友情、亲情甚至是爱情）依赖。而这种柏拉图式的虚拟的情感根本满足不了人生理及心理的终极情感上的需求，这就很容易使他诱发焦虑、抑郁等心理疾病甚至其他更严重的后果。但现在还没有任何人与聊天机器人交往的社会伦理道德规范。不过，随着聊天机器人的日益广泛应用，这一问题已引起越来越多的人的关注。这说明，尽管人工智能技术可以给人类带来很多便利，但是由于相关方面的伦理规制与伦理原则的缺乏在最后可能会引起一些适得其反的效果。在人工智能技术高速发展的近几十年里，我们确实遇到了很多来自伦理方面的问题。

对于人工智能技术给人类造成的既成事实的或是即将面对的伦理问题，我们不能视而不见。这需要科学家、哲学家、政治家等一起努力制定科学合理的伦理规制和伦理原则来为人工智能技术的发展指引方向，并对其发展进行相应的约束。而且机器人的应用将会越来越广泛，但稳步增加的机器人使用量会带来不曾预料的风险和道德问题，英国设菲尔德大学人工智能和计算机技术专家诺埃尔·夏基教授也因此呼吁，应立即制定机器人道德准则。每项技术从兴起到发展再到成熟都会面临各种各样的问题，但是只要我们科学对待这些问题，就会避免很多不必要的损失，这项技术也才能得到更加顺利的发展。

（三）政策法规的滞后与不完善

人工智能技术作为一种新兴的发展中的技术，由于其发展时间不长，所带来的一些伦理问题如人权、环境、责任等，基本都超出了现有法律范围。一旦出现这些伦理问题，更多的是借助于科学家自身的道德素养和社会的舆论来进行约束，而很难利用法律来有效缓解或是解决这些伦理问题。毕竟，不管是科学家的自觉性还是舆论的压力都不具备强制性，这使得效果并不显著。遗憾的是，目前还没有一套完整的关于人工智能技术伦理方面的法律体系，尽管有些法规或许有所涉及，但是也不全面，不足以应对如今人工智能技术所产生的一些伦理问题。而且，很多国家为人工智能技术领域制定相应的法规政策做过努力。比如，日本为了保护人类在使用机器人过程中不被伤害特意组织了一个专业团队（主要由科学家、企业界人士、律师、政府官员组成），该团队起草了《下一代机器人安全问题指导方针（草案）》。韩国起草了《机器人道德宪章》，主要内容包括：保证人类能够控制机器人、防止人类违法使用机器人、保护机器人获得的数据，并将道德标准设置进计算机程序且要防止人类虐待机器人。不过，这些起草的文件，在某种意义上来说，仅仅是对阿西莫夫"机器人三原则"的细化，并没有多大的进展。事实上，关于人工智能技术领域的相关法律法规还比较欠缺，需要人类不断进行完善。首先，对于人工智能技术的研发人员、人工智能技术产品运营商、人工智能技术普通消费者等的基本权益和该履行的义务还没有明确的法律解释；其次，对于通过人工智能技术破坏人类和谐环境或是获得不正当利益等的行为，还没有明确的法律处罚条例，使得这种行为有恃无恐。

另外，国际间还没有明确的通用法律条文来解决因人工智能技术而产生的矛盾等问题，这将会导致国际纠纷不断。据英国《经济学人》杂志最新封面文章报道，随着机器人变得越来越智能化，面临伦理问题的机器人也不再是科幻小说中的情节，真实世界也将面临这一难题。社会需要制定一些规则，确保令机器人能够做出符合道德的判断，不然可能出现混乱。当然，对于人工智能技术领域方面的相关法规政策的制定不是某个国家或是某些人的职责，这需要各个国家工程师、伦理学家、律师、政策制定者等不同领域人的紧密合作，需要全人类的共同努力。

（四）公众道德素质及文化素养的欠缺

对于人工智能技术的伦理问题，事实上很多都是可以控制甚至是可以避免的。其中有些问题一方面是由于人工智能技术领域的科学家或研究者自身的道德修养和信仰的缺乏而导致的。他们一般经受不了金钱或是利益的诱惑而将人工智能技术进行不正当的或是有伦理争议的研究行为。比如将人工智能技术运用于核试验，研制用于战争的智能武器等明显破坏人类文明及社会和谐的研究行为等。另一方面是由人工智能技术的使用者造成的，他们一般罔顾道德伦理的约束及法律的限制而将人工智能技术用于犯罪活动。比如，现在有越来越多的犯罪分子利用人工智能技术等高智能进行犯罪活动，他们大多侵害政府、能源、金融、军事等人、财、物聚集的重点部门和行业，这给社会公共利益和公共安全产生了显著危害并隐藏着巨大的潜在威胁。

另外，也由于人民群众对人工智能技术的了解不够深入，导致部分群众在对人工智能技术没有真实了解的情况下，在遇到人工智能技术的负面新闻或是负面事例后就夸大其词，人云亦云，最终导致人民群众的恐慌心理，从而使得更多不了解人工智能技术的人们开始害怕甚至排斥人工智能技术。这无形中使人工智能技术在群众心目中的认可度越加低下，这也成为人工智能技术伦理问题加剧的外在因素之一。当然，面对因为人类自身的原因而引起的人工智能技术伦理问题，需要人类自身的文化素养及道德素质必须有一个从量变到质变的过程，不管是专家、使用者，还是普通大众，都要提升自身道德素质和文化素养，并以身作则，促进人工智能技术的健康发展。

（五）监督管理的不到位

人工智能技术带来的伦理问题与人工智能技术没有一套科学的监督管理体系有着内在联系。通过查阅大量的文献资料得知，对于人工智能技术领域，不只是我们国家就是在国际上也没有一套成体系的关于人工智能技术产品的从设计、研究、验收到投入使用的监督管理方案，也没有一个国际公认的权威性规范及引导人工智能技术的发展及运用的组织或机构。这与人工智能技术的发展速度和对人类造成的影响（不管是正面的还是负面的影响）来说是不协调、不合适的。人工智能技术在发展过程中存在大量漏洞，出现人工智能技术被滥用的现象也就不足为奇。历史经验教训告诉我们，科学技术的发展存在双面性，一方面，它能够提高人的主体性地位，使人类成为大自然的优胜者甚至是主宰者；但另一方面，科学技术的不当运用，会使得人类社会出现许多不道德的灾难。

我们知道，科学技术，包括人工智能技术，本身没有好坏之说。一项高新技术能够给人类带来多大的益处，或者说，它最终是为人类谋取福利还是给人类带来灾难，这将取决于人类自身。所以，如果人类不严格监督管理人工智能技术的发展，而任其发展，也许在不久的将来，人工智能技术的某些伦理问题就真的会成为毁灭人类自身的罪魁祸首。

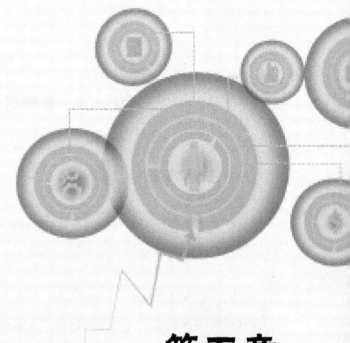

第五章

大数据下的管理科学

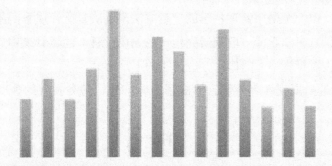

第一节　管理科学的基本原则

一、管理科学概述

（一）定义

从广义上来说，所谓管理科学是指以科学方法应用为基础的各种管理决策理论和方法的统称。主要内容包括：运筹学、统计学、信息科学、系统科学、控制论、行为科学等。

（二）管理科学详解

现代管理理论是以"系统理论""决策理论""管理科学理论"等学派为代表，其特点是以系统论、信息论、控制论为其理论基础，应用数学模型和电子计算机手段来研究解决各种管理问题。管理科学的初创阶段，始于19世纪末至20世纪初。首先，由美国工程师费雷德里克·泰勒创造出"标准劳动方法"和劳动定额，被称为"泰勒制"，并于1911年发表了他的代表作《科学管理原理》，泰勒被誉为"科学管理之父"。与"科学管理理论"同期问世的还有法约尔的"管理过程理论"和韦伯的"行政组织理论"。这三种理论统称为"古典管理理论"。管理科学的第二个里程碑是"行为科学理论"。它产生于20世纪20年代，创始人是美国哈佛大学教授乔治·奥尔顿·梅奥和费里茨·罗特利斯伯格等。后来，行为科学在其发展过程中又形成一些新的理论分支。1946年发明了电子计算机，1948年出现了控制论。到了50年代，管理科学的基本方法已经形成，美国于1953年成立管理科学学会，出版会刊《管理科学》。

20世纪60年代后，管理科学又运用行为科学的原理扩大到人事的组织和决策，管理科学在广泛应用过程中，同许多社会科学学科和自然科学学科交叉、渗透，产生了种种管理学分支。例如，管理社会学、行政管理学、军事管理学、教育管理学、卫生管理学、技术管理学、城市管理学、国民经济管理学等。20世纪80年代管理科学已涉及战略规划和战略决策，以进一步优化组织和管理，提高效益。管理科学学派借助于数学模型和计算机技术研究管理问题，重点研究的是操作方法和作业方面的管理问题。管理科学也有向组织更高层次发展的趋势，但完全采用管理科学的定量方法来解决复杂环境下的组织问题还面临着许多实际困难。管理科学学派一般只研究生产的物质过程，注意管理中应用的先进工具和科学方法，不够注意管理中人的作用，这是它的不足之处。

管理科学已经扩展到各个领域，形成了内容广泛、门类齐全的独立学科体系，管理科学已经成为同社会科学、自然科学并列的第三类科学。管理现代化是应用现代科学的理论和要求、方法，提高计划、组织和控制的能力，以适应生产力发展的需要，使管理水平达到当代国际上先进水平的过程，也是由经验型的传统管理转变为科学型的现代管理的过程。

（三）管理科学的发展起因

从20世纪50年代开始，西方主要发达国家在高度工业化的同时实现了管理现代化，管理现代化所包含的内容极其广泛，主要有管理思想的现代化、管理组织的现代化、管理方法和手段的现代化等方面。管理现代化是一个国家现代化程度的重要标志。工业、农业、科学技术、国际的现代化，乃至整个国民经济的现代化都离不开现代化管理，现代化管理能够有效地组织生产力要素，充分合理地利用各种资源，提高各种经济和社会活动的效率，从而成为推进现代化事业的强大动力。管理有自然属性和社会属性，管理的自然属性反映了社会劳动过程本身的要求，在分工协作条件下的社会劳动，需要通过一系列管理活动把人力资金、物质等各种要素按照一定的方式有效地组织起来，才能顺利进行，管理的社会属性则体现了统治阶级的利益和要求，在一定的生产方式下，需要通过管理活动来维护一定的生产关系，实现一定的经济和社会目标。

在经济管理中，管理的自然属性表现为科学合理地组织生产力要素，处理和解决经济活动中物与物、人与物之间的技术联系，如生产中的配料问题、生产力布局、规划，以及机器设备的技术性能对操作者的技术水平和熟练程序的要求等，都体现自然规律和技术规律的要求，不受社会的经济基础和上层建筑的影响，而经济管理的社会属性则表现为调和完善生产关系，处理的调整人与人之间的经济利益关系，如分配体制、管理体制等，都由社会、经济规律支配。在现代经济的发展中，科学管理起着越来越重的作用，科学管理直接带来了经济效益，在物质资源有限的情况下，管理资源的作用显得尤其重要。

（四）管理科学的学科特点

（1）力求减少决策的个人影响成分，依靠建立一套决策程序和数学模型以增加决策的科学性。他们将众多方案中的各种变数或因素加以数量化，利用数学工具建立数量模型研究各变数和因素之间的相互关系，寻求一个用数量表示的最优化答案。决策的过程就是建立和运用数学模型的过程。

（2）各种可行的方案均是以经济效果作为评价的依据，例如成本、总收入和投资利润率等。

（3）广泛地使用电子计算机，现代企业管理中影响某一事务的因素错综复杂，建立模型后，计算任务极为繁重，依靠传统的计算方法获得结果往往需要若干年时间，致使计算结果无法用于企业管理。电子计算机的出现大大提高了运算的速度，使数学模型应用于企业和组织成为可能。

（五）管理科学思想基本内涵

科学管理强调，管理是一门科学。现代科学管理之父泰罗和他的追随者们，一直把"怎么样才能最大限度地提高劳动生产率"这个问题作为研究的核心。因此，科学管理原理建立的基础是在对大量生产、管理等实践活动的科学调查、实证分析研究基础上所获得的客观知识的总结，而不是传统的主观个人经验的积累。他们尽可能地考虑到了当时生产流程中的各个环节、要素，以此入手，通过一系列的定性与定量的调查研究和分析，在生产条件、作业流程、员工技能以及劳资双方的关系等方面，总结出了大量的经验和理论，并在此基础上逐步形成了一套完整的管理体系，在人类历史上迈出了由经验管理到科学管理的具有关键性意义的第一步。其主要内容概括起来包括以下三个方面：首先是在作业流程上。即使是在当时新兴的大企业中，车间管理仍然凭传统经验办事，因此生产无序、管理粗糙、浪费巨大、效率低下的问题十分严重。泰罗本人十分尊重实践，坚持实践在理论之先，针对这些问题，他在生产过程这一环节先后进行了三大著名的实验搬运铁块实验、铁砂和煤炭的铲掘实验以及金属切削实验，将动作研究和工时研究相结合，制定出了一套标准化的生产劳动作业准则，并在全工厂中推行。劳动的专业化、流程的标准化和操作的程序化都随之建立起来。其次是在工人的能力发挥问题上。在研究过程中，泰罗发现，无论作业流程怎么标准化，生产结果还是会因人而异。于是在对员工能力的研究过程中，泰罗总结出，一是要精心挑选优秀的工人，二是要根据工人的不同情况对他们进行不断的培训，并"使他担任最高的、最有兴趣的、最有利、最适合他能力的工作"，以发挥工人最大的潜能。三是将科学的操作方法与工人的技能结合起来，保证生产的有效进行，从而实现高效率、高效益。第三是在管理方式上。在研究作业流程的标准化和员工的潜能激发的同时，泰罗还提出了计划和执行职能的分离、职能工长制和例外原则等新颖的管理理论，以及实行严格的外部监督和严厉的惩罚措施等相应的一套工厂管理制度。这些理论都为后来的管理学家们所吸收和借鉴，为管理理论进一步发展做出了巨大的贡献。正如著名管理学家厄威克所说："目前所谓现代管理方法，如果不说是绝大多数，至少有许多可以追溯到泰罗及其追随者半个世纪以前提出的思想。这些管理方法虽然已改进和发展得几乎同原来面目全非了，但其核心思想通常可以在泰罗的著作和实践中找到。"

（六）科学管理论的优缺点

1.优点

（1）在历史上第一次使管理从经验上升为科学，泰罗科学管理的最大贡献在于泰罗所提倡的在管理中运用科学方法和他本人的科学实践精神。泰罗科学管理的精髓是用精确的调查研究和科学知识来代替个人的判断、意见和经验。泰罗在进行科学管理的研究时以及在推行他的科学管理的过程中遇到了巨大的阻力，有来自工人阶层的，也有来自于雇主们的。但泰罗没有屈服，坚忍不拔，百折不挠，为科学管理献出了自己的毕生精力。

（2）讲求效率的优化思想和调查研究的科学方法，泰罗理论的核心是寻求最佳工作方法，追求最高生产效率。泰罗和他的同事创造和发展了一系列有助于提高生产效率的技术和方法。如时间与动作研究技术和差别计件工资制等。这些技术和方法不仅是过去，也是近代合理组织生产的基础。科学管理与传统管理相比，一个靠科学地制定操作规程和改进管理，另一个靠拼体力和时间；一个靠金钱刺激，另一个靠饥饿政策。从这几点看，科学管理有了很大的进步。

2.缺点

（1）泰罗对工人的看法是错误的，他认为工人的主要动机是经济的，工人最关心的是提高自己的金钱收入，即坚持"经济人"的假设。他还认为工人只有单独劳动才能好好干，集体的鼓励通常是无效的。

（2）"泰罗制"仅解决了个别具体工作的作业效率问题，而没有解决企业作为一个整体如何经营和管理的问题。

二、管理科学的基本原则

（一）管理科学的人本原则

1.人是管理的目的

管理的人本原则：要求管理者在其管理活动中充分重视人的作用，尊重人的价值，并通过促进人的需要的满足来调动人的积极性、主动性和创造性。

管理的人本原则是管理学通过总结人类管理实践经验而提出的指导管理活动的基本原则，代表了现代管理学和成功管理者的基本共识，是一种科学的理论和正确的观念。在管理学的整个发展过程中，"人"始终是一个最基本的概念。任何一种管理理论，都是依据对人的一定看法而提出来的，各种管理理论的区别，大都可以归结为对人的理解不同。对于现代管理学来说，关于"人是手段"还是"人是目的"的争论，已经有了明确的答案：

（1）"人是目的"的观点是现代管理者的共识。

人作为目的是一个客观目的，它不是由某人或某一组织确定下来的，而是由管理系统中全体成员基本的和共同的利益决定的，而不像传统的管理活动那样，服务于少数人的利益。对具体的管理活动和组织来说，它的直接目的可能是某项具体的指标，但再进一步，可能是服务于管理系统中全体成员的利益，在最终意义上体现人本原则。

（2）"人是目的"的观点综合了管理学发展的成就。

人是人类一切活动的目的，也是管理的目的，为了人的和处处考虑到人的管理，是管理成功诀窍。

（3）"人是目的"的观点是管理实践的指导原则。

把人真正放在重要位置，突出人的作用才能发挥人的主观能动性，真正提高管理效率。

2.管理活动"以人为中心"

管理学上的管理，人、财、物之间关系的管理，首先是指对人与人之间关系的管理。而且，这种人与人之间的关系总是不断变化的，所以管理活动上必须"以人为中心"。

首先，树立"以人为中心"的管理思想，是做好现代管理工作的根本保障。离开了人，管理活动就失去了存在的根据和动力。其次，在管理中"以人为中心"，是充分发挥人的主观能动性的前提。因此，如何创造各种积极因素，尽可能充分地调动人的能动性，使人们能主动地、积极地投身管理活动中去，为实现组织目标努力奋斗，是现代管理工作的中心任务。而且"以人为中心"的管理是一种充分尊重人的权利的管理，它要求管理者与被管理者之间的关系建立在平等信任的基础上。

民主的管理方式，就是在管理中遇事经常与下属商量，鼓励他们参与管理。在现代社会，民主管理真正重视管理系统中人的作用，鼓励组织成员广泛参与，从而把发挥领导者的作用同促进被领导者的积极参与结合了起来。

3.重视人的需要

重视人的需要是一切成功管理的钥匙。在此过程中，通过认识和引导人的需要，去实施对人的管理。包括三个方面的内容：

（1）通过认识人的需要去实现对人的管理。

管理实际上就是通过认识人的需要，并在这种认识的基础上，鼓励、支持、强化或限制个人的需要。

（2）通过促进人的需要对人管理。

人的全部行为，归根到底都是为了满足自身需要的活动。管理就是要预测作为管理对象的人在一定环境下会怎样行动，要知道他们需要的是什么。

（3）通过唤起需要实现更为积极的管理。

在某种意义上，能否唤起被管理者的需要，是管理活动有效、成功与否的测量器。有效的管理是使被管理者自觉地把社会和集体的利益变成他个人的利益，把社会和集体的信念变成他个人的信念，把社会和集体的事业变成他个人的事业。这样，被管理者对执行社会活动就不是出于强迫，而是出于他个人的内在推动、内在需要。

（二）管理科学的系统原则

1.系统的概念

（1）系统的定义。

所谓系统，是指由相互联系相互作用的若干组成部分构成的有机整体，这个整体具有其各个组成部分所没有的新的性质和功能，并和一定的环境发生交互作用。对于一个系统而言，要素、结构、功能、活动、信息和环境以及它们之间的相互依赖、相互作用，是系统构成的基本条件。

（2）要素。

要素是组成系统的基本成分，一般地说，它是系统形成的基础。要素和系统的关系，是部分与整体的关系，它们相互联系、相互作用。一方面，要素的性质与功能制约着系统的性质与功能；另一方面，系统的变化也会影响到要素的变化。

（3）结构。

结构是指系统内诸要素的有机联系形式或排列秩序。每一个具体系统都有自己特定的结构，它规定了各个要素在系统中的不同地位和作用。

（4）功能。

功能是指系统与外部环境在相互联系和作用的过程中所产生的效能。这种功能不是体现的其中某一要素的性质，而是整体的效能。离开系统各要素之间及其与外部环境之间的物质、能量和信息的交换，便无从考察系统的功能。

（5）活动。

活动是指系统的形成、发展、变化的动态过程，这个过程是通过系统内部诸要素之间、要素与系统之间以及系统与环境之间相互影响、相互作用而完成的。系统每时每刻都在不停地运动着，因此，系统的"活动"是绝对的。

（6）信息。

信息是任何系统有序运动的前提条件之一。信息是指系统中被认识和理解了的内容，表现为系统的要素、结构、功能、活动、环境等存在方式或运动状态的表述，以及这种表述的传播。

（7）环境。

环境是指处于系统边界之外并和系统进行着物质、能量和信息交换的所有事物。环境是系统存在、变化、发展的必要条件。

2.系统的特性

（1）整体性。

任何一个系统都至少是由两个或两个以上的子系统构成的。构成系统的子系统称为要素，这也就是说，系统是由各个要素结合而成的。出现了各子系统之间相互关系及要素与系统之间的关系问题。这些关系又是属于系统内部的，这些关系构成的联系之网就赋予了系统以整体的性质。

作为一个系统，它必然要求从整体着眼，让局部服从整体，使整体效果最优。系统的整体性表现在：系统的功能不等于要素功能的简单相加，而是往往要大于各个部分功能的总和，即"整体大于部分之和"。

（2）层次性。

系统在结构上是有层次的，每一个系统都可以逐层分解为不同的子系统，包含在系统内的各子系统，相对于系统而言是要素，而这些要素相对于它的下一个层次又是系统。如我国的行政管理系统从层次上可以分为中央、省级、市级、县级、乡级五个层级。

系统与子系统（要素）的层次关系不仅表现在系统是由子系统所构成上，而且表现在系统的存在和发展是子系统存在和发展的前提，因而各子系统本身的发展就要受到系统的制约。同时，在一个系统内，处于同一个层次上的各子系统之间关系则表现为，某一要素的变化会影响另一些要素的变化。

（3）动态性。

系统是运动着的，它在任何一个时刻所表现出来的稳定状态都是相对的，它的运动状态则是绝对的。系统作为一个功能实体而存在，其奥秘正在于它是运动着的，它的功能是运动的结果。

（4）开放性。

系统不是孤立存在的，它必然会与周围事物发生各种联系。这些与系统发生联系的周围事物的总体，就是系统的环境。事实上，环境也只不过是更高一层次的大系统。系统与环境之间时刻都在进行着物质、能量和信息的交流，这就是系统的开放性。开放系统是一个有活力的理想系统。一个封闭的、不能与环境进行物质能量、信息交流的系统则是没有生命力的。

3.管理系统

（1）管理系统的概念。

管理系统是由管理者与管理对象组成的并由管理者负责控制的一个整体。管理系统的整体是由相对独立的不同部分组成的。这些部分可以按人、财、物、信息、时间等来划分，也可以根据管理的职能或管理机构的部门设置来划分。必须注意，管理工作者如果看不到整体中的各个组成部分，就看不清整体的结构和格局，就会造成认识上的模糊，从而在工作上分不清主次。

（2）管理系统的目的性和组织性。

任何一个管理系统都不是盲目地建立起来的，而是从属于一定目的，根据系统的目标设置其各个子系统，并建立起各子系统之间的联系网络。具体地说，一个管理组织的建立、部门的设置、功能的设定，都是服务于该管理系统目标的，否则必然导致管理紊乱。而且在管理系统的运行过程中，目标具有决定管理活动方向、性质的意义。

（3）组织是管理系统的物质基础和组成方式。

在人类的历史发展中，一切从自然界中获取物质资料的生产活动，都是凭借组织的力量，在组织中进行的，是一种组织活动。组织的力量，使人自身不断获得发展的动力，是一种放大了的个人力量，即组织力量不是组织成员个人力量的简单相加，而是一种大于个人力量之和的整体力量。

组织所拥有的整体力量来自于分工和协作，反过来说，正是分工与协作大大提高了群体的力量，形成"组织效应"。对于管理系统而言，组织的效率受到分工与协作状况的制约。分工有利于提高劳动熟练程度和改进技术。

而且组织是管理系统的实体，它必然要以功能的形式出现。根据组织的功能表现方式，可以把管理系统看作决策系统、执行系统、监督系统和参谋系统的统一体。

（三）管理科学的效益原则

1.效益的概念

效益是管理科学的永恒主题。任何组织的管理都是为了获得某种效益。效益的高低直接影响着组织的生存和发展。效益与效果和效率是既相互联系又相互区别的。

（1）效果。

效果是一项活动的成效与结果，是人们通过某种行为、力量、方式或因素而产生出的合目的性结果。效果的合目的性是指合乎制造这种结果的主体的直接目的，超出这种目的的范围，它可能是有益的或有害的，也可能是无意义的。如质量合格的产品，实现了生产者的直接目的，但有时却不符合社会的需要，就变成无效益的产品。

（2）关于效率。

效率是指特定的系统在单位时间内的投入与所取得的效果之间的比率。在一定的时间内，消耗的物资、能量等因素越少，而产生的效果越大，则称作效率高。在现代管理中，效率是一个经常用来衡量管理水平的标准。

（3）效益。

效益是一种有益的效果。它反映了投入与所带来的利益之间的关系。在管理学中，效果、效率和效益都是对投入与产出之间关系的评价。效果的概念侧重于主观的方面，强调合乎目的的程度；效率的概念侧重于客观的方面，判断投入与产出的比率；效益的概念则要求从主观与客观两个方面的统一中来进行判断，当效益的评价发生在造成这种结果的系统之内，它是指效果与效率的统一；当站在这一系统之外做出效益的评价时，所强调的则是该系统造成的这一结果对它的环境的有益程度。效益可以分为经济效益和社会效益。

①经济效益。

经济效益是人们在社会经济活动中所取得的收益性成果，它是通过提高经济活动的效果而得到的实际经济利益。经济效益包含两层含义：要求经济活动产生效果；要求造成这一效果的人和社会都能从这个效果中得到实际利益。比如，对于企业来说，要求适销对路，不仅能为企业、职工增加实际利益，也使国家和消费者都获得实际利益。

②社会效益。

社会效益是人们的各种活动对社会发展的积极作用或有益的效果。广义的社会效益包括经济效益、政治效益、思想效益、文化效益等。狭义的社会效益是指经济效益之外的对社会生活有益的效果。现代管理学所讲的社会效益一般都是指这种狭义的社会效益。这种社会效益与经济效益在一般情况下是一致的，但在某些情况下，二者之间又是不一致的。社会效益与经济效益既有联系，又有区别。现代管理工作在处理经济效益与社会效益的关系上，应该是统筹兼顾，最大限度地追求经济效益与社会效益的同步增长。当经济效益与社会效益发生矛盾时，应当从全局出发协调两者的关系，但基本原则是要让经济效益服从社会效益。

2.效益的根据

人类要生存，就要通过管理活动，使得改造自然、改造社会的活动不断地产生效益（实现1+1＞2的管理功能，取得更大的效益）。管理的效益取决于下列因素：

（1）管理者是管理效益的决定性因素。

（2）管理对象例如人、财、物、时间、空间、信息等，都是管理对象。但作为管理对象的人，则是最重要的。

（3）管理离不开环境。管理环境包括：政治、经济、文化、科技、社会心理等。

（4）生产方式是管理效益高低的根本性的决定性因素。

一个社会的生产方式是这个社会劳动者与劳动资料的结合方式，它既是人与自然之间发生物质变换的方式，也是人与人之间的物质交往方式。在这两个方面都伴随着管理活动。在某种意义上，管理活动是生产方式的外在表现，有什么样的生产方式就必然会有什么样的管理活动。生产方式既决定着管理的性质，也决定着管理的方式。管理具有什么样的性质和以什么样的方式存在，又直接决定着管理的效益。

3.坚持效益原则

（1）坚持效益原则的原因。

①自然资源的匮乏决定了管理必须注重效益。

人类开始面临自然资源枯竭的危险，环境、人口、能源与资源、粮食等所谓"全球问题"，已经迫使人们不得不重视效益问题。绝大多数资源的不可再生性、成本节制及效率的局限性问题。可持续发展的内在需要问题。通过提高效益去达到缓解人类生存和发展的危机和争取社会进步的空间。

②国际竞争的加剧决定了管理必须以效益取胜。

现代社会是一个开放的社会，任何一个国家、民族都无法离开国际社会而存在。国际竞争是全方位的竞争。一个国家、一个民族、一个地区、一个组织如果希望在激烈的竞争中立于不败之地，就必须在管理效益上作文章。只有通过提高效益，降低消耗，减少成本投入，才能为自己赢得生存和发展的机遇。

③人类利益的趋同性决定了管理必须以效益为主导。

人类利益某种意义上的趋同趋势，要求现代管理要从全人类的共同利益出发来进行。如在生态与环境问题上，人类的利益表现出一致的趋势。这一趋势要求现代管理者应当站在人类共同利益的高度来看待效益问题。

（2）提高管理效益的方法。

①需要注重科学的管理。

科学的管理可以根据具体的内部和外部环境变化的情况，把人类共同劳动中的各种因素、关系以最佳的方式组合起来，使其协调有序地朝着预期目标发展，达到提高活动效益的目的。在现代管理中，科学的管理已经成为效益的重要增长点。

②注重运用科学技术的新成就。

科学技术的发展是提高效益的又一基本途径。科学技术的发展，为现代管理提供新观念、新对象、新方式和新手段；科学的管理则及时把科学技术转化为生产力，为科学技术的发展创造良好的条件和环境。

第二节　公共管理热潮的兴起

一、公共管理的基本内容

公共管理从学科意义上的内容包括政府管理、行政管理、城市管理、公共政策、发展管理、教育经济管理以及劳动社会保障等方向，公共管理学的兴起得益于全球化新公共管理运动，但进入21世纪后，新公共管理学在实践中不断遇到新的挑战，公共管理学研究进入百家争鸣的时代。

公共管理作为现代管理科学四大分支之一，是未来世界和当代中国最有发展潜力和广阔前途的学科。自从20世纪90年代公共管理作为独立的学科在中国出现，中国公共管理科学的发展展示了蓬勃的生命力。随着当代中国经济的发展，改革的深入和和谐社会的建设，公共管理的作用越来越为社会所重视，中国公共管理已经成为中国社会科学研究的最大生长点。

中国人民大学前行政管理学研究所所长黄达强创办了国内第一个行政管理研究所并培养了国内第一批行政管理学的硕士研究生。在国内，中国人民大学公共管理学院为中国公共管理学最主要的教学和研究基地（在教育部最新的学科评估中，中国人民大学公共管理学一级学科为全国第一）。中国MPA学术委员会唯一顾问中山大学夏书章教授为国内最早提出引进公共管理学教育人士，中山大学也是中国最早的公共管理学兴起地之一。此外，北京大学、清华大学、南京大学、复旦大学、武汉大学、四川大学、浙江大学、吉林大学、南开大学、兰州大学等公共管理的学科建设都有很高的水平。

二、公共管理的实质分析

公共管理是以政府为核心的公共部门整合社会的各种力量，广泛运用政治的、经济的、管理的、法律的方法，强化政府的治理能力，提升政府绩效和公共服务品质，从而实现公共的福利与公共利益。公共管理作为公共行政和公共事务广大领域的一个组成部分，其重点在于将公共行政视为一门职业，将公共管理者视为这一职业的实践者。

（一）概念

它是公共行政的一个分支学科，是研究以政府行政组织为核心的各种公共组织管理公共事务的活动及其技术、方法的学问。

（二）含义

公共管理是公共行政中重视公共组织或非营利组织实施管理的技术与方法、重视公共项目与绩效管理、重视公共政策执行的理论派别与分支学科。80年代中后期，在当代社会科学与管理科学的整体化趋势以及公共部门管理实践特别是"新公共管理"运动的推动下，以公共部门管理问题的解决为核心，融合多种学科相关知识和方法所形成的一个知识框架。公共管理在实施管理的主体、管理活动的内容与范围、管理目标等一些基本的原则和管理理念方面，仍然与公共行政保持一致。

（三）特征

（1）公共管理的主体是多元的，包括社会公共组织和社会其他组织两大类。

（2）作为公共管理客体的社会公共事务表现不断扩展的趋势。

（3）公共管理的目的是推进社会整体协调发展和增进社会公共利益实现。

（4）公共管理的职能是调节和控制。

（5）公共管理体制和手段面临创新的迫切任务。

（四）特点

（1）公共管理承认政府部门治理的正当性；

（2）公共管理强调政府对社会治理的主要责任；

（3）公共管理强调政府、企业、公民社会的互动以及在处理社会及经济问题中的责任共负；

（4）公共管理强调多元价值；

（5）公共管理强调政府绩效的重要性；

（6）公共管理既重视法律、制度，更关注管理战略、管理方法；

（7）公共管理以公共福利和公共利益为目标；

（8）公共管理将公共行政视为一种职业，而将公共管理者视为职业的实践者。

（五）主体

公共管理主体可以分为政府和其他公共管理主体两个部分。所谓其他公共管理主体是指在为实现公共利益为目标而存在的一些组织，一般可称为非营利组织或者第三部门。

（六）对象

公共管理以社会公共事务作为管理对象，社会公共事务的具体内容分为公共资源和公共项目、社会问题等。

1.公共资源

（1）公共设施、产品。

即特定社区所有人们都有可能享用和受益的物质性存在，且它们本身必须是劳动产品，如能源、城市道路、路灯、桥梁、交通标志等。

（2）公共信息资源。

即一定社区的人们共同拥有和可能享用的各种精神产品，包括文化产品、科技成果、经济信息等。

（3）人力资源。

社会人力资源也就是一定社区的劳动力、人才方面所形成的社会资源，它是人的因素。在种种社会资源中，人力资源是最活跃和最宝贵的财富。

（4）自然资源。

即一定社会赖以存在和发展的各种自然性物质条件，如矿产资源、水资源、土地资源、森林资源等。

2.公共项目

公共管理的主要任务集中于将有关的政策变成现实，这些政策通常是由公共管理机构根据社会问题的需要而制定出来的一系列行为准则。因此，政策还不是行为，仅仅是行为的指导原则，有时候也成为行为的标准。而把政策具体化的就是各种各样的公共项目，公共项目是依据政策而采取的一系列行为及其过程。于是，公共项目成为公共管理中最直接的对象。

3.社会问题

在任何社会和任何时代，都要面临着这样或那样需要重视和解决的问题，如公共交通、公共安全、公共设施等，这些就是社会问题。但是，社会问题又是多种多样的，而且不断得到解决的同时，又不断发生新的问题，因此，公共管理不可能去解决所有社会问题。社会问题只有在属于公共管理机构职责范围内、与其公共目的相符合的情况下，才成为公共管理的对象。尽管如此，公共管理面对的社会问题仍然是相当广泛的，诸如文化、教育、福利、市政、公共卫生、交通、能源、住宅、生活方式等。

（七）目的

公共管理的目的是实现公共利益。所谓的公共利益是为社会成员共享的资源与条件。公共利益的实现主要表现为公共物品的提供与服务。公共物品的涵义非常广泛，既可指有形的物品，如公共场所、公共设施、公共道路交通，也可指无形的产品和服务，如社会治安、社会保障、教育、医疗等。

（八）发展

自20世纪80年代以来，西方各国为了应对财政危机和政府的信任赤字、绩效赤字，均开始了大规模的政府改革。政府管理的运作发生了变化，由传统的、官僚的、层级节制的、缺乏弹性的行政，转向市场导向的、因应变化的、深具弹性的公共管理。这股浪潮，被赋予不同的称谓，如新右派、新治理、管理主义、企业型政府，以市场为基础的公共行政等，但却可被通称为"新公共管理"。

1.要点

关于新公共管理问题，著名的公共管理专家胡德曾归纳了新公共管理的七个要点：

（1）即时的专业管理，这意味着让公共管理者管理并承担责任。

（2）标准明确与绩效衡量，管理的目标必须明确，绩效目标能被确立并加以衡量。

（3）强调产出控制，用项目与绩效预算取代传统的预算，重视实际成果甚于重视程序。

（4）转向部门分权，打破公部门的本位主义，破除单位与单位之间的藩篱，建构网络型组织。

（5）转向竞争机制，引进市场竞争机制，降低成本及提高服务品质。

（6）强调运用私营部门的管理风格、方法和实践。

（7）强调资源的有效利用。

2.特征

此外，法汉姆及霍顿综合其他各家的看法，提出新公共管理的特征：

（1）采取理性途径的方式处理问题，亦即在设定政策目标及阐明政策议题时特别强调战略管理所扮演的角色及作用。

（2）重新设计组织结构，其目的在于使政策制定与执行相分离，并且对服务的传输必须建立起一个赋予责任的行政单位。

（3）改变组织结构，促进官僚体制更为扁平化，授权给管理人员，以利绩效目标的实现。

（4）依据经济、效率、效能等标准来衡量组织成就；发展绩效指标，使组织的成就能够被加以比较和测量，并据此进一步提供信息来作为未来决策的参考。

（5）改变现行的政策，使公共组织能被传统公共服务价值所支配的文化中，转换成为"新公共服务模式"，强调与市场及企业价值相适合的文化。

（6）运用人力资源管理技术，其目的在于淡化集体主义的色彩而采取个人主义的途径，包括寻求动员员工的支持和承诺，来持续地进行结构与组织的变革。

（7）试图建立一种弹性、回应性及学习的公共组织，并发展一种将大众视为顾客、消费者及市民的"公共服务导向"（Public Service Orientation），公共服务不再由专业的供给者来支配，而是以回应人民真正的需求来提供公共服务。

（8）以契约关系（Contractual Relationship）来取代传统的信托关系。

3.原则

（1）公共政策领域中的专业化管理。

这意味着让管理者管理，或如胡德所言"由高层人员对组织进行积极的、显著的、裁量性的控制"。对此最为典型的合理解释是"委以责任的前提是对行为责任进行明确的区分"。

（2）绩效的明确标准和测量。

这需要确立目标并设定绩效标准，其支持者在论证时提出"委以责任需要明确描述目标；提高效率需要牢牢盯住目标"。

（3）格外重视产出控制。

根据所测量的绩效将资源分配到各个领域，因为"需要重视的是目标而非过程"。

（4）公共部门内由聚合趋向分化。

这包括将一些大的实体分解为"围绕着产品组成的合作性单位"，它们的资金是独立的，彼此之间在保持一定距离的基础上相互联系。"在公共部门的内部与外部"，既可对这些单位进行管理又可以"获得特定安排所带来的效率上的优势"，其必要性证明了这种做法的合理性。

（5）公共部门向更具竞争性的方向发展。

这包括了"订阅合同条款以及公开招标程序"，其合理性则在于"竞争是降低成本和达到更高标准的关键所在"。

（6）对私营部门管理方式的重视。

这包括"不再采用'军事化'的公共服务伦理观"，在人员雇用及报酬等方面更具有弹性，这种转变的合理性在于，"需要将私营部门'经证实有效的'管理手段转到公共部门中加以运用"。

（7）资源利用要有强制性和节约性。

烽火猎头将这看作是"压缩直接成本，加强劳动纪律，对抗工会要求，降低使职工顺从企业的成本。"对公共部门的资源需求进行检查，少花钱多办事"的必要性证明这种做法是合理的。从总体上来看，新公共管理以自利人（self-interest）为假设，基于公共选择代理人理论及其交易成本理论，以传统的管理主义和新泰罗主义为基点而发展起来的，其核心点在于：强调经济价值的优先性、强调市场机能、强调大规模地使用企业管理的哲学与技术、强调顾客导向的行政风格。新公共管理毕竟代表着现实世界中人们不断改进政府、实现理想政府治理的一个努力方向。它是否意味着一个政府治理的典范时代的到来，现在下结论还为时过早。

三、公共管理热潮的兴起与理论特质

为了实现美好社会的理想，就必须对社会公共事务实现富有成效的管理与控制。从这一视角来看，人类文明发展史就是一部社会公共管理史，"文明是人类力量不断地更加完善的发展，是人类对外在的或物质自然界和对人类目前能加以控制的内在的或人类本性的最大限度的控制"。因此，社会公共管理是人类为获得社会秩序而进行的常态性治理活动，是与社会存续相始终的人类行为。然而，社会公共管理理念与模式又不是亘古不变的，是会随着时间推移和实践发展而发生跃迁的，随着现代性的转型，社会公共管理也发生了从传统向现代的演进。只有认真把握社会公共管理的"古今之变"，方能准确有效地推进现代社会公共管理理念、模式、组织和制度的转型。构建中国特色公共管理体系是当前我国的重要目标和紧迫任务。中国特色公共管理是有别于传统社会公共管理的现代管理模式，故此，厘清社会公共管理的变迁、现代社会公共管理的兴起背景与理论特质，对构建中国特色公共管理体系也有着重要理念启示和实践指导意义。

（一）现代社会公共管理的相对独立化

按照德国社会学家滕尼斯的看法，人类的群体生活中存在着两种结合类型，一种是共同体，另一种是社会，其中，共同体类型早于社会类型，抑或说，共同体是古老的，社会则是现代的。由此可见，传统时代社会意识尚未觉醒，也就是说，在传统社会里"现代意义上的个人意识和社会意识都是无法生成的"。在这种时代里，社会与国家是高度同一，或者说国家覆盖了社会，社会隐身于国家之中，"个人与社会都无法独立于国家而存在"。在传统社会里，社会公共管理涵盖于国家的统治之中，是国家的重要职能之一。因此，马克思主义认为，国家的社会公共管理职能统摄于政治统治职能之中，并为之服务，

"社会职能的执行取决于政治统治；而政治统治的维持又必须以执行某种社会职能为基础"。

伴随着人类社会从农业社会向工业社会、传统社会向现代社会的转型，以及公民权利意识的觉醒和民主政制的建设，社会与国家发生了分离，形成了"社会—国家"的二元领域结构。在这种背景下，国家对社会控制开始松动，社会公共管理从国家政治统治中分离出来，成为一个相对独立的领域。于是，社会公共管理从传统模式向现代模式演进，呈现出不同于传统社会公共管理的特点：一是传统社会公共管理是蕴含于政治统治之中的，立足于国家本位，表现出一种统治型或者管制型治理模式；现代社会公共管理虽然与政治统治有着千丝万缕的勾连，但是其政治色彩开始淡化，是以社会为本位，表现为一种服务型治理模式。二是传统社会公共管理的主体是政府，也就是说，传统社会公共管理是以政府为中心的"单主体单中心"治理模式；现代社会公共管理从政治统治中分离出来之后，社会公共管理由原先政府一家独揽，向多元社会力量协同管理转变，形成了以国家政府、社会组织和市场力量为管理主体的"多主体多中心"的治理模式。

（二）公民自治型公共管理的构型

现代社会是个领域分化的社会，是由（政治）国家与（市民）社会二元因素构成的模式，因此，健全的现代社会生活必然涵盖着现代国家建构（state building）与社会建设（society building）双重维度，而且两者之间是辩证联系的，"正如没有一个以市场经济和公民权利为根基的现代市民社会，就难以建构一个现代国家一样"。在国家与社会的关系上，以黑格尔为代表的资产阶级学者认为"国家是建立在人的理性的基础之上的，国家的本质就是人类理性的自我发展"，并宣扬一种国家决定社会观，企图将国家置于社会之上。马克思主义在对这种颠倒的国家社会观批判的基础上指出，"决不是国家制约和决定市民社会，而是市民社会制约和决定国家"，并且预言随着人类社会的发展，国家最终要消亡，国家要还权于社会。如果从现代民族国家发展实践的视角来看，现代国家建构离不开社会建设，无论是发达现代化国家，还是发展中国家，无不把对社会公共事务管理作为国家建设的支援性力量。现代国家建构存在两个向度，即民族国家建构和民主国家建设。民族国家建构，立基于对民族意识与民族独立的认同；民主国家建设，则立足于人民主权理念的自觉和政治参与的行动支援。然而，无论是对民族独立和人民主权意识的赞同，还是政治参与的积极行动，都得益于市民社会的发育、成长与壮大。因为，社会公共生活是锻造公民民主意识和民族意识的孵化器，是公民政治行动的仪式化训练场，"仪式的本质在于使仪式的参与者在参与中得到教化，公民是在仪式中被塑造的"。

通过这些活动，公共意识和政治参与精神渗透到公民的身心之中。由此可见，社会建设是与国家建构同等重要的理论命题和政治实践，其中社会公共管理则构成社会建设的重要内容与维度。于是，在现代社会公共管理者的视野中，现代社会公共管理就呈现出一种公民自治型管理的特色。这是因为，在他们看来，社会是一个维护公民权利与利益的共同体，是一个实行自我教育、自我管理、自我服务、自我完善的公共空间。国家与政府对社会放权，鼓励公民直接参与对社会的自主型治理。这种自主型治理，不仅体现了国家还权于社会的理念，公民也在直接治理中培养了意识、提高了能力、规训了行为。

（三）公共危机管理的兴起

传统社会是一个等级社会，也是社会关系相对简单与确定性的社会。"从人类历史的总的进程来看，农业社会是一个相对简单的社会，这个社会中一切事物也都表现出确定性的特征，依靠权力就能够基本满足这个社会的治理要求。"随着现代化进程的推进，现代社会呈现出风险性增加和不确定性增长的特色，具体表现如下：现代社会是建立在人与人平等的关系之上的，人际的平等关系带来的是社会关系的丰富化、多样化，也因此造成社会关系的复杂化和不确定性。现代社会是高科技发展的社会，高科技在服务于人类的同时，核辐射的泄漏、高端武器的扩散、基因食品的隐患，也给人类社会埋下潜在的危机。现代社会是以工业主义为特征的社会，工业主义使得人类物质财富不断丰腴的同时，也导致全球变暖、臭氧层空洞、资源枯竭，造成人类生存的安全性不断走低，美好家园梦想的破灭。现代社会是一个商业社会，市场经济的分散决策体制导致个人利益的独立化与个人生存状态的原子化，极易引发一系列基于利益纠纷的社会冲突和群体性事件。现代社会是一个开放的社会，社会交往活动范围不断拓展，冲破了地域和民族国家的界限，走向全球的合作与互动，全球化的到来，使得地域性的社会冲突与矛盾往往在世界范围内扩大蔓延。

凡此种种无不显示，现代社会是个充满危机的风险社会，是个人类生存越来越难以把握与掌控的不确定社会，美国经济学家加尔布雷思称之为"不确定的时代"，德国社会学家贝克称之为"风险社会"。"我们将把19世纪经济思想中伟大的确定性思想，与现时代面临问题所带来的巨大不确定性进行对比。""不确定性意味着风险成为我们生活中不可避免的一部分，每个人都面临着未知的和几乎不能预测的风险。"面临着现代社会风险性、不确定性的增加，如何来消除或降低这种风险，增添确定性的安全成分呢?按照柯文·M.布朗等人的说法，"风险社会这个概念力图要把握的，就是一个去除了管制的社会环境将产生的后果"。也就是说，现代社会的风险性和不确定性要求我们必须更新公共管理观念，强化社会风险和危机管理功能。于是，对风险的预测和对各种公共危机的应对，成为现代社会公共管理的重要意涵，"预测和管理没有人真正了解的风险成为我们的当务之急"。近年来，全球不同国家都在社会公共管理中不断强化公共危机处理与应对方面的内容。

（四）迈向"善治"的社会公共治理

民主与效率是现代社会生活的两个重要原则，为了实现民主与效率的兼顾，19世纪末政治与行政、政治与管理开始分化。政治关切民主，行政则在意效率，公共行政应运而生。在公共行政视野下，社会公共管理由政府独家承担，并成为政府公共行政管理的自然延伸。公共行政实质上包含着政府组织自身的行政管理和政府的社会公共管理两个层面。科层制组织则是公共行政体系实现自身管理的组织载体，这种组织载体以"命令—服从"为管理特点，对自身进行理性化的管理。政府在运用科层制组织管理政府自身的同时，也把行政管理的理念、组织、方法与手段运用到社会公共管理中，导致了社会公共管理的行政化与国家化。

随着"行政国家"的日益高涨和福利国家政策导致入不敷出的窘境，公共行政出现了效率低下、机构臃肿、公共政策失效、寻租和贪腐等问题，这种行政管理的病症也相应地影响或移植到社会公共管理领域。行政化社会公共管理已经走入穷途末路，实践呼唤新的公共管理模式。20世纪70~80年代西方国家兴起了重塑政府的新公共管理运动（NPM），加之，非政府组织（NGO）、社会自治力量不断发育与成长，于是，现代社会公共管理模式——公共治理模式应运而生，"这就迫使政府不得不去变革其自身的官僚制组织方式，同时，政府也不得不与社会'分权'，让非政府组织以及其他社会力量加入到社会治理过程中来"。

随着社会公共治理模式的出现，行政管理与社会公共管理开始分离。现代公共管理要求政府把对自身组织的行政管理与对外的社会公共管理区隔开来，一方面要对社会公共管理进行适度的放手，让其他社会力量介入进来；另一方面政府也要在社会公共管理中处于一种重要位置，扮演重要角色，使得组织自身的行政管理服务于公共管理。由此可见，现代社会公共管理突破了政府型社会管理的单一主体，以"协商与合作"代替了传统政府社会管理中的"命令与服从"；以国家与社会、政府与市场之间的良性互动合作，代替传统政府型社会管理中国家与社会、政府与市场之间的对峙，实现了政府型社会管理向现代社会公共治理转变，并将"善治"，即实现社会公共事务管理效益最大化作为自己的治理目标。

（五）"管理即服务"的政府角色扮演

无论是基于公共行政视角下的公共管理，还是基于公共管理视域中的公共管理，政府的角色扮演不仅承担着管理职能，同时也承担着一定的服务职能。公共行政视角下的政府社会管理，虽然属于统制型管理，但是也承担着为市场经济和社会生活提供基本的法律规则、基本设施、公共安全和公共基本服务。然而，公共行政范式下的公共管理，政府既是公共服务的提供者，又是生产者，集双重功能于一身。随着公共行政范式向公共管理范式的转变，政府的管理与服务之间的关系也随着发生了更新。公共管理理论援用工商管理的精神，主张政府的中心工作应该是"掌舵"，而非"划桨"，"具有企业家精神的领导都懂得如果让其他人干更多的划桨工作他们就能有更有效地进行掌舵。如果一个组织最佳的精力和智慧都用于划桨，掌舵将会很困难"。

于是，公共服务的提供与生产开始分离，政府更多扮演着公共服务提供者的角色，公共服务的生产则由政府以合同外包、特许经营、代用券等方式，由市场、私营部门来生产。甚至于公共服务的提供也不仅仅是政府的责任，非政府组织和社会力量同样可以提供公共服务。由此可见，无论是公共行政理论还是公共管理理论，将管理职能和服务职能视为两种不同的且并列性行为，虽然在形式上同等地强调管理职能和服务职能，但实际上还保留着较强传统色彩，更多地是把服务渗透于管理之中。20世纪90年代，以罗伯特·登哈特夫妇为代表发起了新公共服务运动。新公共服务理论认为，政府不是掌舵，而是管理，是服务。管理就是服务，"服务，而不是掌舵"，政府和公职人员不是在控制社会中发挥重要作用，"对于公务员来说，越来越重要的是要利用基于价值的共同领导来帮助明确表达和满足他们的共同利益，而不是试图控制或掌控社会新的发展方向"。

至此，现代社会公共管理理论推进和深化了政府的管理与服务的关系，明确"管理即服务"的理念。也就是说，现代社会公共管理摒弃了管理即统制、管理即控制的思维模式，从服务的视角来考量管理，在服务中管理，将管理隶属于服务、管理寓于服务之中，以服务来规导管理，实现了公共管理从管制型向服务型转变。因此，为社会公众提供公共服务和公共产品成为现代政府社会管理的重要选项，也成为考量政府社会管理成效好与坏、优与劣的重要指标与参数。当前，我国正处于从传统社会向现代社会转型之中，传统社会因素在不断衰减，现代社会因素不断生成，公共管理理念和模式都要随之变迁与转换。近些年来，我国在不断总结原有公共管理模式得失和借鉴先进的现代社会公共管理理念的基础上，建构并不断完善中国特色公共管理体系。在公共管理主体方面，充分发挥政府、非政府组织和市场力量，实现政府、社会、公民的多元共治；在社会风险管理方面，不断增强社会风险的防范和危机管理意识，建立健全以"危机管理的体制、机制和法制"为内容的"一案三制"，逐步摸索出一套中国特色公共危机处理体系，体现出应急管理成为我国公共管理的重要维度；政府是现代社会公共管理多元主体之一，而且是十分重要的主体。在公共管理的政府职能定位方面，确定服务型政府作为我国行政体制改革的重要目标与方向，充分体现出"管理即服务"的现代公共管理理念。

第三节　管理科学在企业中的应用

一、管理科学思想对当今企业的作用

科学管理的许多思想和做法至今仍被许多国家参照采用，泰勒最强有力的主张之一就是制造业的成本会计和控制，使成本成为计划和控制的一个不可缺少的组成部分。而现在我国企业仍存在低质量高成本低效率、高能耗现象。曾经有人提出向管理要效益，的确，好的管理可以出效益，但在实践层次上，我国企业还很有差距，这也是强调科学管理的原因所在。

在过去，有效完成工作的知识只是以师傅传给徒弟的形式存在，没有人对如何更有效完成工作进行分析，也就是没有人真正对工人的生产效率负责，没有真正意义上的管理者。正是由于科学管理通过工作分析与工作执行的分离，才能够以科学的知识代替过去的经验，工人和管理者之间的利益协调代替分歧、最大的产出代替有限制的产出，才能够产生现代意义上的管理。从这个意义上来讲，管理职能、管理阶层的产生就是从泰勒的科学管理开始的。科学管理的伟大意义也正是如此。

不发达和发展中国家现在处于急需泰罗的"科学管理"学说的时期。他们现在所处的时期的主要任务是，既要提高工人工资，又要降低劳动成本——要增加体力劳动的生产力。

在如今的中国，科学管理的思想同样具有很高的实践价值。当我们企业在强调细节管理、有效执行的时候，实际上也就是在强调对工作的分析和研究。当我们在强调劳资合作的时候，我们也就是强调用科学的方法研究工作，将蛋糕做大，从而双方都能够获益。最原始的思想往往也是最充满智慧、单纯和核心的思想。

二、中国企业管理科学的不足

众所周知，管理既是艺术又是科学，是二者的结合体。但严格说来，中国企业并未经过科学管理的洗礼，而艺术管理却是到达了极致，这与中国企业的发展史是相吻合的。

中国历史的发展和西方国家有很大的不同，中国封建社会长达二千多年，小规模、封闭式、自给自足的小农经济长期存在。清朝末年，在西方工业革命以后的近代工业、技术和经济的影响下，在西方列强外来侵略的压力下，资本主义逐渐在中国产生和发展起来，特别是19世纪后期，洋务运动促进了官僚资本、官办企业和官督民办企业的出现和发展。20世纪初，尤其是在第一次世界大战期间，中国的民族工业曾有较快的发展，但在中国当时的历史条件下，小农经济的主导地位一直未受动摇，机器大工业生产无法顺利成为主要的生产方式，中国也不可能从半殖民地半封建阶段直接转向资本主义。没有社会化大生产，就难以形成流水线的作业流程，因而标准化、流程化、精细化这些体现工业文明精髓的要素就不可能出现，这就导致了科学管理的先天不足，纪律、规范、制度、程序等与现代化相对应的理念还远没有深入国人之心。

几千年的封建管理强调的是"人治"而不是"法治"，强调的是在制度上的"柔性"，强调的是个人在管理岗位上的权力，许多东西都不会按照制度去办，喜欢凌驾于制度之上。但凡制度主要是针对"圈子外的生人"的管理，制度对"圈子内的熟人"却可网开一面，诸如此类，管理在中国几乎是清一色的强调管理艺术，或者是"人治"，无论是儒家还是法家或者是道家，其延伸出来的文化底蕴里得到的管理都是艺术管理。由于过于强调管理的艺术性而忽视管理的科学性，过于强调"圈子文化"，使中国企业失去了做大做强的制度基础，中国企业也就无缘有真正意义上的"500强"。

新中国成立后，又经历了较长时间的计划经济、"大锅饭"时代，相当长时期没有把管理作为科学来对待，以至于影响到科学管理在中国的推广，管理现代企业的水平同发达国家相比差距越来越大。始于1980年代的改革开放、政企分开促使国内管理理论进入萌芽阶段，但我们还未来得及思考科学管理这个课题，就面临着企业快速发展、第三次浪潮和后信息时代带来的巨大挑战。很多企业还没有站稳脚跟就盲目追求所谓的管理前沿，不切实际地提出做大做强、多元化，好高骛远地要向世界"500强"看齐；尚未建立起最起码的流程管理却开始了"流程再造"；还未通过精细化管理形成规范化、标准化样式就要追求超越现实可能的战略制高点；还未训练出严谨有序的职业化团队就大谈"人性化管理"、"企业文化"，患上了企业基本功缺失症。面对强大的国外企业的竞争，我们并未沉下心来补科学管理这重要的一课，而是大谈管理技能与艺术。

放眼望去，在神州大地上的企业培训课中更多的是"沟通技巧""领导计谋""怎样讨好上司""如何控制下属""恭维的艺术""管理兵法"等，在书店的显要位置摆放的几乎清一色的都是这一类书籍；机场候机厅中的电视也是24小时不停播放着这一类管理节目。现实中，企业培训课中的艺术管理课程也确实受人追捧，无论是曾仕强的《中国式管理》，还是余世维的《沟通技巧与艺术》，听众无不是掌声雷动，场面热烈，令人振奋。而实际上，老板们经过学习，激动之后，回到自己公司进行改革，可还是不知道从何着手？业绩还是原地踏步。这其中关键的原因，就在于我们的管理缺乏程序化、制度化、规范化等科学管理，过多地强调管理艺术。综观世界500强企业，它们无不是既强调科学管理又注重艺术管理企业才走到今天，才能做到百年企业。泰罗的科学管理思想是企业管理的基础，不经过科学管理的洗礼，任何先进的管理方法都无法真正得到切实贯彻和运用，一切脱离科学管理的基础而大谈管理艺术必将是无水之源、无本之木。

三、科学管理思想在我国企业应用中应注意的一些问题

毫无疑问，中国有许多优秀的企业，特别是中国企业强中的大型、特大型企业，经过改革开放和强化管理，基本上进入了科学管理阶段，有的已经登上了文化管理的台阶。但必须看到，作为一个最大的发展中国家，在世界经济全球化加速、新经济地位日益提高的背景下，从中国的实际出发，发展大企业固然重要，但目前应把更多的注意力放在中小企业上。而事实上我国绝大多数企业，特别是乡镇企业、中小企业，仍以个人主观经验作为管理的基础，这样的情况对于国民经济的整体发展是极为不利的。经验管理、科学管化管理、文化管理，是企业管理现代化的三部曲。对中国的大多数企业而言，尤其是中小企业当务之急不是登上文化管理的台阶，而是进入科学管理的行列。如何解决这一系列摆在企业管理者面前的问题，摆脱经验管理的羁绊其根本途径就是建立现代企业制度，把科学管理理论作为企业管理的指导思想，加强管理的基础工作，实现科学管理，并结合中国国情走出一条具有中国特色的管理科学化之路。中国的企业在推行科学管理的同时，应该使这种管理模式同中国的传统文化和社会主义的价值标准相结合，同具有中国特色和企业个性的企业文化相结合。具体而言，应注意以下几点：

（一）要结合我国的国情

科学管理原理是在美国的私有制和个人主义价值观下推行的，我国是社会主义国家，采用的是以公有制为主体、多种所有制形式并存的社会主义所有制结构，提倡的是社会主义道德规范。泰罗的科学管理原理局限于当时特定的时代和阶级背景，表现为具有两重性"一方面是资产阶级剥削的最巧妙的残酷手段，另一方面是一系列最丰富的科学成就"。我们在学习科学管理讲究效率的优化思想、调查研究的科学方法的同时，应该清醒地认识到重物轻人，仅仅把职工看作经济动物，单纯地强调重奖重罚是其最大的缺陷。这种"胡萝卜加大棒"式的所谓"理性管理"思想在当今强调人的自由性的背景下是不可取的。所以我们在推行依法治厂和严格管理的同时，不能仅仅把职工当作"经济人"对待，更不能把人当作"物"去管理。应该从根本上调动职工的积极性、自觉性，使职工全身心的投入到工作中去。注意与我国优秀传统文化相结合我国几千年的儒家文化传统中，有许多宝贵的精华。

从西方企业管理的发展来看，继科学管理之后兴起的文化管理将成为未来管理的发展趋势，而中国几千年的文化传统的精华正是当今文化管理的宝贵营养。诸如"致富经国""义利两全""克勤克俭""以和为贵"等优秀传统，曾经对日本、韩国等东亚国家企业的振兴立过汗马功劳，在今天也应该成为中国企业发展道路上的重要组成部分。应该看到，中国传统的管理思想缺乏西方科学管理思想精髓，而西方科学管理思想的缺陷，正是中华文化的精华所在。因此，在我们学习科学管理的同时，不能放弃我国传统文化中所

蕴含的优秀的管理思想精华，利用这些思想充分激发职工的主动性，使他们自觉地遵守规章制度，自觉地提高劳动生产率，而不是成为制度的奴隶、科学管理的被动接受者。

（二）要结合我国企业传统精神

在我国社会主义建设中，曾经有过良好的企业传统，诸如大庆的"铁人精神""三老四严"的作风，以及以"两参一改三结合"为主要内容的"鞍钢宪法"。这些社会主义企业的文化传统，与科学管理的基本精神有着诸多相通之处。我们在严字当头、依法治理、苦练内功的同时，不应该像泰罗所主张的纯理性管理那样，用铁心肠、铁手腕、铁面孔对待职工，而应该与职工建立既严肃、严格又亲切、平等的新型劳动关系。注意以物为中心的管理与以人为中心的管理相结合。纵观管理发展史，我们不难发现，历史上的各种管理不外乎是以物为中心、以人为中心和以组织为中心三种。实际上这三种管理观并不是互相矛盾的，而是交替发展的。科学管理原理强调以物为中心，但并不等于不重视人的因素，尤其在知识经济条件下，更要重视发挥人的主动性、积极性、创造性。这种对人的重视是建立在以物为中心的基础之上的，也就是建立在科学的人才选拔、管理、激励、监督、考评制度的基础之上的。正如我国著名管理专家杨沛霆指出的那样"科学管理上路以后再实行'人本主义'的感情管理，才是最有效的企业管理之路，没有从严的科学管理过程，一开始实行感情管理是要坏事的"。

（三）要结合借鉴吸收与改进创新

任何一种理论都不会也不可能成为管理发展的尽头，它们都有自身的特点和适应性，泰罗的科学管理原理也不例外。它的形成是建立在吸收诸多前人的管理理论和管理经验的基础上的，有它成长、发展的特殊背景，当我们现在借鉴这种理论成果的时候，也要特别注意这一点。尽管我国目前企业中存在的问题与泰罗所处时代的企业中存在的问题有许多共同点，但是毕竟不能完全等同，在面对全球信息化、网络化、经济一体化的大趋势下，每一个组织都应该学会用世界的眼光从高处和远处审视自己，因此在借鉴吸收的同时，我们应针对企业所处内、外部环境的变迁，以及组织目标的调整，结合自身优势，不断地进行优化和创新。

四、如何用科学管理思想提高管理水平

要提高管理水平，关键是做到以人为本的管理，涉及人的培育与成长，人的选聘与任用，人的积极性、主动性、创造性的发挥，以及员工参与管理、人际关系、团队建设等诸多方面的问题；它们又受政治的、经济的、社会的、文化的、技术的、心理的等诸多因素影响，这些因素又相互交织。所以实现科学的用人，我们应该从以下几个方面入手：

（一）要牢固树立效率的观念

在泰罗的著作中，我们可以在许多地方看到他对管理低效率的批评和对管理高效率的倡导。因为在他看来，"管理的主要目标就是要实现雇主和工人的最大的富裕"，要把蛋糕做大，实现双赢。联想到我国不少企业，资源浪费严重，效率低下，亏损严重，中间原因固然有多方面的，但管理不善应是其中的一个重要原因，因此我们要把提高企业效率作为我们的中心环节来抓。一个企业如果没有效率的观念，就不能称其为企业。

（二）注重人才培养

1.以人为本

在企业管理中人本思想："员工是企业最重要的资产"，是许多企业的宣言和口号。在现实管理中，绝大多数企业领导者把以人为本中的人视为职工群众，通过尊重、理解和关心职工群众的物质利益和精神利益，调动人的积极性和创造性。人是组织中得以存在和发展的第一的决定性的资源。如何管理好员工，并以此来创造利润，提高生产率，推进创新，是人本管理的关键，只有树立了正确的观念和思维模式，企业管理者才能够决定如何执行高效益管理实务。并且需要针对目前企业经营者队伍和职工队伍普遍存在的素质缺陷，抓紧实施人才工程，进行全员培训。

2.加强对企业管理人员的培训

要对企业管理人员实施强化培训，他们是企业具体的操作者，如果他们都没有树立"以人为本"的人本管理理念，那么在企业管理中又如何去体现这个理念。因此首先要增强竞争意识，掌握在市场经济中独挡一面管理企业、在竞争中求发展的能力。其次要提高创新能力，要通过提高素质具备制度创新、机制创新、科技创新、管理创新能力，使企业具备不竭的生命力。

3.经营好企业人才

一方面要有高强度的优惠政策，加大吸引优秀人才的力度，另一方面要用好人才，通过为人才提供机遇将人才留住，使有才干的职工有用武之地。正如著名企业家柳传志说的："小公司做事，大公司做人，人才是利润最高的商品，能够经营好人才的企业才是最终的大赢家。"而要做到这一点，就必须按照市场规则经营人才。21世纪，企业员工跟公司的关系是"土壤学说"关系：公司有很多资源灌溉土壤，所有的员工在这片土壤上自然成长，接受市场经济的风吹雨打，能够长多高就长多高，最终使人尽其才，充分释放人才的潜在能量。

（三）把细节变成规范

规范化必须涵盖到所有环节的细微之处（而不是概念式的、笼统的，否则就无可操作性），把规范的执行体现到细节中，通过强化、监督、检查不断优化流程并使之成为严格的、标准化的制度（而不是弹性的、随意性的），确保规范的严格执行并逐渐变成人们自然要做的行为。为什么中国的中成药至今还没有得到美国FDA的认可，打不进国际市场？其实最根本的原因是我们的中药成分、病理、毒理的界定以及生产工艺与质量控制、检测缺乏标准化、规范化。全球最大的中药企业不是在中药的发源地中国，而是在日本津村商社，该公司2001年销售额达到6亿美元，远高于销售额30亿元人民币的国内一号中药企业同仁堂。日本津村最有别于中国中药企业的就是它的中药标准化、规范化、现代化生产，其包装的精致、剂量的准确、对二十几种不同病症的用药说明等足够让我们叹为观止。更可惜的是，我们那么多可以解决至今西方发达国家都无法破解的一系列疑难杂症的中药祖传"秘方"因为其没有科学的记载和测试，形成不了标准化生产而白白失传。连我们这些具有核心技术竞争优势的项目面对国际强手时也因为规范化管理中的差距而变得岌岌可危。泰罗进行动作研究和时间研究，其实就是把过去工人们自己通过长期实践积累的大量的传统知识、技能、诀窍和经验集中起来，经过总结、提炼，使这些诀窍、经验上升为标准化的科学知识。用这些标准化的科学知识去培训工人，就能够节约每个工人的大量学习时间，短时间内能够大幅度提高工作效率。这一点对我们许多企业有重要指导义。中药为什么不能走向世界？中式快餐为什么竞争不过麦当劳？无不与此有关。其实，高科技企业的发展也要对此予以重点关注。

（四）要不断激发员工的创新精神

企业要建立科学的人才选拔机制，给人才以平等的竞争机会，真正让懂管理、善经营的人才担任企业要职；建立与员工的对话制度，改善沟通，及时听取员工对企业提出的意见与建议；要建立科学的业绩考核体系，强化管理，控制成本，提高效益，充分调动员工参与企业管理的积极性，努力培育团队精神。只有在不断的创新中，企业才能永葆生机。

（五）要处理好技术与管理的关系

泰罗之所以要推进管理变革，使企业管理由经验管理向科学管理转变，其主要动因之一是企业存在技术先进与管理落后的矛盾。"二战"后，美国人说他们是三分靠技术，七分靠管理。日本人说，技术和管理是他们经济发展的两个轮子。技术与管理是相互依赖、相互促进的关系。先进的技术如果没有与之相匹配的技术，技术的效应就不可能充分发挥，我们在学习和引进国外先进技术的同时，一定要注意管理的同步性与适用性。

（六）强化过程控制

谁都知道"90%×90%×90%×90%×90%"，从数学上计算结果是59%。如果抛开简单的数学计算，这个等式能说明什么问题？我们知道，我们的产品和服务，都是要经过一系列的过程才能提供给消费者。试想一下，如果我们每道工序都认为做到90%的水平就不错，但我们经过五道工序出来的产品就是不合格的产品。这个简单的等式数学之外的意义告诉我们———执行过程不能打折，一定要强调过程控制。如果我们企业都能够做到执行过程不能打折，我相信，我们决不会有大量的生产事故、质量事故，我们的企业必然大幅提升竞争力。

（七）构造有效的激励与约束机制

1.要进行有效的利益激励

在经济较发达地区或生产经营较为稳定的企业中可实行员工持股制，将企业的经营成果与员工的经济利益紧密地结合在一起，促使员工们自觉地关心企业的经营决策，想方设法为企业排忧解难，努力为企业获取最佳效益贡献力量。在经济尚不发达地区或因农村打工者偏多而导致员工素质不高的民营企业中应实行单位产品工资制，让员工能直观自身劳动所得。

2.要注重感染性的情感激励

企业管理者要注重多关心下属、多关怀员工，在他们遇到挫折时要给以诚心诚意的同情与鼓励，在他们遇到困难时要切实予以力所能及的帮助。现代西方管理学就强调，一个成功的管理者20%靠的是他的工作能力，80%靠的是他人际关系的能力。

3.企业应遵循市场竞争法则实行末位淘汰制

任何事物都有正负两面，才能构成一个完整的体系，正面激励的同时也需适当的负面约束。要定期对员工进行考核评价，优秀的给予奖励、提升，最差的应予以淘汰，这样佼佼者就能永远立于不败之地，而不求进取的碌碌无为者最终只能被淘汰，从而促使企业员工整体素质不断升级换代，逐步走向更高的层次。

4.构造有效的激励与约束机制必须注意适度

激励与约束的目的在于引导员工以自己的全部精力为实现企业目标而努力奋斗。激励不足或约束过度往往会降低员工的工作满意度，增加员工的流失率，不利于稳定企业员工队伍和吸引、留住优秀人才。激励过度或约束不足又会助长员工的自满或懒惰情绪，削弱其工作积极性与创造性，而且会加大企业的运行成本。只有激励与约束的适度才能达到预期的目的。企业管理者还应注重研究和把握员工在愿望和需求方面的个性差异，在遵循激励与约束的公平性与相对稳定性的基础上，要因人而异地灵活用好物质激励、感情激励、事业激励和有关约束手段。

第四节　大数据带来的管理革命

一、大数据与企业管理革命

管理大师戴明（W.Edwards Deming）与德鲁克（Peter Drucker）在诸多思想上都持对立观点，但"不会量化就无法管理"的理念却是两人智慧的共识。这一共识足以解释近年来的数字大爆炸为何无比重要。简言之，有了大数据，管理者可以将一切量化，从而对公司业务尽在掌握，进而提升决策质量和业绩表现。简言之，有了大数据，管理者可以将一切量化，从而对公司业务尽在掌握，进而提升决策质量和业绩表现。

那些天生带有数字基因的企业，比如谷歌和亚马逊，已然是大数据巨擎。但是，对于传统企业而言，运用大数据获得竞争优势的潜力可能更大。企业因此可以做精准的量化和管理，可以做更可靠的预测和更明智的决策，可以在行动时更有目标更有效率。而且这些都可以在一直以来由直觉而不是数据和理性主宰的领域实现。大数据带来的革新是全面的，不仅仅局限于传统的IT领域，而是将会延伸到社会生活的诸多层面。并且随着大数据之工具与理念的不断传播，许多深入人心的观点将被撼动，比如经验的价值、专业性与管理实践。各个行业的商业领袖都会看清运用大数据究竟意味着什么：一场管理革命。大数据为公司业绩提升带来无限可能，但实现这些可能的前提是基于大数据的管理方式的革新。

（一）管理科学中大数据的三个特性

1.规模性

仅就2012年而论，每天大约产生2.5艾字节（exabytes）的数据，而且这个数据量每40个月就翻一倍。现在互联网每秒钟产生的数据量，比20年前整个互联网储存的数据还要多。如今，一天之内人们上传的照片数量，就相当于柯达发明胶卷之后拍摄的图像总和。

2.高速性

对于很多应用程序来说，数据生成的速度比数据规模更重要。实时或者近乎实时的信息，能让一家公司比竞争对手更为灵活敏锐。举个例子，有团队曾经使用来自手机的位置数据推测，美国圣诞节购物季开始那一天有多少人在梅西百货公司（Macy's）的停车场停车，这远早于梅西百货自己统计出的销售记录。无论是华尔街的分析师或者传统产业的高管，都会因这种敏锐的洞察力获得极大的竞争优势。

3.多样性

大数据形式多样，社交网站上发布的信息、更新、图片；传感器上显示的内容；手机上的GPS信号等。我们将被这一切带入一个新纪元：一个海量数据在商业世界无孔不入的时代。在这些杂乱无章的混乱中埋藏着大量的信号，孤单地等待被解读。大数据和传统IT架构要处理的数据不一样，我们传统的IT架构处理结构性数据，而云计算要解决大量非常结构的数据、天气数据、图片数据，这些数据没有太多逻辑性，非常像量子力学。

（二）大数据如何引发企业管理革命

1.数据决定业绩

很显然，不是每家公司都喜欢数据驱动型的决策制定过程。事实上，各行各业对大数据的态度和应用方法五花八门。但是，透过所有的分析，我们发现一种显著的关联性：越是那些自定义为数据驱动型的公司，越会客观地衡量公司的财务与运营结果。中国有着庞大的人群和应用市场，复杂性高、充满变化。如此庞大的用户群体，使中国成为世界上最大数据量的国家。解决这种由大规模数据引起的问题、探索以大数据为基础的解决方案，是中国产业升级、企业效率提高的重要手段。

以航空业为例，航空业分秒必争，尤其是航班抵达的准确时间。如果一班飞机提前到达，地勤人员还没准备好，乘客和乘务员就会被困在飞机上白白耽搁时间；如果一班飞机延误，地勤人员就只能坐着干等，白白消耗成本。当美国一家大航空公司从其内部报告中发现，大约10%的航班的实际到达时间与预计到达时间相差10分钟以上，30%的航班相差5分钟以上的时候，这家公司决定采取措施了。这家航空公司找到了Passur Aerospace，一家专为航空业提供决策支持的技术公司，通过搜集天气、航班日程表等公开数据，结合自己独立收集的其他影响航班因素的非公开数据，综合预测航班到港时间。时至2016年，Passur公司已经拥有超过155处无源雷达接收站，每4.6秒它就收集一次雷达眼看到的每架飞机的一系列信息，这会持续地带来海量数据。不仅如此，公司将长期以来收集的数据都保存着，这样它就拥有了一个超过10年的巨大的多维信息载体，为透彻的分析和恰当的数据模型提供了可能。使用Passur公司服务后，这家航空公司大大缩短了预测和实际抵达之间的时间差。Passur公司相信，航空公司依据它们提供的航班到达时间做计划，能为每个机场每年节省数百万美元。这是一个相当简单的公式：大数据带来更准的预测，更准的预测带来更佳的决策。

Passur公司的例子展示了大数据的威力，它带来更准确的预测、更高明的决策、更恰当的操作，而且让这些事情达到一个无边的规模。当大数据应用于供应链管理的时候，它让我们了解为什么一家汽车制造商的故障率突然飙升；在客服方面，它可以持续详细调查和处理几百万人的医保状况；它还可以基于产品特性的数据集，为在线销售做出更好的预测和规划等。大数据在其他行业的应用也同样成效显著，无论金融业、旅游博彩业还是机械维修，在市场推广、人力资源管理方面也都有极大的功用。投资者应该用独特的手段促进产业发展。投资者在这里既有社会变革的责任，又有成为伟大公司的机会。

2.决策文化变革

大数据的技术挑战显而易见，但其带来的管理挑战更为艰巨——这要从高管团队的角色转变开始。大数据最至关重要的方面，就是它会直接影响企业怎样做决策、谁来做决策。在今天的整个商业世界中，人们仍然更多依赖个人经验和直觉做决策，而不是基于数据。在信息有限、获取成本高昂且没有被数字化的时代，让身居高位的人做决策是情有可原的。我们可以给这种决策者和决策过程贴个标签：直觉主义。没有数据分析支撑的决定将越来越不可靠。

有志于引领企业实现大数据转型的高管们，可以从两个最简单的技巧开始。

首先，要养成习惯问："数据怎么说？"每当遇到重大决策的时候，要紧跟着这个问题进一步问："这些数据从哪儿来的？""这些数据能得出什么分析？""我们对结果有多大信心？"员工能从高管的这种行为中迅速接收到信息，其次，他们要允许数据做主。当员工看到一位资深高管听任数据推翻了他的直觉判断，这将是改变一家公司决策文化的最大力量。大数据带来的挑战，也是跨行业、跨领域、全方位的。在公司内部，从管理层到董事会，都应该认识到大数据即将带来的转型。将公司和行业之外的数据纳入分析并作为决策依据，是公司董事会、高管们都必须重新认识的内容。

（三）企业管理革命面临的挑战

大数据转型并不是万能的，除非企业能成功应对转型过程中的管理挑战。以下五个方面在这一过程中尤为重要。

1.领导力

那些在大数据时代获得成功的企业，并不是简单地拥有更多或者更好的数据，而是因为他们的领导层懂得设计清晰的目标，知道自己定义的成功究竟是什么，并且找对了问题。大数据的力量并不会抹杀对远见与人性化洞察的需求。

2.人才

随着数据越来越廉价，实现大数据应用的相关技术和人才也变得越来越昂贵。其中最紧迫的就是对数据科学家和相关专业人士的需求，因为需要他们处理海量的信息。统计学很重要，但是传统的统计学课程几乎不传授如何运用大数据的技能。尤其需要的能力是将海量数据集清理并系统化，因为各种类型的数据很少是以规整的形态出现的。视觉化工具和技术的价值也将因此突显。现阶段是要用解决问题的视角，寻找数据分析和懂得商业操作的人才，把数据分析产品化。

3.技术

处理海量、高速率、多样化的大数据工具，近年来获得了长足的改进。整体而言，这些技术已经不再贵得离谱，而且大部分软件都是开源的。Hadoop，这个目前最通用的平台，就整合了实体硬件和开源软件。

4.决策

精明的领导者会创造一种更灵活的组织形式，尽量避免"自主研发综合征"，同时强化跨部门合作：收集信息的人要提供正确的数据给分析数据和理解问题的人，同时，他们要和掌握相关技术、能够有效解决问题的人并肩工作。

5.文化

大数据驱动的公司要问自己的第一个问题，不是"我们怎么想？"而应该是"我们知道什么？"这要求企业不能再跟着感觉走。

二、大数据与国家管理革新

大数据时代来临，除了企业必须要重视到以外，当前也正是利用大数据推进国家治理现代化的宝贵时机。对这一轮大数据革命，我国做出了非常及时的战略响应。国务院办公厅先后发布了《关于运用大数据加强对市场主体服务和监管的若干意见》《关于积极推进"互联网+"行动的指导意见》《促进大数据发展行动纲要》等重要文件。这几份重磅文件密集出台，标志着我国大数据战略部署和顶层设计正式确立。大数据是一场管理革命，"用数据说话、用数据决策、用数据管理、用数据创新"，会给国家治理方式带来根本性变革。

（一）"四个结合"助力国家大数据战略

实施国家大数据战略部署和顶层设计，需要我们做到"四个结合"：把政府数据开放和市场基于数据的创新结合起来。政府拥有80%的数据资源，如果不开放，大数据战略就会成为无源之水，市场主体如果不积极利用数据资源进行商业创新，数据开放的价值就无从释放。把大数据与国家治理创新结合起来。国务院的部署明确提出，"将大数据作为提升政府治理能力的重要手段""提高社会治理的精准性和有效性"，用大数据"助力简政放权，支持从事前审批向事中事后监管转变""借助大数据实现政府负面清单、权力清单和责任清单的透明化管理，完善大数据监督和技术反腐体系"，并具体部署了四大重大工程：政府数据资源共享开放工程、国家大数据资源统筹发展工程、政府治理大数据工程、公共服务大数据工程。把大数据与现代产业体系结合起来。这里涉及农业大数据、工业大数据、新兴产业大数据等，我国的产业结构优化升级迎来难得的历史机遇。把大数据与大众创业、万众创新结合起来。国务院专门安排了"万众创新大数据工程"，数据将成为大众创业、万众创新的肥沃土壤，数据密集型产业将成为发展最快的产业，拥有数据优势的公司将迅速崛起。

此外，我国作为世界制造业第一大国，需要高度关注一个现实——大数据重新定义了制造业创新升级的目标和路径。无论是德国提出的工业4.0战略，还是美国通用公司提出的工业互联网理念，本质正是先进制造业和大数据技术的统一体。大数据革命骤然改变了制造业演进的轨道，加速了传统制造体系的产品、设备、流程贬值淘汰的进程。数字工厂或称智能工厂，是未来制造业转型升级的必然方向。我国面临着从"制造大国"走向"制造强国"的历史重任，在新的技术条件下如何适应变化、如何生存发展、如何参与竞争，是非常现实的挑战。

（二）推动大数据在国家治理上的应用

在大数据条件下，数据驱动的"精准治理体系""智慧决策体系""阳光权力平台"将逐渐成为现实。大数据已成为全球治理的新工具，联合国"全球脉动计划"就是用大数据对全球范围内的推特（Twitter）和脸谱（Facebook）数据以及文本信息进行实时分析监测和"情绪分析"，可以对疾病、动乱、种族冲突提供早期预警。在国家治理现代化进程中推动大数据应用，是我们繁重而紧迫的任务。

在政府治理方面，政府可以借助大数据实现智慧治理、数据决策、风险预警、智慧城市、智慧公安、舆情监测等。大数据将通过全息的数据呈现，使政府从"主观主义""经验主义"的模糊治理方式，迈向"实事求是""数据驱动"的精准治理方式。

经济治理领域也是大数据创新应用的沃土，大数据是提高经济治理质量的有效手段。互联网系统记录着每一位生产者、消费者所产生的数据，可以为每个市场主体进行"精确画像"，从而为经济治理模式带来突破。判断经济形势好坏不再仅仅依赖统计样本得来的数据，而是可以通过把海量微观主体的行为加总，推导出宏观大趋势；银行发放贷款不再受制于信息不对称，通过贷款对象的大数据特征可以很好地预测其违约的可能性；打击假冒伪劣、建设"信用中国"也不再需要消耗大量人力、物力，大数据将使危害市场秩序的行为无处遁形。

在公共服务领域，基于大数据的智能服务系统，将会极大地提升人们的生活体验，智慧医疗、智慧教育、智慧出行、智慧物流、智慧社区、智慧家居等，人们享受的一切公共服务将在数字空间中以新的模式重新构建。

（三）加强大数据动态的跟踪研究

我国要从"数据大国"成为"数据强国"，借助大数据革命促进国家治理现代化，还有几个关键问题需要深入研究。切实建设数据政策体系、数据立法体系、数据标准体系。以数据立法体系为例，一定要在数据开放和隐私保护之间权衡利弊，找到平衡点。重视对"数据主权"问题的研究。借助大数据技术，美国政府和互联网、大数据领军公司紧密结合，形成"数据情报联合体"，对全球数据空间进行掌控，形成新的"数据霸权"。思科、IBM、谷歌、英特尔、苹果、甲骨文、微软、高通等公司产品几乎渗透到世界各国的政府、海关、邮政、金融、铁路、民航系统。在这种情况下，我国数据主权极易遭到侵蚀。对于我国来说，在服务器、软件、芯片、操作系统、移动终端、搜索引擎等关键领域实现本土产品替代进口产品，具有极高的战略意义，也是维护数据主权的必要条件。

　　"数据驱动发展"或将成为对冲当前经济下行压力的新动力。大数据是促进生产力变革的基础性力量，这包括数据成为生产要素、数据重构生产过程、数据驱动发展等。数据作为生产要素其边际成本为零，不仅不会越消耗越少，反而保持"摩尔定律"所说的指数型增长速度。这就可能给我国经济转型升级带来新动力，对冲经济下行压力。这就需要建设一个高质量的"大数据与国家治理实践案例库"。国家行政学院一直重视案例库的建设，在中央的重视和支持下，就大数据促进国家治理这一主题，各部门、各地方涌现出大量创新性的实践案例，亟待进行系统梳理和总结，形成一个权威的"大数据与国家治理实践案例库"，以方便全国领导干部进行借鉴和推广。

　　在大数据时代，个人如何生存、企业如何竞争、政府如何提供服务、国家如何创新治理体系，都需要重新进行审视和考量。我们不能墨守成规，抱残守缺，而是要善于学习，勇于创新，按照党中央、国务院的战略部署，政府和市场两个轮子一起转，把我国建设成"数据强国"。

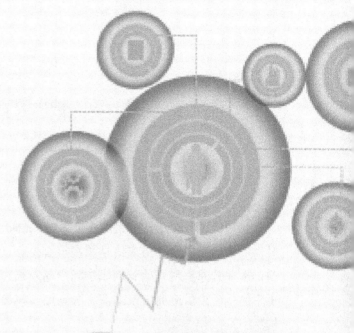

第六章

大数据下的供应链管理

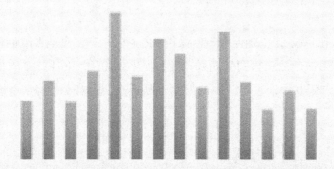

第一节　供应链管理的基本定义

一、供应链简介

（一）基本定义

供应链的概念是从扩大的生产（Extended Production）概念发展而来，现代管理教育对供应链的定义为"供应链是围绕核心企业，通过对商流、信息流、物流、资金流的控制，从采购原材料开始到制成中间产品及最终产品、最后由销售网络把产品送到消费者手中的一个由供应商、制造商、分销商、零售商直到最终用户所连成的整体功能网链结构"。

日本丰田公司的精益协作方式中将供应商的活动视为生产活动的有机组成部分而加以控制和协调。哈理森（Harrison）将供应链定义为："供应链是执行采购原材料，将它们转换为中间产品和成品，并且将成品销售到用户的功能网链。"美国的史蒂文斯（Stevens）认为："通过增值过程和分销渠道控制从供应商到用户的流就是供应链，它开始于供应的源点，结束于消费的终点。"因此，供应链就是通过计划（Plan）、获得（Obtain）、存储（Store）、分销（Distribute）、服务（Serve）等这样一些活动而在顾客和供应商之间形成的一种衔接（Interface），从而使企业能满足内外部顾客的需求。

（二）定义形象化

我们可以把供应链描绘成一棵枝叶茂盛的大树：生产企业构成树根；独家代理商则是主杆；分销商是树枝和树梢；满树的绿叶红花是最终用户；在根与主杆、枝与杆的一个个结点，蕴藏着一次次的流通，遍体相通的脉络便是信息管理系统。

供应链上各企业之间的关系与生物学中的食物链类似。在"草、兔子、狼、狮子"这样一个简单的食物链中（为便于论述，假设在这一自然环境中只生存这四种生物），如果我们把兔子全部杀掉，那么草就会疯长起来，狼也会因兔子的灭绝而饿死，连最厉害的狮子也会因狼的死亡而慢慢饿死。可见，食物链中的每一种生物之间是相互依存的，破坏食物链中的任何一种生物，势必导致这条食物链失去平衡，最终破坏人类赖以生存的生态环境。

同样道理，在供应链"企业A—企业B—企业C"中，企业A是企业B的原材料供应商，企业C是企业B的产品销售商。如果企业B忽视了供应链中各要素的相互依存关系，而过分注重自身的内部发展，生产产品的能力不断提高，但如果企业A不能及时向他提供生产原材料，或者企业C的销售能力跟不上企业B产品生产能力的发展，那么我们可以得出这样的结论：企业B生产力的发展不适应这条供应链的整体效率。

随着3G、4G，甚至5G移动网络不断迭代，供应链已经进入了移动时代。移动供应链，是利用无线网络实现供应链的技术。它将原有供应链系统上的客户关系管理功能迁移到手机。移动供应链系统具有传统供应链系统无法比拟的优越性。移动供应链系统使业务摆脱时间和场所局限，随时随地与公司进行业务平台沟通，有效提高管理效率，推动企业效益增长。数码星辰的移动供应链系统就是一个集3G移动技术、智能移动终端、VPN、身份认证、地理信息系统（GIS）、Web service、商业智能等技术于一体的移动供应链产品。

（三）供应链的发展阶段

1.物流管理阶段

早期的观点认为供应链是指将采购的原材料和收到的零部件，通过生产转换和销售等活动传递到用户的一个过程。因此，供应链仅仅被视为企业内部的一个物流过程，它所涉及的主要是物料采购、库存、生产和分销诸部门的职能协调问题，最终目的是为了优化企业内部的业务流程、降低物流成本，从而提高经营效率。

2.价值增值阶段

进入20世纪90年代，人们对供应链的理解又发生了新的变化：首先，由于需求环境的变化，原来被排斥在供应链之外的最终用户、消费者的地位得到了前所未有的重视，从而被纳入了供应链的范围。这样，供应链就不再只是一条生产链了，而是一个涵盖了整个产品运动过程的增值链。

3.网链阶段

随着信息技术的发展和产业不确定性的增加，今天的企业间关系正在呈现日益明显的网络化趋势。与此同时，人们对供应链的认识也正在从线性的单链转向非线性的网链，供应链的概念更加注重围绕核心企业的网链关系，即核心企业与供应商、供应商与供应商的一切向前关系，用户与用户及一切向后的关系。供应链的概念已经不同于传统的销售链，它跨越了企业界限，从扩展企业的新思维出发，并从全局和整体的角度考虑产品经营的竞争力，使供应链从一种运作工具上升为一种管理方法体系，一种运营管理思维和模式。

4.现状

世界权威的《财富（FORTUNE）》杂志早在2001年已将供应链管理列为本世纪最重要的四大战略资源之一；供应链管理是世界500强企业保持强势竞争不可或缺的手段；无论是制造行业，商品分销或流通行业，无论你是从业还是创业，掌握供应链管理都将助你或你的企业掌控所在领域的制高点。

（四）供应链的基本思想

今天的市场是买方市场，今天的市场也是竞争日益激烈的全球化市场。企业要想在市场上生存，除了要努力提高产品的质量之外，还要对它在市场的活动采取更加先进、更加有效率的管理运作方式了。供应链管理就是在这样的现实情况出现的，很多学者也对供应链管理给出了定义，但是在诸多定义中比较的全面的应该是这一条：供应链管理是以市场和客户需求为导向，在核心企业协调下，本着共赢原则，以提高竞争力、市场占有率、客户满意度、获取最大利润为目标，以协同商务、协同竞争为商业运作模式，通过运用现代企业管理技术、信息技术和集成技术，达到对整个供应链上的信息流、物流、资金流、业务流和价值流的有效规划和控制，从而将客户、供应商、制造商、销售商、服务商等合作伙伴连成一个完整的网状结构，形成一个极具竞争力的战略联盟。简单地说，供应链管理就是优化和改进供应链活动，其对象是供应链组织和他们之间的"流"，应用的方法是集成和协同；目标是满足客户的需求，最终提高供应链的整体竞争能力。供应链管理的实质是深入供应链的各个增值环节，将顾客所需的正确产品（Right Product）能够在正确的时间（Right Time），按照正确的数量（Right Quantity）、正确的质量（Right Quality）和正确的状态（Right Status）送到正确的地点（Right Place）即"6R"，并使总成本最小。

供应链管理是一种先进的管理理念，它的先进性体现在是以顾客和最终消费者为经营导向的，以满足顾客和消费者的最终期望来生产和供应的。除此之外，供应链管理还有以下几种特点：

（1）供应链管理把所有节点企业看作一个整体，实现全过程的战略管理，传统的管理模式往往以企业的职能部门为基础，但由于各企业之间以及企业内部职能部门之间的性质、目标不同，造成相互的矛盾和利益冲突，各企业之间以及企业内部职能部门之间无法完全发挥其职能效率。因而很难实现整体目标化。

供应链是由供应商、制造商、分销商、销售商、客户和服务商组成的网状结构。链中各环节不是彼此分割的，而是环环相扣的一个有机整体。供应链管理把物流、信息流、资金流、业务流和价值流的管理贯穿于供应链的全过程。它覆盖了整个物流，从原材料和零部件的采购与供应、产品制造、运输与仓储到销售各种职能领域。它要求各节点企业之间实现信息共享、风险共担、利益共存，并从战略的高度来认识供应链管理的重要性和必要性，从而真正实现整体的有效管理。

（2）供应链管理是一种集成化的管理模式，供应链管理的关键是采用集成的思想和方法。它是一种从供应商开始，经由制造商、分销商、零售商、直到最终客户的全要素、全过程的集成化管理模式，是一种新的管理策略，它把不同的企业集成起来以增加整个供应链的效率，注重的是企业之间的合作，以达到全局最优。

（3）供应链管理提出了全新的库存观念，传统的库存思想认为：库存是维系生产与销售的必要措施，是一种必要的成本。因此，供应链管理使企业与其上下游企业之间在不同的市场环境下实现了库存的转移，降低了企业的库存成本。这也要求供应链上的各个企业成员建立战略合作关系，通过快速反应降低库存总成本。

（4）供应链管理以最终客户为中心，这也是供应链管理的经营导向，无论构成供应链的节点的企业数量的多少，也无论供应链节点企业的类型、参次有多少，供应链的形成都是以客户和最终消费者的需求为导向的。正是由于有了客户和最终消费者的需求，才有了供应链的存在。而且，也只有让客户和最终消费者的需求得到满足，才能有供应链的更大发展。

通过对供应链管理的概念与特点的分析，我们可以知道：相对于旧的依赖自然资源、资金和新产品技术的传统管理模式，以最终客户为中心、将客户服务、客户满意、客户成功作为管理出发点的供应链管理的确具有多方面的优势。但是由于供应链是一种网状结构，一旦某一局部出现问题，它是马上扩散到全局的，所以在供应链管理的运作过程中就要求各个企业成员对市场信息的收集与反馈要及时、准确，以做到快速反应，降低企业损失。而要做到这些，供应链管理还要有先进的信息系统和强大的信息技术作为支撑。

二、供应链的分类

根据不同的划分标准，可以将供应链分为以下几种类型：

（一）范围不同

内部供应链是指企业内部产品生产和流通过程中所涉及的采购部门、生产部门、仓储部门、销售部门等组成的供需网络。外部供应链则是指企业外部的，与企业相关的产品生产和流通过程中涉及的原材料供应商、生产厂商、储运商、零售商以及最终消费者组成的供需网络。内部供应链和外部供应链的关系：二者共同组成了企业产品从原材料到成品到消费者的供应链。可以说，内部供应链是外部供应链的缩小化。如对于制造厂商，其采购部门就可看作外部供应链中的供应商。它们的区别只在于外部供应链范围大，涉及企业众多，企业间的协调更困难。

（二）复杂程度不同

根据供应链复杂程度不同可以分为直接型供应链、扩展型供应链和终端型供应链。直接型供应链是在产品、服务、资金和信息在往上游和下游的流动过程中，由公司、此公司的供应商和此公司的客户组成。扩展型供应链把直接供应商和直接客户的客户包含在内，左右这些成员均参与产品、服务、资金和信息往上游和下游的流动过程。终端型供应链包括参与产品、服务、资金、信息从终端供应商到终端消费者的所有往上游和下游的流动过程中的所有组织。

（三）稳定性不同

根据供应链存在的稳定性划分，可以将供应链分为稳定的和动态的供应链。基于相对稳定、单一的市场需求而组成的供应链稳定性较强，而基于相对频繁变化、复杂的需求而组成的供应链动态性较高。在实际管理运作中，需要根据不断变化的需求，相应地改变供应链的组成。

（四）容量需求不同

根据供应链容量与用户需求的关系可以划分为平衡的供应链和倾斜的供应链。一个供应链具有一定的、相对稳定的设备容量和生产能力（所有节点企业能力的综合，包括供应商、制造商、运输商、分销商、零售商等），但用户需求处于不断变化的过程中，当供应链的容量能满足用户需求时，供应链处于平衡状态，而当市场变化加剧，造成供应链成本增加、库存增加、浪费增加等现象时，企业不是在最优状态下运作，供应链则处于倾斜状态。平衡的供应链可以实现各主要职能（采购/低采购成本、生产/规模效益、分销/低运输成本、市场/产品多样化和财务/资金运转快）之间的均衡。

（五）功能性不同

根据供应链的功能模式（物理功能、市场中介功能和客户需求功能）可以把供应链划分为三种：有效性供应链（Efficient Supply Chain）、反应性供应链（Responsive Supply Chain）和创新性供应链（Innovative Supply Chain）。有效性供应链主要体现供应链的物理功能，即以最低的成本将原材料转化成零部件、半成品、产品，以及在供应链中的运输等；反应性供应链主要体现供应链的市场中介的功能，即把产品分配到满足用户需求的市场，对未预知的需求做出快速反应等；创新性供应链主要体现供应链的客户需求功能，即根据最终消费者的喜好或时尚的引导，进而调整产品内容与形式来满足市场需求。

（六）企业地位不同

根据供应链中企业地位不同，可以将供应链分成盟主型供应链和非盟主型供应链。盟主型供应链是指供应链中某一成员的节点企业在整个供应链中占据主导地位，对其他成员具有很强的辐射能力和吸引能力，通常称该企业为核心企业或主导企业。如：

以生产商为核心的供应链——奇瑞汽车有限公司。

以中间商为核心的供应链——中国烟草系统。

以零售商为核心的供应链——沃尔玛、家乐福。

非盟主型供应链是指供应链中企业的地位彼此差距不大，对供应链的重要程度相同。

（七）供应协同模式

物流与供应链专家杨达卿根据东西方企业文化差异和商业模式的差异，在《供应链为王》一书中把全球供应链协同模式分为三类：

1.美国和欧洲等发达国家狮式供应链

以基金等金融资本主导的企业群所建立的"1+N"供应链模式。其中"1"代表基金和银团等金融资本链主（1是资本化的自然人或法人，下面亦同），"N"是供应链上的各环节。"1"的角色冲在前面，往往是强势的，个人英雄主义比较明显，也被称为狮式企业，其供应链模式也被称为狮阵供应链模式。这类企业代表的如微软公司、苹果公司、大众汽车等，背后基金分别是梅琳达—盖茨基金、伊坎合作基金、保时捷家族基金。

2.日本和韩国等发达国家狼式供应链

以商社等商业资本主导的企业群所建立"N+1"供应链模式。其中"N"是供应链上的各环节，"1"代表商社等商业资本链主。"1"的角色隐身在后面，往往是低调的，群英主义比较明显。这类企业也被成为狼式企业，其供应链模式也被称为狼阵供应链模式。这类企业的代表如日本三井财团、三菱财团、一劝财团，分别拥有商社三井物产、三菱商事、伊藤忠商事，韩国的三星财团、现代财团，分别拥有商社三星物产、现代商社。

3.以中国为代表的羊式供应链

以国有资本主导的企业群组成的"1+1+N"的供应链模式。其中第一个"1"是国有资本的代表党委书记，国有资本往往是企业真正链主；第二个"1"是国家聘请的高端职业经理人董事长；"N"是供应链各环节的企业。代表企业如一汽集团、广汽集团、中储粮集团、中粮集团、中石油集团等企业。

三、供应链管理

（一）概念

供应链管理，指使供应链运作达到最优化，以最少的成本，令供应链从采购开始到满足最终客户的所有过程，MBA、EMBA等管理教育均将企业供应链管理包含在内。

一条供应链的最终目的是满足客户需求，同时实现自己的利润。它包括所有与满足客户需求相关的环节，不仅仅是生产商和供应商，还有运输、仓储、零售和顾客本身。客户需求是供应链的驱动因素，一条供应链正是从客户需求开始，逐步向上延伸的。例如，当一个顾客走进沃尔玛的商店去买洗发水，供应链就开始于这个顾客对洗发水的需求，这个供应链的下一阶段是沃尔玛、运输商、分销商、P&G生产工厂。一个供应链是动态的，并且包括在不同阶段之间流动的产品流、信息流和资金流。每一个阶段执行不同的过程并且与其他阶段互相作用。沃尔玛提供产品、价格信息给顾客，顾客付款获得产品，沃尔玛再把卖点信息和补货信息给配送中心，配送中心补货给沃尔玛，分销商也提供价格信息和补货到达日期给沃尔玛。同样的信息、物料、资金流在整个供应链过程中发生。

供应链管理并不是一个全新的概念，它代表着始于20世纪60年代伴随实体配送的形成和对企业物流出货方的关注而产生演变的第三阶段。五六十年代大量的研究表明了这一系统概念所具有的潜在性，关注系统总成本并通过分析交易细节来达到最好的或最低的实体配送系统的成本。

（二）供应链管理的目标

1.效益

物流系统是社会经济系统的一个部分，其目标便是获得宏观和微观两个效益。

物流的宏观经济效益是指一个物流系统的建立对社会经济效益的影响，其直接表现形式是这一物流系统如果作为一个子系统来看待，就是其对整个社会流通及全部国民经济效益的影响。物流系统本身虽已很庞大，但它不过是更大系统中的一部分，因此，必须寓于更大系统之中。如果一个物流的建立，破坏了母系统的功能及效益，那么，这一物流系统尽管功能理想，但也是不成功的，因为它未能实现其根本目的。物流不但会对宏观的经济效益发生影响，还会对社会其他方面发生影响。物流的建立，必须考虑社会的整体利益。

物流的微观经济效益是指该系统本身在运行后所获得的企业效益。其直接表现形式是这一物流通过组织"物"的流动，实现本身所耗与所得之比。当这一系统基本稳定运行，投入的劳动稳定之后，这一效益主要表现在利润上。在市场经济条件下，企业作为独立的经济实体。一个物流的建立，如果只将自己作为子系统，完全从母系统要求出发，不考虑本身的经济效益，这在大部分情况下是行不通的。应该说，一个物流系统的建立，需要有宏观及微观两个方面的推动力，二者缺一不可。但是由于微观效益来得更直接，因而在建立物流系统时，往往只将微观经济效益作为唯一目的，具体来讲，物流业要实现以下目标。

2.具体目标

（1）服务。

物流系统直接联结着生产与再生产，生产与消费，因此要求有很强的服务性。这种服务性表现在本身有一定从属性，要从用户为中心，树立"用户第一"观念，不一定以利润为中心。物流业采取送货、配送等形式，就是服务性的体现。在技术方面，"准时供应方式"也是其服务性的表现。

（2）快速、及时。

及时性是服务性的延伸，是用户的要求，也是社会发展进步的要求。整个社会再生产的循环，取决于每一个环节，社会再不断循环进步推动社会的进步。物资流通时间越短，速度越快，社会再生产的周期越短，社会进步的速度越快。快速、及时是物流的既定的目标，在现代经环境中，这种特性更是物流活动必备的特性。在物流领域采取的诸如直达物流、联合一贯运输、高速公路等技术和设施，就是这一目标的体现。

（3）节约。

节约是经济领域的重要规律，在物流领域中除流通时间的节约外，由于流通过程消耗大而又基本上不增加或不提高商品的使用价值，所以依靠节约来降低投入，是提高相对产出的重要手段。物流过程作为"第三利润源"而言，这一利润的挖掘主要是依靠节约。为达到这一目标，可以通过推动的集约化方式提高物流的能力，采取各种节约、省力、降耗措施实现。

（4）规模优化。

以物流规模作为物流系统的目标，是以此来追求规模效益。生产领域的规模生产是早已为社会所承认的。物流领域也存在规模效益，只是由于物流业比生产系统的稳定性差，因而难于形成标准的规模化模式。在物流领域以分散或集中等不同方式建立物流系统，研究物流集约化的程度，目的就是获得规模化效益。

（5）库存调节。

库存调节性是及时性的延伸，也是物流业本身的要求，涉及物流的效益。物流是通过本身的库存，起到对千百家生产企业和消费者的需求保证作用，从而创造一个良好的社会外部环境。同时，物流又是国家进行资源配置的一环，系统的建立必须考虑国家进行资源配置、宏观调控的需要。在物流领域中正确确定库存方式、库存数量、库存结构、库存分布都是库存调节的具体问题。

（三）供应链管理的基本要求

1.信息资源共享

信息是现代竞争的主要后盾。供应链管理采用现代科技方法，以最优流通渠道使信息迅速、准确地传递，在供应链商和企业间实现资源共享。

2.提高服务质量、扩大客户需求

供应链管理中，一起围绕"以客户为中心"的理念动作。消费者大多要求提供产品和服务的前置时间越短越好，为此供应链管理通过生产企业内部、外部及流程企业的整体协作，大大缩短产品的流通周期，加快了物流配送的速度，从而使客户个性化的需求在最短的时间内得到满足。

3.实现双赢

供应链管理把供应链的供应商、分销商、零售商等联系在一起，并对之优化，使各个相关企业形成了一个融合贯通的网络整体，在这个网络中，各企业仍保持着个体特性。但它们为整体利益的最大化共同合作，实现双赢的结果。在供应链管理的发展中，有人预测，在未来的生产和流通中，将看不到企业而只看到供应链。生产和流通的供应链化将成为现代生产和流通的主要方式。

（四）供应链管理的特点

供应链管理就是优化和改进供应链活动，其对象是供应链组织和他们之间的"流"，应用的方法是集成和协同；目标是满足客户的需求，最终提高供应链的整体竞争能力。供应链管理的实质是深入供应链的各个增值环节，将顾客所需的正确产品能够在正确的时间，按照正确的数量、正确的质量和正确的状态送到正确的地点即"6R"，并使总成本最小。

供应链管理是一种先进的管理理念，它的先进性体现在是以顾客和最终消费者为经营导向的，以满足顾客和消费者的最终期望来生产和供应的。除此之外，供应链管理还有以下几种特点：

（1）供应链管理把所有节点企业看作一个整体，实现全过程的战略管理。传统的管理模式往往以企业的职能部门为基础，但由于各企业之间以及企业内部职能部门之间的性质、目标不同，造成相互的矛盾和利益冲突，各企业之间以及企业内部职能部门之间无法完全发挥其职能效率，因而很难实现整体目标化。

供应链是由供应商、制造商、分销商、销售商、客户和服务商组成的网状结构。链中各环节不是彼此分割的，而是环环相扣的一个有机整体。供应链管理把物流、信息流、资金流、业务流和价值流的管理贯穿于供应链的全过程。它覆盖了整个物流，从原材料和零部件的采购与供应、产品制造、运输与仓储到销售各种职能领域。它要求各节点企业之间实现信息共享、风险共担、利益共存，并从战略的高度来认识供应链管理的重要性和必要性，从而真正实现整体的有效管理。

（2）供应链管理是一种集成化的管理模式，供应链管理的关键是采用集成的思想和方法。它是一种从供应商开始，经由制造商、分销商、零售商、直到最终客户的全要素、全过程的集成化管理模式，是一种新的管理策略，它把不同的企业集成起来以增加整个供应链的效率，注重的是企业之间的合作，以达到全局最优。

（3）供应链管理提出了全新的库存观念，传统的库存思想认为：库存是维系生产与销售的必要措施，是一种必要的成本。因此，供应链管理使企业与其上下游企业之间在不同的市场环境下实现了库存的转移，降低了企业的库存成本。这也要求供应链上的各个企业成员建立战略合作关系，通过快速反应降低库存总成本。

（4）供应链管理以最终客户为中心，这也是供应链管理的经营导向，无论构成供应链的节点的企业数量的多少，也无论供应链节点企业的类型、层次有多少，供应链的形成都是以客户和最终消费者的需求为导向的。正是由于有了客户和最终消费者的需求，才有了供应链的存在。而且，也只有让客户和最终消费者的需求得到满足，才能有供应链的更大发展。

（五）供应链管理的方式

供应链管理的实现，是把供应商、生产厂家、分销商、零售商等在一条供应链上的所有节点企业都联系起来进行优化，使生产资料以最快的速度，通过生产、分销环节变成增值的产品，到达有消费需求的消费者手中。这不仅可以降低成本，减少社会库存，而且使社会资源得到优化配置。更重要的是，通过信息网络、组织网络，实现了生产及销售的有效链接和物流、信息流、资金流的合理流动，最终把产品以合理的价格、把合适的产品及时送到消费者手上。计算机产业的戴尔公司在其供应链管理上采取了极具创新的方法，体现出有效的供应链管理优越性。构造高效供应链可以从四个方面入手：

1.以顾客为中心

从某种意义上讲，供应链管理本身就是以顾客为中心的"拉式"营销推动的结果，其出发点和落脚点，都是为顾客创造更多的价值，都是以市场需求的拉动为原动力。顾客价值是供应链管理的核心，企业是根据顾客的需求来组织生产；以往供应链的起始动力来自制造环节，先生产物品，再推向市场，在消费者购买之前是不会知道销售效果的。在这种"推式系统"里，存货不足和销售不佳的风险同时存在。产品从设计开始，企业已经让顾客参与，以使产品能真正符合顾客的需求。这种"拉式系统"的供应链是以顾客的需求为原动力的。

供应链管理始于最终用户，其架构包括三个部分：客户服务战略决定企业如何从利润最大化的角度对客户的反馈和期望做出反应；需求传递战略则是企业以何种方式将客户需求与产品服务的提供相联系；采购战略决定企业在何地、怎样生产产品和提供服务。

客户服务战略第一步是对客户服务市场细分，以确定不同细分市场的客户期望的服务水平。第二步应分析服务成本，包括企业现有的客户服务成本结构和为达到不同细分市场服务水平所需的成本。第三步是销售收入管理。这后两步非常重要，但常被企业忽视。当企业为不同客户提供新的服务时，客户对此会如何反应？是购买增加而需要增加产能，还是客户忠诚度上升，使得企业可以提高价格？企业必须对客户做出正确反应，以使利润最大化。

需求传递战略中企业采取何种销售渠道组合把产品和服务送达客户，这一决策对于客户服务水平和分销成本有直接影响。而需求规划，即企业如何根据预测和分析，制定生产和库存计划来满足客户需求，是大多数企业最为重要的职能之一。良好的需求规划是成功地满足客户需求、使成本最小化的关键。

采购战略的关键决策是自产还是外购，这直接影响企业的成本结构和所承担的劳动力、汇率、运输等风险；此外，企业的产能如何规划布置，以及企业如何平衡客户满意和生产效率之间的关系，都是很重要的内容。

2.强调企业的核心竞争力

在供应链管理中，一个重要的理念就是强调企业的核心业务和竞争力，并为其在供应链上定位，将非核心业务外包。由于企业的资源有限，企业要在各式各样的行业和领域都获得竞争优势是十分困难的，因此它必须集中资源在某个自己所专长的领域，即核心业务上。这样在供应链上定位，成为供应链上一个不可替代的角色。

企业核心竞争力具有以下特点：第一是仿不了，就是别的企业模仿不了，它可能是技术，也可能是企业文化。第二是买不来，就是说这样的资源没有市场，市场上买不到。所有在市场上能得到的资源都不会成企业的核心竞争力。第三是拆不开，拆不开强调的是企业的资源和能力具有互补性，有了这个互补性，分开就不值钱，合起来才值钱。第四是带不走。强调的是资源的组织性，好多资源可能像个人，好比你拿到了MBA学位，这时候你的身价就高了，你可以带走。这样的资源本身不构成企业的核心竞争力，带不走的东西包括互补性，或者它是属于企业的，如专利权，如果专利权属于个人，这个企业就不具有竞争力。一些优秀企业之所以能够以自己为中心构建起高效的供应链，就在于它们有着不可替代的竞争力，并且凭借这种竞争力把上下游的企业串在一起，形成一个为顾客创造价值的有机链条。比如，沃尔玛作为一家连锁商业零售企业，高水准的服务以及以此为基础构造的顾客网络是它的核心竞争力。于是，沃尔玛超越自身的"商业零售企业"身份，建立起了高效供应链。首先，沃尔玛不仅仅是一家等待上游厂商供货、组织配送的纯粹的商业企业，而且也直接参与到上游厂商的生产计划中去，与上游厂商共同商讨和制定产品计划、供货周期，甚至帮助上游厂商进行新产品研发和质量控制等方面的工作。这就意味着沃尔玛总是能够最早得到市场上最希望看到的商品，当别的零售商正在等待供货商的产品目录或者商谈合同时，沃尔玛的货架上已经开始热销这款产品了。其次，沃尔玛高水准的客户服务能够做到及时地将消费者的意见反馈给厂商，并帮助厂商对产品进行改进和完善。过去，商业零售企业只是作为中间人，将商品从生产厂商传递到消费者手里，反过来再将消费者的意见通过电话或书面形式反馈到厂商那里。看起来沃尔玛并没有独到之处，但是结果却差异很大。原因就在于，沃尔玛能够参与到上游厂商的生产计划和控制中去，因此能够将消费者的意见迅速反映到生产中，而不是简单地充当二传手或者传声筒。

沃尔玛的思路并不复杂，但多数商业企业更多的是"充当厂商和消费者的桥梁"，缺乏参与和控制生产的能力。也就是说，沃尔玛的模式已经跨越了企业内部管理和与外界"沟通"的范畴，而是形成了以自身为链主，链接生产厂商与顾客的全球供应链。而这一供应链正是通过先进的信息技术来保障的，这就是它的一整套先进的供应链管理系统。离开了统一、集中、实时监挖的供应链管理系统，沃尔玛的直接"控制生产"和高水准的"客户服务"将无从谈起。

3.相互协作的双赢理念

传统的企业运营中，供销之间互不相干，是一种敌对争利的关系，系统协调性差。企业和各供应商没有协调一致的计划，每个部门各搞一套，只顾安排自己的活动，影响整体最优。与供应商和经销商都缺乏合作的战略伙伴关系，且往往从短期效益出发，挑起供应商之间的价格竞争，失去了供应商的信任与合作基础。市场形势好时对经销商态度傲慢，市场形势不好时又企图将损失转嫁给经销商，因此得不到经销商的信任与合作。

而在供应链管理的模式下，所有环节都看作一个整体，链上的企业除了自身的利益外，还应该一同去追求整体的竞争力和盈利能力。因为最终客户选择一件产品，整条供应链上所有成员都受益；如果最终客户不要这件产品，则整条供应链上的成员都会受损失。可以说，合作是供应链与供应链之间竞争的一个关键。

在供应链管理中，不但有双赢理念，更重要的是通过技术手段把理念形态落实到操作实务上。关键在于将企业内部供应链与外部的供应商和用户集成起来，形成一个集成化的供应链。而与主要供应商和用户建立良好的合作伙伴关系，即所谓的供应链合作关系，是集成化供应链管理的关键。此阶段企业要特别注重战略伙伴关系管理，管理的重点是以面向供应商和用户取代面向产品，增加与主要供应商和用户的联系，增进相互之间的了解（产品、工艺、组织、企业文化等），相互之间保持一定的一致性，实现信息共享等。企业应通过为用户提供与竞争者不同的产品和服务或增值的信息而获利。供应商管理库存和共同计划、预测与库存补充的应用就是企业转向改善、建立良好的合作伙伴关系的典型例子。通过建立良好的合作伙伴关系，企业就可以更好地与用户、供应商和服务提供商实现集成和合作，共同在预测、产品设计、生产、运输计划和竞争策略等方面设计和控制整个供应链的运作。对于主要用户，企业一般建立以用户为核心的小组，这样的小组具有不同职能领域的功能，从而更好地为主要用户提供有针对性的服务。

4.优化信息流程

信息流程是企业内员工、客户和供货商的沟通过程，以前只能以电话、传真，甚至面见达成信息交流的目的。能利用电子商务、电子邮件，甚至互联网进行信息交流，虽然手段不同，但内容并没有改变。而计算机信息系统的优势在于其自动化操作和处理大量数据的能力，使信息流通速度加快，同时减少失误。然而，信息系统只是支持业务过程的工具，企业本身的商业模式决定着信息系统的架构模式。

为了适应供应链管理的优化，必须从与生产产品有关的第一层供应商开始，环环相扣，直到货物到达最终用户手中，真正按链的特性改造企业业务流程，使各个节点企业都具有处理物流和信息流的自组织和自适应能力。要形成贯穿供应链的分布数据库的信息集成，从而集中协调不同企业的关键数据。所谓关键数据，是指订货预测、库存状态、缺货情况、生产计划、运输安排、在途物资等数据。为便于管理人员迅速、准确地获得各种信息，应该充分利用电子数据交换（EDI）、Internet等技术手段，实现供应链的分布数据库信息集成，达到共享采购订单的电子接受与发送、多位置库存控制、批量和系列号跟踪、周期盘点等重要信息。

（六）供应链管理的运作关键

供应链管理作为一种全新的企业管理模式，为广大中小企业提升核心竞争力提供了新的途径，从供应链管理的角度去考虑企业的经营管理就显得尤为重要。下面就简单介绍一下企业管理者该如何做好企业供应链管理：

1.加快人才队伍的建设

对于企业管理者而言，人才是成功实施供应链管理的关键因素。由于中小企业在供应链管理意识方面的滞后，导致熟悉企业的生产工艺技术和企业管理知识、又懂得计算机知识和实务操作的人才在中小企业中极为缺乏。这就要求中小企业必须加快人才队伍的建设，采用引进来培养、送出去进修、加强对在职员工的培训等方式，形成一支既熟悉企业的生产工艺技术和企业管理知识又懂得计算机知识和实务操作的人才队伍，以满足企业对进行供应链管理人才的需求。

2.采用基于ASP的第三方供应链管理平台

鉴于很多中小企业都面临着资金短缺的问题，因此中小企业管理者在实施供应链管理过程中，可以采用基于ASP的供应链管理平台信息系一统。ASP（应用服务提供商）模式是一种较先进的供应链管理信息系统模式，采用第三方供应链管理平台，也就是核心企业与他的渠道伙伴共同利用第三方投资建设的平台实现相应的供应链管理功能，核心企业及其合作伙伴不再投资、运营和管理其实现供应链管理所需要的供应链管理平台，而是与第三方供应链管理平台服务商达成协议，通过Internet直接利用第三方为其提供的供应链管理软件功能，并享受第三方供应链平台服务商提供的各种服务。供应链管理系统是一项投资巨大、技术复杂的专项工作，企业管理者如果独自建立自己的供应链管理系统，则要耗费大量的人力和物力，需要付出高额的沉没成本，而且随着企业本身业务的变化和发展，还需要不断地对这个供应链管理平台进行升级，这个费用更是难以估量。

3.加强信息化建设

当今时代，竞争日趋激烈，市场、产品等竞争都离不开信息，实施供应链管理的实质是通过企业间的互补实现快速开发和制造产品，满足市场多样化、个性化需求。要达到这个目的，必须有现代信息通信技术的支持。因此，中小企业管理者应把信息化建设作为头等大事来抓，充分利用现代信息技术，促进信息在供应链各成员之间的共享。首先，强化企业管理者对信息化的紧迫感和责任感，不能认为企业规模小就无须搞信息化；其次，建立相应的组织机构，安排专人负责，研究实施，做到既满足需要，又考虑到将来的升级发展，还要充分考虑到供应链各成员之间信息系统的兼容性和接口问题；最后，要进行员工信息化知识和技能的培训。

（七）供应链管理的相关问题

1.配送网络的重构

配送网络重构是指采用一个或几个制造工厂生产的产品来服务一组或几组在地理位置上分散的渠道商时，当原有的需求模式发生改变或外在条件发生变化后引起的需要对配送网络进行的调整。这可能由于现有的几个仓库租赁合同的终止或渠道商的数量发生增减变化等原因引起。

2.配送战略问题

在供应链管理中配送战略也非常关键。采用直接转运战略、经典配送战略还是直接运输战略？需要多少个转运点？哪种战略更适合供应链中大多数的节点企业呢？

所谓直接转运战略就是指在这个战略中终端渠道由中央仓库供应货物，中央仓库充当供应过程的调节者和来自外部供应商的订货的转运站，而其本身并不保留库存。而经典配送战略则是在中央仓库中保留有库存。直接运输战略，则相对较为简单，它是指把货物直接从供应商运往终端渠道的一种配送战略。

3.供应链集成与战略伙伴

由于供应链本身的动态性以及不同节点企业间存在着相互冲突的目标，因此对供应链进行集成是相当困难的。但实践表明，对供应链集成不仅是可能的，而且它能够对节点企业的销售业绩和市场份额产生显著的影响作用。

那么集成供应链的关键是什么呢？自然是信息共享与作业计划，显然，什么信息应该共享，如何共享，信息如何影响供应链的设计和作业；在不同节点企业间实施什么层次的集成，可以实施哪些类型的伙伴关系等就成了最为关键的问题。

4.库存控制问题

库存控制问题包括：一个终端渠道对某一特定产品应该持有多少库存？终端渠道的订货量是否应该大于、小于或等于需求的预测值？终端渠道应该采用多大的库存周转率？终端渠道的目标在于决定在什么点上再订购一批产品，以及为了最小化库存订购和保管成本，应订多少产品等。

5.产品设计问题

众所周知，有效的产品设计在供应链管理中起着多方面的关键作用。那么什么时候值得对产品进行设计来减少物流成本或缩短供应链的周期，产品设计是否可以弥补顾客需求的不确定性，为了利用新产品设计，对供应链应该做什么样的修改等这些问题就非常重要。

6.信息技术和决策支持系统

信息技术是促成有效供应链管理的关键因素。供应链管理的基本问题在于应该传递什么数据？如何进行数据的分析和利用？Internet的影响是什么？电子商务的作用是什么？信息技术和决策支持系统能否作为企业获得市场竞争优势的主要工具？

7.顾客价值的衡量

顾客价值是衡量一个企业对于其顾客的贡献大小的指标，这一指标是根据企业提供的全部货物、服务以及无形影响来衡量的。这个指标已经取代了质量和顾客满意度等指标。

第二节 供应链管理的应用

一、供应链管理在物流管理中的应用

（一）必要性分析

在全球化经营和顾客需求多样化条件下，企业要获得竞争优势，仅靠整合内部资源是不够的，所以我们必须采用一种供应链管理模式，也就是一种适应现代科技快速发展的管理模式。

物流是为实现商品价值，使物质实体从生产者到达消费者之间的物理性活动。在其间将会产生物理性物流活动，使商品从生产者流向消费者，之间的物理性活动供应链管理是一种有效的管理方法，而物流管理是供应链管理的重要组成部分。另外，供应链管理体系下的物流管理是一种统一规划下的物流系统，它具有供应链的管理特征，表现出集成化优势，进一步带来了物流系统的敏捷性，更加有效地提高了企业的运作效率，为企业创造更大收益成为可能。

在企业物流管理中，伴随着社会分工的进一步细化，全球竞争环境的巨大变化以及技术的飞速进步，促使现代物流管理思想不断革新发展，越来越多的企业开始运用一种新的管理模式。供应链管理作为一种新的管理模式，它从整个供应链的角度对所有节点企业的资源进行集成和协调，强调战略伙伴协同信息资源集成快速市场响应以及为用户创造价值。随着市场全球化和竞争的加剧，企业之间的竞争已变成供应链之间的竞争，这种供应链是供应商、制造商、批发商及零售商通过运输库存信息及金融设施互相连接而组成的一个有机整体。

　　然而，在供应链管理技术上应有一个全新的把握，因为从量变到质变使得物流发展进入了供应链时代，也是物流企业生存的法宝，否则企业将难以发展和生存。在这一全新的时代里，供应链管理已成为中国企业提高竞争力的砝码。在经济全球化和顾客需求多样化背景下，企业要获得竞争优势，仅靠整合内部资源是不够的。因此供应链管理的实施与优化对提升企业的竞争力尤其是核心竞争力具有积极的现实意义。

　　但是无论何时，物流企业不得不考虑成本问题。现代物流由于能够节约流通成本，提供增值服务，创造竞争优势，成为推进流通现代化的一种主要方式，国际上普遍把物流称为降低成本的最后边界，是在降低原材料消耗、提高劳动生产率之后的第三利润源。物流成本通常被认为是业务工作中的最高成本之一，仅次于制造过程中的材料费用或批发、零售成品的成本，物流能力对企业的发展至关重要。

　　在珠江三角洲，一般商品物流成本占商品总成本50%～60%，而水果食品等商品则高达70%。据统计，中国社会物流总费用与GDP的比率为18%，比去年同期降低0.3个百分点，反映出物流业总体运行效率得到了进一步提高。但与日本11%、美国为8%、欧盟仅为7%的先进水平相比仍有很大的差距。因此，物流要想真正成为中国企业的第三利润源，必须要通过物流成本管理有效地把物流成本降下来。随着市场竞争的不断加剧和信息技术的飞速发展，企业为了取得竞争上的优势，正在利用各种先进的管理手段寻求成本下降，从而达到经济效益的最大化。2005年美国物流协会更名为供应链管理专业协会，标志着全球供应链管理时代的到来。供应链管理成为企业管理的发展趋势之一。

　　供应链管理通常也并不是各自为战，而是必须明确供应链管理要素重要性及顺序，并将其细化并排序为：供应链管理认知、信息交流技术、变更管理能力、信息交流质量、知识沉淀和分享信息的交流。

　　另外，目前发现了一种技术为复合码，并应用于物流供应链管理中。随着计算机技术在物流领域的成功运用，人们已经认识到现有的商品条码（EAN／UCC条码）只有12～13位数字信息，受其信息容量的限制，已无法满足物流管理的需要。复合码的出现，解决了人们标识微小物品及表述附加商品信息的问题，提高了物流管理水平。目前，复合码的应用主要集中在标识散装商品、蔬菜水果、医疗保健品及非零售的小件物品以及商品的运输与物流管理。在物流系统中，越来越多的应用证明，采集和传递更多的运输单元信息是非常必要的。而目前现有的EAN／UCC128码受信息容量的限制，无法提供满意的解决方案。物流管理所需要的信息一般可分为两类：运输信息和货物信息。

　　运输信息包括交易信息，诸如采购订单编号、装箱单及运输途径等。复合码中包含这些信息的好处在于供应链的各个环节都可以随时采集所需信息而无需在线式数据库。将货物本身信息编在二维条码中是为发给电子数据交换（EDI）提供可靠的备份，从而减少对网络的依赖性。这些信息包括装箱及装物品、数量以及保质期等，掌握这些信息对混装托盘的运输及管理尤其重要。采用复合码以后，这种以EAN/UCC128码及PDF417二维条码构成的复合码可将2300个字符编入条码中，从而解决了物流管理中条码信息容量不足的问题，极大地提高了物流及供应链管理系统的效率和质量。由此可见，采用复合码对供应链中各个环节的物流管理具有极大的意义。因此，我们很有必要对供应链管理在物流中的应用进行研究。

（二）作用

物流系统是一个社会化系统，制约其发展的因素很多：不同消费区域的客户情况和环境条件、配送环节、物流成本、库存控制等。供应链管理应用于物流，使物流具有了供应链的管理特征，表现出集成化优势。其"业务流程重组"的思想，导致了作业流程的快速重组能力的极大提高，进一步带来了物流系统的敏捷性，通过消除不增加价值的部分，为供应链的物流系统进一步降低成本和精细化运作提供了基本保障。供应链是一个整体，合作性与协调性是供应链管理的一个重要特点。在这一环境中的物流系统也需要"无缝链接"，它的整体协调性得到强化。例如运输的货物要准时到达，顾客的需要才能及时得到满足。采购的物资不能在途中受阻，才会增强供应链的合作性，因此，供应链物流系统获得高度的协调化是保证供应链获得成功的前提条件。

物流管理主要关注企业内部的功能整合，而供应链管理则是把供应链中的所有节点企业看作一个整体，强调企业之间的一体化，关注企业之间的相互关联。物流管理是计划机制，而供应链管理是协商机制，是一个开放的系统，通过协调分享"需求与存货"的信息以减少或消除供应链成员之间的缓冲库存。供应链管理强调依赖战略管理，最关键是需要采用集成的思想和方法。物流管理着重商品储存和运输方面的管理，现代物流管理以满足消费者需求为目标，将原材料采购、生产制造、储存、运输、销售等环节纳入统一的管理中，即实行一体化物流管理。供应链管理的概念不仅仅是物流的简单延伸。物流管理主要关注于组织内部对"流"的优化，而对供应链管理仅仅认识到由其自身进行内部整合是不够的。所以说，供应链应用于物流，不但优化了传统的物流系统，更使物流系统向更高一级发展，使物流的支链变大变广，使供应链管理发挥最佳效果。

（三）实际操作

对于供应链管理和物流的结合，全球最大的零售企业沃尔玛就做得很好，我们可以通过它的运作模式分析供应链管理在物流中产生的巨大作用以及实际操作方法。在沃尔玛的配送中心，首先很多拖车将从不同供货商那里获得的装有商品的盒子卸下，大大小小的盒子先后被放上小的传送带，再到大的传送带，每周7天，每天4小时都是如此，不过这只是整个供应链过程的一半盒子随着传送带不断前行，电眼会阅读每个盒子上的条形码，根据内容的不同将它们在到达配送中心另一端时再进行一次分流这些盒子会在电动手臂的引导下从另一条传送带直接被送到各个沃尔玛超市派来的卡车上，卡车再将这些盒子送到各国沃尔玛的某个超市的货架上，消费者将它们从货架上取走，交给收款台，收银员扫描商品的同时也通过沃尔玛的网络给这个产品的供货商发出信号，不管这个供货商在中国还是在其他国家供货商在获得这一信号后，就会给沃尔玛补充新的产品，整个过程就会再循环一遍。所以，从沃尔玛货架上取下产品并交给收款台的那一刻也就意味着在世界的某个地方将会生产出同样的产品。这样看似简单的操作流程却为沃尔玛节省了时间，降低了物流成本，并创造了收益。

二、供应链管理在商业银行中的应用

（一）商业银行供应链管理的概念

供应链管理作为先进的管理理论体系与解决方案系统，主要是指围绕供应商与需求商之间的物料流、信息流和资金流所进行的计划、协调与控制过程。它主要包括计划、协调和控制从供应商到用户的物料、资金和信息。所谓供应链是指从原材料到最终用户的传递、产品流和服务相关的所有活动，以及相关的信息流、资金流。供应链注重围绕核心企业的网链关系，每个企业在供应链中都是个节点，节点企业之间是需求与供给关系。对于核心企业而言，供应链是连接其供应商、供应商的供应商以及客户、最终用户的网链。

对于银行供应链管理而言，没有物料流管理的概念，所涉及的只有信息流、资金流及其基础上的（金融）产品流。作为核心企业以及供应链中个节点的银行，其客户和最终用户是企业、个人。

基于市场竞争的要求，银行与企业、个人以及金融同业间日益体现为一种交互性的资金流（包含金融产品流）与信息流的供给与需求关系。对此关系进行系统性的计划、协调和控制，是商业银行供应链管理模式的核心价值所在。建立反应迅捷、效率显著的供应链，也是银行塑造自身核心竞争力的关键环节。在银行负债业务方面，供应链管理能够帮助银行更敏锐、更有效地捕捉和利用外部的存款、信息和资源，以更迅捷、更系统化的方式将存款资源整合入自己的整个资金链中。在资产业务方面，银行能通过自身的供应链管理优化信息链和资金链，为目标企业乃至其上下游合作伙伴提供更为积极有效的金融服务，同时将自己整合入企业供应链管理的战略构架之中，更好地发挥支付和结算的作用。在中间业务方面，银行更可以利用先进的供应链管理将金融同业、企业客户与个人客户进行系统化的联结和构架，在此基础上整合各方面的需求和供给，使自身中间业务的提供更富有针对性和导向性，也为中间业务产品的创新建立坚实的基础。

（二）银行应用供应链管理模式的特质

银行应用供应链管理模式有其独特之处。首先，银行不涉及物料流的问题，其原材料就是资金，所以在供应链管理中只须解决资金、金融产品流和信息流的问题，考虑因素较少，供应链管理更容易体现其效用。例如，网络银行就是一种电子商务，相对于企业电子商务资金流、物流、信息流相结合的模式，网络银行模式因为不存在物流的问题就要比后者简单得多。无论是一般商务还是电子商务，银行所担当的角色不外乎支付与结算，故在企业供应链管理中银行是不可或缺的环，而银行自身的供应链管理也因此具备明确的特性。

其次，银行先进的信息系统构架为供应链管理应用创造了必要条件。从2000年年初开始广泛实施的大集中工程是迄今为止银行业信息化最大的改造项目，原先分散式的结算构架被改变成全国性的结算构架。在这样个高度集中的IT构架上，供应链管理的应用可谓占尽先机。集中所带来的数据仓库和数据挖掘技术的应用、大集中对于银行资源跨行业应用的便利性、银行营销服务的多渠道整合以及银行业务系统的相应统等，这些都为供应链管理应用的方方面面提供了生存的土壤。此外，ERP企业资源计划、CRM客户关系管理、BPB业务流程等管理理念和解决方案在商业银行中的广泛应用也为供应链管理实施扫清了理念和技术障碍。

最后，国际银行业横向一体化的发展趋势符合供应链管理的精神实质。国际银行业的传统企业结构中产品生产部门决定销售，财务成本限制使得银行无力负担各产品生产部门间的横向联系，每个生产部门都有其独立运作的程序、系统和产品渠道。这种纵向一体化的供应链限制了客户选择，使各家银行的价值体系没有太多差别，客户难以细分其优劣。而当前银行业全而转向互相关联的金融机构网络，银行通过重组打破各自为政的产品生产部门，组成小规模固定化的业务团队，便于银行实现横向一体化，最终实现银行"随需应变"的运营环境，这也只是供应链管理的本质目标之一。在这种环境下，银行应当以灵活的业务结构和程序迅速对内外部各种需求做出反应并加以满足，从而在市场竞争中占得先机。

（三）银行应用供应链管理模式的目标分析

在银行业中的应用，正是为了创造和巩固这种"随需应变"的运营环境，系统化地协调、控制、优化内部的分支行、分理处、一般网点、自助银行、网络银行等与外部的企业客户、个人客户和金融同业间的网链关系，以更有效率地处理和发展银行各项业务，最终强化银行的核心竞争力，供应链管理的实施目标包括以下几方面。

1.优化业务管理，提高服务水平

供应链管理具有很强的实时承诺性，其承诺标准就是为客户提供准确的产品交付日期，例如贷款的批复、保函出具以及银票出票兑付日期。银行因此可以缓解企业和个人客户针对业务缺乏准时性而产生的抱怨。同时，计划的制订更科学，预测更可靠，实施也更有效。供应链管理通过对银行承诺能力如剩余贷款额度、其他贷款影响、目前贷款进度等的系统检查，对客户做出准确承诺和调整，从而有助于解决准时性的问题，更贴近银行自身的实际情况。供应链管理可以对银行供应链上的资源进行优化配置，将某种稀缺资源预先分派给具有较高优先级别的客户或渠道的需求，从而更贴近市场的实际情况。

例如某银行的网络银行业务数据显示有一位高级客户提出贷款需求，银行马上可根据供应链管理将某分理处中的闲置资金迅速调派到该网络银行满足客户需求。当供应链管理的计划范围超越银行自身，银行能生成跨银行及金融同业的协同计划。银行可以实时了解合作银行与金融同业的业务变化情况，及时调整计划，保持高度的灵活性和预见性以快速响应市场需求。这在银证合作、银保合作以及银行代理销售信托产品等中间业务中大有用武之地，对于将来的混业经营更具未雨绸缪的积极意义。供应链管理可以动态计算提前期以确保整个供应链科学有效地运作，同时对供应链的需求、供给和约束进行监控，实时对这三者进行比较，一旦出现不匹配的问题时立刻发出预警信号，并执行智能的逻辑操作使其恢复平衡。将来银行实时资产负债比例管理系统也完全可以基于这个思路而进行构建。

2.编制计划方面的优化

供应链管理扩大了银行的计划范围，可以通过不同的规则对不同业务进行计划，并可对单一目标和多目标进行优化计划。这十分契合银行业资产负债和中间业务并重以及企业、个人、金融同业并驾齐驱的合作伙伴模式的要求。供应链管理的计划是并发的，计划时段是连续的，综合完整地考虑了约束问题，生成的提前期是弹性的，可以对供应链和银行各项业务进行计划，一次性考虑业务流程的纵向和横向的协调。供应链管理的计划可覆盖所有业务，计划模型可精确到长、中、短周期的每天、每小时和每分钟，对于以严谨和精确著称的银行尤其具有指导意义。供应链管理还可根据生产和客户需求的变化重排计划，量化地反映甚至超前于市场的需求，例如变化的资源和约束，用于的优先权等，实现业务流程的可持续性转变。这对于建立和发展银行以客户为导向的营销体系也十分重要。

3.管理范围的扩大和供应链成员企业间的资源配置优化

ERP所反映的仅仅是银行内部的资源管理，而供应链管理更着重于超越银行自身的供应链，包括上下游的业务协同。它能够满足供应链横向一体化运作的要求，在考虑资源约束、优化和决策的技术支持下有效利用和整合外部资源。这是国际银行业发展的大势所趋，也是供应链管理之于银行中间业务和混业经营的重要价值。同时，供应链管理还能够模拟和改善财务指标，特别是收入、成本和资产利用率指标，在成本最小化的同时通过多种途径来满足市场和客户的需求。

4.供应链管理在银行风险控制方面的意义

随着银行自身机构与机能的日益复杂以及外部影响因素的日益增多，风险管理与内控机制的重要性也与日俱增。应用供应链管理模式可以帮助银行察觉乃至弥补自身信息链和资金链上的薄弱环节，增强对于计划制订和执行的可预见性。而对于企业供应链的深度研究同样可以帮助银行早在企业经营风险的酝酿阶段就找到其风险点和关注点，从而尽快制定相关的应对策略。凡此种种，供应链管理之于银行的风险控制都有其不可替代的积极意义。

5.供应链管理所体现出的系统化营销理念

著名管理学大师彼得·圣吉在其划时代巨著《第五项修炼》中屡屡强调系统思考的重要性。该书中描述的营销部门与生产部门处于对立状态，第一线管理人员对高管层怀有敌意，各部门的竞争更甚于同业竞争，正是纵向一体化供应链失衡的某种极端体现。融合整体能得到大于各部分加总的效力。供应链管理所反映的正是彼得·圣吉所倡导的系统化的思想。高效能企业或银行的本质特征就是把一切系统化，包括所有的工作流程和经营领域。供应链管理帮助银行把内部节点工作流程的方方面面都加以系统化，通过系统消除低效率和资源空耗，提高产出，同时通过整合供应链中的外部节点把银行经营系统也系统化，从而达到整个银行供应链运作的科学高效。而协作营销是企业与终端使用者共同创造价值的一种流程，通过创新、设计、沟通、销售、支持等各方面协作来实现价值最大化。它的关键一步就是企业必须贯彻衔接和协作的思想，这与供应链管理同样不谋而合。商业银行的供应链必须重视与客户的互动和协同，这种协同包括从最高层的策略规划、市场预测到资金、金融产品和信息管理，以实现客户导向的供应链运作。在供应链管理基础上形成的银行营销管理体系必定是一个蕴含着整体观、策略性、协同化、持续性和资源高效整合的业务流程。真正意义上的供应链管理，必须是建立在对企业所属产业和行业的结构、特性和发展趋势透彻了解的基础之上的，这样才能真正把握企业及其上下游合作伙伴互动的整个运作流程，通过信息流和资金流的供应链管理使之系统化地联结起来。

（四）互联网带来的机遇与挑战

互联网大潮的兴起为供应链管理的应用与发展带来了难得的机遇，发达国家的许多银行借助Internet、Intranet、Email、视频、电话会议等技术构建了新的供应链资金和信息链互动平台，这些技术在银行业务体系整合及拓展中发挥着日益关键的作用。基于互联网条件下的先进的供应链管理体系主要包含以下特点。

（1）在线供销商目录，在银行而言则是在线的资产负债业务相关企业、同业目录。

（2）多路径，在银行而言则是营业网点、自助银行、手机银行、移动银行等多渠道并存与整合；

（3）与供销商及客户即时联系所有问题，也就是银行业务流程中所说的Real Time

（实时）概念。

（4）24小时全球/全国范围客户服务。

（5）订单状况检验，在银行而言则是每一笔资产负债业务及中间业务等的实时检验。

（6）电子支付，检查借方余额。

（7）跟踪设备及分支行机构位置包括ATM、POS、移动银行、网络银行等。

（8）E-mail即时交流，节点信息通畅。

（五）供应链管理中系统化精神及其技术体现

银行应用供应链管理模式中的一个重要理念就是系统化，包括系统化思考以及系统化执行（Systems of Implementation）。这就要求银行各职能部门改变过去各自为政的局面，打破隔阂、有效协作。我国银行中普遍存在的一个问题就是各职能部门之间信息交互较少，以至于许多时候不知道对方在干什么。例如，营销人员如客户经理可能与企业达成放款协议并经支行批准，但到了上一级分行中又因为头寸不足或新政策的出台而取消或推迟；分理处可能制订了某一地区的拓展计划，但支行却正准备考虑大幅削减该地区的网点；一些银行的研发部门与信息技术部门的某种成果对于执行层面特别是一线营销人员而言形同虚设等。

银行有必要在自己的供应链管理模式中加入一些中间部门，担负起协调各部门运营责任的使命。例如全球最大的芯片制造企业Intel公司建立了由资深项目经理组成的小组，横向检视各职能部门，召集各部门高级主管或高级经理讨论生产部门的目标、供应网络的目标以及客户目标之间的关系等战略性话题。企业所倡导的是供应链，即具有敏捷性（Agility）、应变性（Adaptability）和协调性（Alignment）。银行的供应链应用，就是要比竞争者更快开发出新产品，更快融合新开发及收购的业务以实现经济合力，使员工根据整个银行数据挖掘整合而得出的有价值信息，迅速做出以客户为本的决策并不断校验调整。

在此基础上，一些先进的供应链管理技术、策略与模式崭露头角。例如JIT II、Just-In-Time II等，这些准时制是一种新型的供应链伙伴关系策略和管理模式。银行可以通过派遣具有专业经验的客户经理或项目经理进驻企业或同业客户的业务现场办公，并通过集成双方的信息系统，为客户提供更及时和超值的服务。银行进驻小组的现场服务和快速反应减少了额外人力和成本，同时直接获得有关市场和金融产品的反馈信息，积累了产品研发经验，从而能按需定制，满足企业或同业需求。

三、供应链管理在现代企业中的应用实例

（一）供应链管理对现代企业的意义

在当前产品同质化、成本差异小的时代，渠道优势成为竞争的重点，而这正是流通

企业所要努力造就的核心竞争力。自从20世纪90年代开始，制造企业向流通领域的进军，大型百货业的没落，大型连锁超市的异军突起以及电子商务的蓬勃兴起，无不预示着流通渠道领域的深刻变革，面对加入WTO以后的国际化竞争，高效的供应链管理是企业具备核心竞争力的有效保证。

一般来说，供应链管理是指人们在认识和掌握了供应链各环节内在规律和相互联系的基础上，利用管理的计划、组织、指挥、协调、控制和激励职能，对产品生产和流通过程中各个环节所涉及的物流、信息流、资金流、价值流以及业务流进行合理调控，以期达到最佳组合，发挥最大效率，迅速以最小的成本为客户提供最大的附加值。供应链管理是在现代科技条件下、产品极其丰富的条件下发展起来的管理理念，它涉及各种企业及企业管理的方方面面，是一种跨行业的管理，并且企业之间作为贸易伙伴，为追求共同经营利益的最大化而共同努力。

1.有利于提高企业的国际竞争力

现代国际市场中，企业之间的竞争变成了企业供应链与供应链之间的竞争。加强供应链管理，与合作伙伴进行资源的优势互补，实现强强联合，有利于加速企业增强实力的过程。研究表明，有效的供应链管理总是能够使供应链上的企业获得并保持稳定持久的竞争优势，进而提高供应链的整体竞争力。统计数据显示，供应链管理的有效实施可以使企业总成本下降20%左右，供应链上的节点企业按时交货率提高15%以上，订货到生产的周期时间缩短20%～30%，供应链上的节点企业生产率增值提高15%以上。越来越多的企业已经认识到实施供应链管理所带来的巨大好处，比如HP、IBM、DELL等在供应链管理实践中取得的显著成绩就是明证。

2.有利于企业实现经营效益

（1）节约交易成本。

在最新信息技术的支持下，用IT系统和互联网整合的供应链将大大降低其内部各环节的交易成本，缩短交易时间。一方面采购人员可以从低价值的劳动中解脱出来，从事创造更高价值的工作，另一方面供应商能够方便地取得存货和采购信息。缺货的成本往往是最高的，高效的供应链管理将缺货成本降至最小值。

（2）降低库存水平。

供应链成员间的紧密协作，供应商能够随时掌握终端的销售信息和各环节的存货信息，组织生产，及时补货，降低企业库存水平，同时维持甚至提高服务水平。

（3）缩短生产周期。

通过供应链紧密协作，各环节成员互相之间掌握的信息更加充分，预测的精确度大幅提高，及时甚至提前对市场变化做出反应，缩短生产周期。

（4）增加企业利润。

通过组织边界的延伸和紧密的协作，增加了流通企业满足消费者需求和履行合同的能力，增加市场份额和收入，并且降低了成本，自然获得丰厚的回报。

3.提高反应速度，促进客户满意

网络经济时代的竞争是速度的竞争，特别是对于处于商品流通各环节的企业，对市场反应速度是生存之本。高效的供应链系统使各企业及时得到需求信息，并快速做出反应。并将满足需求的商品送到消费者手里。供应链管理的最终目的在于更好地满足顾客的需求，这又反过来促进企业进一步发展，从而形成一个良性循环。企业能按市场的需求生产出准确数量的产品，将恰当的商品，在恰当的时间配送到恰当的地点，提高客户满意度。

（二）UPS供应链管理案例

IT技术作为供应链管理有力而且有效的推动工具，对于供应链产业的发展确实起着重要的作用。这里提供一个案例：全球最大的包裹递送公司UPS（United Parcel Service，联合包裹服务）借用成功的无线技术取得巨大的经济回报的案例，通过对成功案例的分析，揭示出成功的IT与供应链管理的结合应用成为一种供应链管理的新模式。

这种分布式供应链网络又被称为"hub-and-spoke structure"。UPS是一个包裹速递公司，它的公司支持每天完整的点到点的供应链。各条点对点的供应链由一个公司独立完成，这与一般的工业企业十分不同。一般的工业企业只是作为供应链条上的一个节点，作为供应商，生产商或者零售商等只在供应链上起到部分的作用。UPS针对其业务特点，形成了独特的分布式的层次供应链网络，完成遍布200多个国家的包裹递送服务。

1.合理分配地域网络

可信赖性和高效性是管理递送供应链的关键问题。安排合理的地域性网络中心，最佳路径选择，以及尽可能避免的网络拥塞，可确保的时间控制，以上这些都是递送公司所追求的。尤其是跨地区的全球性供应链，无论是在科技建设和行政管理上的复杂性，还是各联络网点的连贯性都是很大的挑战。UPS的分布式的层次供应链网络在有效控制全球供应链网络上起到了十分重要的作用。

2.有效的组织方式

UPS的分布式的层次供应链网络是一个分子式的网络结构。分子式结构是对未来新经济趋势预测的12个主题之一。简单地说，分子式结构是指在地里范围上划分成若干部分。比如，全球网络呼叫中心被划分成几个部分，而且这些独立的部分彼此配合着工作。这种分子式的组织结构比传统的企业更加灵活，是对于全球化的、动态的和知识型的经济时代唯一真正有效的组织方式。

3.高效的信息技术应用

数据和数据库技术对于UPS的发展起着深刻的作用。无论是在取件、分类还是递送的过程中，UPS利用从包裹标签上得到的数据进行配送层次上的计划，根据具体的路况为驾驶者设计合理的路径，随时增减分配车辆和人员。数据的合理利用可以使UPS的整条供应链变得更加灵活和流畅。

4.区域中心的管理与控制

这种分级结构可以把UPS划分成若干区域，因此可以使UPS这个庞大的组织机构无论在技术上还是在行政上都变得更加容易管理和控制。UPS是世界上最大的包裹递送公司，在全球200多个国家雇用32700名员工。直到2003年UPS在全球建立了若干个逻辑上的区域中心。在分布式的层次供应链网络管理下，每个区域中心进行独立的管理并且各区域中心之间彼此协调配合。

（三）海尔集团的供应链管理

1.海尔集团实行供应链整合的背景

海尔集团是世界第四大白色家电制造商、中国最具价值品牌之一。旗下拥有240多家法人单位，在全球30个国家建立本土化的设计中心、制造基地和贸易公司，全球员工总数超过五万人，重点发展科技、工业、贸易、金融四大支柱产业，已发展成为全球营业额超过1000亿元规模的跨国企业集团。而这种成功，在很大程度上要归功于海尔采用的"OEC、市场链、人单合一"管理模式。海尔"市场链"管理还被纳入欧盟案例库。海尔"人单合一"发展模式为解决全球商业的库存和逾期应收提供创新思维，被国际管理界誉为"号准全球商业脉搏"的管理模式。

1998年，海尔公司开始为满足每位客户的需求而提供个性化的产品，从而迈出了向国际化目标前进的步伐。为实现这一目标，公司确立了适当的合作战略，并在供应链管理方面选择了mySAP供应链管理（mySAP SCM）和相关的mySAP Business Suite解决方案。

2.海尔集团的供应链整合模式

SAP公司提供的ERP系统共包括MM（物料管理）、PP（制造与计划）、SD（销售与订单管理）、FI/CO（财务管理与成本管理）、BW（业务数据仓库/决策支持信息系统）等模块。ERP实施后，打破了原有的"信息孤岛"，使信息同步而集成，提高了信息的实时性与准确性，加快了对供应链的响应速度。如原来定单由客户下达传递到供应商需要10天以上的时间，而且准确率低，实施ERP后订单不但1天内完成"客户—商流—工厂计划—仓库—采购—供应商"的过程，而且准确率为100%。另外，对于每笔收货，扫描系统能够自动检验采购定单，防止暗箱收货，而财务在收货的同时自动生成入库凭证，使财务人员从繁重的记账工作中解放出来，发挥出真正的财务管理与财务监督职能，而且效率与准确性大大提高。

mySAP SCM的实施使海尔中央物流部实现了精益流程（一种同步物流模型，具有集中化订单处理功能），为13个产品部门提供支持。SAP R/3的财务和相关主数据处理能力采用mySAP SCM实现，包括mySAP供应商关系管理的生产计划、物料管理、仓库管理和B2B采购能力。mySAP SCM和相关的SAP解决方案在其他10个部门实施，并与其他系统无缝集成。mySAP SCM的仓库管理能力在42个制成品仓库中实施，从而使仓库转变为配送中心。经过这一阶段的实施，物料在被送到生产中心之前，在配送中心内的平均等待时间缩短到3天，制成品在这些配送中心的平均等待时间缩短到不足7天，而且运输和储存空间的利用率也得到了提高。几十个不同岗位的大约1,000名内部人员在使用SAP解决方案。MM（物料管理模块）、PP（生产计划模块）、FI（财务管理模块）和BBP（原材料网上采购系统）正式上线运营。至此，海尔的后台ERP系统已经覆盖了整个19个事业部，构建了海尔集团的内部供应链。

3.海尔集团的供应链整合效果

实施和完善后的海尔供应链管理系统，可以用"一流三网"来概括。"一流"是指以订单信息流为中心；"三网"分别是全球供应链资源网络、全球用户资源网络和计算机信息网络。围绕订单信息流这一中心，将海尔遍布全球的分支机构整合在统一的物流平台之上，从而使供应商和客户、企业内部信息网络这"三网"同时开始执行，同步运动，为订单信息流的增值提供支持。由于海尔物流管理系统的成功实施和完善，构建和理顺了企业内部的供应链，为海尔集团带来了显著的经济效益，为海尔集团后来的发展奠定了坚实的基础。

第三节　传统物流管理向现代供应链管理的转变

一、传统物流向供应链管理的发展历程

（一）早期的物流管理

物流管理起源于第二次世界大战中军队输送物资装备所发展出来的储运模式和技术。在战后这些技术被广泛应用于工业界，并极大地提高了企业的运作效率，为企业赢得更多客户。当时的物流管理主要针对企业的配送部分，即在成品生产出来后，如何快速而高效地经过配送中心把产品送达客户，并尽可能维持最低的库存量。美国物流管理协会那时叫作实物配送管理协会，而加拿大供应链与物流管理协会则叫作加拿大实物配送管理协会。在这个初级阶段，物流管理只是在既定数量的成品生产出来后，被动地去迎合客户需求，将产品运到客户指定的地点，并在运输的领域内去实现资源最优化使用，合理设置各

配送中心的库存量。准确地说，这个阶段物流管理并未真正出现，有的只是运输管理、仓储管理和库存管理。物流经理的职位当时也不存在，有的只是运输经理或仓库经理。

现代意义上的物流管理出现在20世纪。人们发现利用跨职能的流程管理的方式去观察、分析和解决企业经营中的问题非常有效。通过分析物料从原材料运到工厂，流经生产线上每个工作站，产出成品，再运送到配送中心，最后交付给客户的整个流通过程，企业可以消除很多看似高效率却实际上降低了整体效率的局部优化行为。因为每个职能部门都想尽可能地利用其产能，没有留下任何富余，一旦需求增加，则处处成为瓶颈，导致整个流程的中断。又比如运输部作为一个独立的职能部门，总是想方设法降低其运输成本，但若其因此而将一笔必须加快的订单交付海运而不是空运，这虽然省下了运费，却失去了客户，导致整体的失利。所以传统的垂直职能管理已不适应现代大规模工业化生产，而横向的物流管理却可以综合管理每一个流程上的不同职能，以取得整体最优化的协同作用。

在这个阶段，物流管理的范围扩展到除运输外的需求预测、采购、生产计划、存货管理、配送与客户服务等，以系统化管理企业的运作，达到整体效益的最大化。高德拉特所著的《目标》一书风靡全球制造业界，其精髓就是从生产流程的角度来管理生产。

（二）20世纪80年代

长期以来，企业一般采取"纵向一体化"的管理模式，以具有竞争优势的核心企业为中心，通过投资自建，投资控股或兼并等方式扩大企业经营规模，实现多元化经营。然而，"纵向一体化"的管理模式导致企业规模过大，管理效率下降，资源配置效率低，企业对市场反应迟钝。供应链管理模式最早是在20世纪80年代末被提出来的，是在美国迈克尔·波特提出的"价值链"基础上形成和发展起来的。随着市场竞争的加剧，企业的竞争动力从"产品制造推动"转向"客户需求拉动"，从原材料生产制造到销售，整个供应链条上的企业活动都由最终客户需求拉动，包括人力资源、财务、采购订单、生产计划、库存运输和销售服务等，企业逐渐放弃了"纵向一体化"的经营模式，转而实施"横向一体化"的新管理模式。由此产生的供应链管理是这种思想的一个典型代表，诸如敏捷制造（AM）、精益生产（LP）、柔性制造系统（FMS）以及计算机集成制造（CIMS）等方面的努力，到20世纪90年代现代化生产过程准时性、精益性和集成性等要求和实现水准也越来越高。在这种管理模式下，企业集中资源进行优势经营，利用社会分工，将其他的业务或经营环节交给协作企业来完成。通过利用企业外部资源快速响应市场需求，同时减少了因市场波动带来的不确定性。

基于物料需求计划（MRP）发展起来的制造资源计划（MRPⅡ），在20世纪90年代形成的企业资源计划（ERP）软件系统，在制造企业得到广泛应用，使得企业生产过程各环节的链接从物料供应、生产制造逐步扩充到整个企业各部门，乃至企业外部资源的链接。

（三）20世纪90年代

20世纪90年代以来，现代企业面临的市场竞争是国际化的市场竞争，竞争的内涵已经从产量竞争、质量竞争、成本竞争发展到时间竞争，日益反映了市场竞争内容的深入和广泛。

随着传统利润源的萎缩，为了进一步挖掘降低产品成本和满足客户需要的潜力从而寻找到新的利润源，人们开始将目光从管理企业内部生产过程转向产品生命周期中的供应环节和整个供应链系统。供应链管理这一新的管理理念应运而生，并逐步得到发展和完善。不少学者研究得出，产品在全生命周期中供应环节的费用（如储存和运输费用）在总成本中所占的比例越来越大，因此企业通过有效的供应链管理已经能够大幅度地增加收益或降低成本。惠普、爱立信、数学仪器公司、宝洁公司等世界著名大公司都已采用了这种管理新方法，并因此增强了国际竞争力。据宝洁公司透露，他们能够使其零售客户在一定时期内节约了数千万美元，其方法的实质在于制造商和供应商紧密地合作，共同创造商业计划来消除整个供应链中浪费做法的根源。实践表明，供应链管理这一新的管理模式，可以使企业在最短的时间内找到最好的合作伙伴，用最低的成本、最快的速度、最好的质量赢得市场，受益的不只是一家企业，而是一个企业群体，供应链管理可以被认为是21世纪企业利润增长的新源泉。几年的实践表明，供应链环节存储和控制不仅影响到产品的供应效率，而且影响到相当大部分的产品总成本，在供应链过程中提高效率、降低成本确实有很大潜力。

随着管理学前沿理论的发展，生产计划、经营策略、战略管理研究与实践不断地深入，战略设计变得非常流行，大量资源被投入到各种类型战略的研究实施。

20世纪80年代初步产生的第三方物流在90年代得到了较大发展。与制造企业对应的物料需求计划（DRP）、配送资源计划和物流资源计划也已提出并投入实践。

进入21世纪，经过了十几年发展起来的供应链概念和思想逐步形成了一些理论、方法和相应的计算机管理软件系统，在供应链建模技术、供应链管理技术和供应链管理支持技术等方面已经取得了巨大的进展，供应链管理模式日益丰富，正朝着集中计划与分散执行相结合的模式发展，供应链管理在不断深入发展，例如敏捷供应链管理（ASCM）等已经在研究实施中。

二、供应链管理与传统管理模式的区别

（一）传统管理模式的问题

传统的管理模式，依赖间断性的库存缓冲环节来促使生产过程的货流通畅，并对变化的消费需求提供可靠的反应。

（1）由供应链的每一个环节向上游转移，需求的不稳定性增加，预测准确度降低。库存商品增加，库存成本增大。同时，制造商和零售商们也已对某些物品的缺货现象习以为常。

（2）制造商和零售商对新的需求趋势反应迟缓。比如某种商品突然流行起来，并在商店里脱销，补货订单达到零售商的配送中心后，配送中心并不是采取更多的行动，而是在此商品降到最低库存水平，才向制造商发出订单。然后，生产计划部门开始计划新的生产。整个体系将无法及时抓住此次良机。传统体系由于采取沿着供应链向上游逐级转移的订货程序，没有和潜在的消费需求及时沟通，所以，往往无法做到更快地向市场供应产品。

（3）管理者对所有产品的管理抱着一视同仁的态度，对变化的与稳定的品类保持同样的库存水平，销量大的品类和销量小的品类都采取同样的物料处理方法。这样，减少分销成本的机会就丧失了。

（二）供应链管理与传统管理模式的区别

供应链管理于20世纪70年代后期在工业发达国家中兴起并迅速在全球发展传播，成为一种全新的管理思想和实践。供应链管理与传统管理模式的区别主要有以下几个方面：

（1）供应链管理把供应链中所有节点企业看作一个整体，供应链管理涵盖整个物流的、从供应商到最终客户的采购、制造、零售等职能领域过程。

（2）供应链管理强调和依赖战略管理。"供应"是整个供应链中节点企业之间事实上共享的一个概念（任两节点之间都是供应和需求关系），同时，它又是一个有重要战略意义的概念，因为它影响了整个供应链的成本和市场占有份额。

（3）供应链管理具有更高的目标。通过库存和合作关系去达到高水平的服务，而不是仅仅完成一定的市场目标。

供应链管理是一种系统的管理思想和方法，它执行供应链中从供应商到最终用户的物流的计划和控制等职能。供应链管理作为一种全新的管理思想，强调通过供应链各节点企业间的合作和协调，建立战略伙伴关系，将企业内部的供应链与企业外部的供应链有机地集成起来进行管理，达到全局动态最优目标，最终实现"双赢"或"多赢"的目的。由此我们可以看到供应链管理着重强调了三种思想："系统"思想、"合作"思想和"双赢"思想。这是贯穿供应链管理始终的三个核心思想，也是其区别于传统管理模式的根本所在。

1."系统"思想

供应链本身就是一个系统，整个系统在信息共享的基础上实现物流和资金流的顺利流动，实现系统的增值。系统观念的核心思想是不再孤立地看待各个企业及各个部门，而是考虑所有相关的内外联系体——供应商、制造商、销售商等，并把整个供应链看成是一个有机联系的整体。系统思想是供应链管理思想中的核心思想，是"双赢"思想和"合作"思想的基础。

2．"合作"思想

合作是供应链管理成功的最基本的要求和条件，是供应链管理的力量源泉，整个供应链竞争力的大小直接取决于供应链各节点企业间合作的程度。供应链合作伙伴关系不仅是"风险分担、利益共享"，还包括"信用互守、信息共享、团结互助"等含义。供应链管理的研究和实践表明：增加供应链节点企业间的联系和合作，实现无缝隙供应链（Seamless Supply Chain），能够有效地减轻供应链中的牛鞭效应（Bullwhip Effect）。

3．"双赢"思想

进入90年代，企业逐渐发现通过合作能提高整个供应链的总利润。因此，他们改变其经营策略为合作竞争策略，强调通过企业间的合作达到整个供应链的绩效最优。以此来实现各节点企业对利润的追逐。因此"双赢"思想是"系统"思想和"合作"思想得以贯彻实施的保障。

第四节　供应链管理的发展趋势

一、信息网络化

随着经济全球化深入发展，信息网络化已成为推动人类社会发展的强大动力。网络科技正在以其巨大的力量改变着世界改变着人类社会的方方面面。一方面信息网络化的发展给中国经济的发展带来了千载难逢的大好时机，另一方面也给中国的发展带来了严峻的挑战。信息网络的方便快捷使我们能更好地及时地掌握用户、制造商、销售商的信息，有效地操作资金流、工作流、实物流。21世纪，掌握信息你就掌握了主动权。供应链管理更应注重信息网络的建立和维护，建立信息网络，可以从各种渠道了解，掌握潜在客户的需求，特别是物流过程在运输系统的追踪、调查和反馈。企业需要投入大量的资金来建立属于自己的信息网，也可以与其他企业合作，共同建立大的信息局域网。通过信息网络，所有成员都能得到信息的共享，这样可以及时调整业务活动，及时对市场情况做出合理应对。在信息网络的建立过程中，更要保证供应链中服务业信息的通畅和更新，建立相关企业的信息网，更能给企业带来巨大利润。例如，大型超市可以和多家学校、保姆公司，餐馆合作，保姆是客户家中产品的最新反馈者，就像是一个潜伏的"余则成"，掌握客户信息，就掌握需求，就是掌握竞争优势。但是信息也有虚假、无用的缺点，这就需要在供应链管理过程中对获得的信息进行整理、分类并提取有用的部分。合理地利用信息网络，能使供应链管理的效率得到大范围的提升。

二、设计一体化

当下人们对物流系统和供应链管理系统的认知不足，认为物流就是单纯的产品装卸、配送、运输的流程，为了单纯追求运输的高效和快捷，单独建立部门来管理物流运输，而忽视了与其他部门的交流、合作，导致物流部门并不能提高整个企业的利润。在设计一体化的理念下，物流部门不再是独立于企业中的单个个体，而是产品整个过程中的追随者，物流经理必须要了解生产产品所需的原料、生产过程、销售、运输的所有过程，及时地对信息进行收集整理，能够对用户的反馈信息满意度进行收集，从而来设计、调整企业整个供应链的运作，特别是避免产品的高退换率，从而提高企业的整体收益。基于这一理念的物流行为，将零碎的产品信息、客户信息、运输过程进行整合，并与企业其他部门如销售、生产、财务等部门的协调合作，使产品的效用达到最大。

三、运输综合化

综合运输是国际货运的主要方式，每年运量超过相当于9300万件20英尺标准的货物。许多大型公司凭借所掌握的现代管理计划和高效运作技术，不断抓住新的联运机会。例如，美国以UPS、J.B.HANT为骨干企业的为数不多的企业集团，提供快速、便捷的物流服务。UPS是一家全球性的跨国快运公司，拥有独立的海、陆、空运输以及与国家铁路网联通的铁路专线运输，信息技术和装备设施先进，是全球唯一提供本土24小时送达、各国48小时送达的服务供应商，以迅捷著称。J.B.HANT公司则走一条不同的提供物流服务的道路：该公司专业提供集装箱陆、海联运，与目的地物流服务供应商以合作方式结成战略合作伙伴提供物流服务，是全球最具大宗货物运输价格竞争力的公司之一。我们可以看出，在发达国家，综合运输在物流运输中起到非常大的作用，而不仅仅是依靠单一运输方式。当下，我国的物流行业大量依靠铁路运输，辅之公路运输，并没有将运输综合化，我国拥有国际上最大的几个集装箱港口却没有与之相连的铁路，这些问题暴露出我国运输业面临的问题，一是基础设施总量明显不足，结构仍需优化，通道资源配置不合理，综合运输枢纽建设滞后。二是运输服务特别是道路运输服务效率和市场组织化程度低。国家对此也提出了综合交通运输体系规划来改进我国的交通现状。由此可以推断，我国的综合运输将会有很大的进步，对于企业来讲，合理利用综合运输，多种运输交替运作，是提高供应链管理过程中运输过程效率的有效途径，季候、水运资源、空运资源、公路和铁路资源将作为一个统一的相互连接的整体，为企业供应链管理提供全面持续的有效支持。

四、大量定制化

大量定制化包括低成本、高效、快速地向顾客运送各种定制化的产品与服务。大量定制化从顾客的需求差异化中获利，并在最大程度上满足客户需求，这需要供应链中各企业的共同合作，而不再是传统意义上的"一条龙服务"，它要求企业分工合作，通过信息网络收集的客户信息，及时反馈到各企业的生产线上，最后进行总的完工，这其中需要供应链子系统对信息的共享，对产品生产情况的及时反馈，并需要保证物流运输的通畅及时，涉及不同学科、不同领域、不同门类的先进方法和技术，并大量运用网络信息技术，供应链的部件生产与产品流通跨越多个公司或单位，需要管理者将供应链动态网络中不同模块进行协调。戴尔公司通过采用大量定制化的独特战略，成为全球个人电脑行业中一个举足轻重的公司。在戴尔的全球供应链系统中，用户可以提出自己的需求，戴尔再根据这些要求生产电脑。通过网络，使订单能及时传入生产线，确保库存能满足客户需求，降低了自身库存。同时，戴尔的供应商与它实施紧密连接，正是利用有效的信息技术，实现从订单接收到产品制作到货物配送一体式服务，并建立与供应商长期的战略合作的伙伴关系，降低了零部件在快速改变的电脑行业遭受淘汰的危险，实现在台式电脑市场的领先地位。

五、服务专业化

全球性的第三方专业物流公司是未来物流运输业的主力军，作为专业从事于物流运输行业的企业，它们拥有着供应链中其他企业所不具备的优势，它可以通过对客户的集成，管理精细的有序的"多点停留配送"，在遍及世界各地的供应商、制造商、销售商之间进行原材料、零部件、产品的采购和传递等业务，提供各种运送服务，极大地节约了运输成本，可以说，是第三方物流连接着通向最终消费者的整个供应链系统。合理利用第三方物流，能为企业节省大量的运输成本，是企业不用再特地建立自己的运输网络，能把资金利用到其他方面，特别是在运输少量产品上，第三方物流能极大地体现其优势，由此可见，第三方物流已成为厂商生产销售的一部分，是未来物流发展的重要趋势。

六、方式创新化

供应链管理是适应现代生产方式而产生和发展起来的现代流通方式，反过来，它的不断完善和水平的提高又加速了现代生产方式的发展。现代生产方式是依据比较优势的理念，以现代信息技术为手段，以企业的核心竞争优势为中心，实现全球化的采购、全球化的组织生产和全球化的销售。于是现代物流成为现代生产方式连接的枢纽，与现代物流共生的供应链管理成为现代生产和现代物流的有力工具。

流通方式在传统称谓上一般称为批发和零售。在电子商务的环境下，批发被称为B2B，零售被称为B2C或C2C。应该说B2B即传统的批发在社会商品的流通占据相当大的份额，对社会资源的配置起到巨大的作用。实际上在流通方式的革命中，我们一直都希望自己的商圈相对稳定，并积极寻求这一路径。

供应链管理为我们提供了这一方法，所以说供应链管理是现代流通方式的创新，是新的利润源。在供应链中，上下游企业形成了战略联盟，因此它们的关系是相对稳定的。它们通过信息共享，形成双赢关系，实现社会资源的最佳配置，降低社会总的成本，避免了企业间的恶性竞争，提高了各企业和整个供应链及全社会的效益。供应链向我们展示了现代的全新的流通方式。

供应链的管理涉及方方面面的内容，主要包括资金流的管理、信息的管理、订单的满足、生产的排程等，对供应链的管理可以说是包罗万象，有人基于供应链研究物流，也有人基于供应链研究信息流。

以管理信息流为例，供应链的管理过程与信息系统是息息相关的，由于供应链已经不再涉及一个企业内部的事情了，而是包括整个供应链中的多个企业，但是这些企业可能分散在不同的地区，因而要保证整个供应链的效率，就必须要保证相互的相关信息的透明和及时传递。上述这些都是离不开信息系统的，但信息系统的实施应建立在组织业务流程梳理的基础上，而且这个梳理过程最好能够在系统布局之前，如果没有先做业务流程的梳理，在上线时也要尽量趋于一致，否则在系统中很难对变更进行管理。因此供应链管理最终都会落到信息系统上，不过信息系统的有效一定是需要进行流程的固化和优化的，这个道理同样适用于集团化公司各运营分机构分布在不同的地区，存在不同的管理体系和管理要求，这些都需要考虑流程梳理和整合。

再比如供应商质量管理，我们需要思考的是如何解决，而且是彻底的解决，而不是头疼医头，脚痛医脚，从全面的系统的角度来展开如何全方位地管控供应商的质量。BSI基于各企业的最佳实践总结出的供应商质量管理的3+2模式。这里的3是指对供应商的质量资质管理、供应商质量能力管理和对供应商质量绩效的管理，2是指对供应商的审核和对供应商的辅导及改善。对供应商的审核和辅导这两个方面贯穿于对供应商资质批准、质量能力和质量绩效这三个过程中。

第五节　大数据与供应链的合作模式

一、大数据时代对采购和供应链带来的挑战和机遇

首先，商务环境和商务模式变得越来越复杂，且更加动荡、多样和个性化。其二，电子商务业务模式的飞速发展打破了国家疆界，使得跨境业务速增、商业活动频繁，同时伴随着数据量的剧增。其三，大数据应用处理成为企业和社会竞争发展的重要焦点。其四，有效挖掘大数据成为时代面临的重要课题。最后，许多企业对大数据的重要性认识不足，没有充分了解其价值。下面是一些机构对大数据的调研、认知和应用研究，从不同的方面展示了其发展现状。

（1）Gartner公司在一份名为《2013年大数据普及程度背后的炒作》的报告中指出：

在受访企业中，有64%正在或是即将进行大数据工作，但实际的状况却不尽如人意，其中很多企业并不知道它们能够使用大数据做些什么。2012年，有27%的企业开始从事大数据相关的工作，有31%计划于两年内展开大数据项目。而2013年，有30%的企业已经引入了大数据，计划参与的企业比例也增至34%。造成这一现象的原因是不少企业都认为大数据能够帮助它们提升用户体验、改进企业效率或是发现新的商业模式或产品。56%的企业不知道如何从数据中获取价值；41%的企业无法将这项技术与公司战略结合起来；34%的企业缺乏大数据的处理能力；33%的企业难以整合多样的数据资源；29%企业的基础架构遭遇挑战；27%的企业面临隐私和数据安全问题；26%的企业在对大数据项目投资上存在疑惑；甚至还有23%的公司不知大数据究竟为何物。

（2）Supply Chain Insights Research Firm 公司对有关大数据与供应链管理的研究调查得出以下数据：

①正在进行的大数据项目中，有36%的组织目前有一个跨职能的团队来为其供应链评估大数据的潜在价值。

②项目通常由首席信息官CIO负责。评估供应链大数据使用和分析技术的团队领导是CIO的占47%，是业务部门领导的占21%，具有一个跨业务职能管理团队的占21%。

③企业的信息管理系统的复杂度高，通常有多个系统支持它们的供应链，因此数据量巨大并且整合困难。

④数据增长快，8%的受访者在单个数据库里具有PB（千万亿字节）级别的数据，47%的受访者预计未来5年内在其数据库里具有PB级别的数据。而且在那些正在进行大数据项目的企业中，有68%预计在5年内其数据库里具有PB级别的数据。

5.在企业自我评价使用不同的数据类型的能力方面，应用最好的数据来源于传统供应链的事务处理数据（有58%的受访者使用该类型数据，说明该类数据仍是企业最熟悉的）、新型的地理与地图数据（有47%的受访者使用该类型数据）和产品的可追溯性数据（有42%的受访者使用该类型数据）；其次是物联网上的各种设备数据（有28%的受访者使用该类型数据）和运动应用数据（有26%的受访者使用该类型数据）。调研显示受访者对结构化数据类型的掌握程度更高。

6.大数据举措当前的重点是对供应链的可视性，但未来却是投向需求数据。预期的收益越大，现行绩效评级就越低，这一点体现在需求数据的领域。由于更加熟悉交易数据和供应系统，具有较长供应链和跨多个边界的零售商表示，着重于供应链的可视性被认为是最为重要的。

在此之后，Supply Chain Insights Research Firm又做了进一步的量化研究，目的是了解和研究供应链的领导者们正在构建的驾驭大数据的能力。这个研究是基于123家制造商（占受访企业的59%），零售商（占受访企业的26%），批发商/分销商/合作商（占受访企业的12%）和第三方物流提供商（占受访企业的2%）的一项在线调查。受访者中31%是供应链团队（是团队成员的占15%，是负责人的占 12%，是其他岗位的占2%，是支持人员的占1%）；25%是IT团队（是IT总监的占15%，是首席信息官的占3%，是负责人的占3%，是经理的占2%，是系统管理员的占1%）；44%为其他团队（是销售团队的占16%，跨职能业务领导的占10%，是财务的占7%，是BI分析员的占3%，是市场人员的占2%，是其他的占6%）。

调研显示出大数据的应用更多的是一个机会，而不是一个问题。认为有机会的占76%，毫无概念的为11%，而在大数据方面存在问题的有12%。尽管数据库在不断增长，但可以被管理，然而，最大的数据库不是企业资源规划（ERP）数据库，而是在产品的可追溯性数据的领域。受访者中已经启动一个大数据应用项目的占28%，另外37%的受访者有计划开展大数据项目，其余20%没有开展大数据活动的计划。那些认为有机会应用大数据的受访者认为，大数据应用的最大机会在于对相关新型数据的管理，而不是对数据的体量或速度的管理。那些打算开展大数据项目的受访者中，准备当年就开展的占9%，1～2年内开展的占53%，3～5年内开展的占31%。

关于供应链重点要素中，目前排在前3位的分别是：需求与供给的易变性（51%），应用大数据的能力（43%），人才问题（34%）与业务增长速度（34%）。到2020年，驱动供应链成为卓越的前3个趋势的分别是：数据可视化（46%），增强供应链的可视性（39%）和大数据（37%）。目前大数据的应用还是处于起步阶段，未来更多的机会与应用是出现在"需求"领域。需求计划、订单管理和价格管理位列前3位，是目前从大数据中获益最高的领域。可见，目前在供应链上应用大数据的重心更多的是靠近市场的需求端和营销领域，相对于采购与供应领域，市场需求领域更多地首先开展了大数据的应用，许多企业也已经收获颇丰。因此，在采购与供应领域应该努力迎头赶上时代的步伐，利用大数据为企业和供应链的供应做出更大的贡献。有了充足的数据，若将其转变为价值还必须有好的方法和先进的工具。在供应链上，大数据最突出和最能转化价值的应用是借助于商务智能BI软件系统和供应链管理SCM软件系统来实现。

二、大数据环境下采购和供应链管理中的商务智能技术应用

今天，客户需求的个性化特征越来越突出，电子商务和互联网营销已全面普及，多样化的营销方式随之不断涌现，移动互联网与社交已逐渐进入社会生活与工作的不同层面，而传统的管理模式和手段却已很难把握和管控需求的变化。

大数据时代，消费者能够选择购买完全客户化的商品，或从一个可供选择的环境下自行定制商品，例如在网上购买计算机商品时，消费者可以根据自己的需要和喜好定制化购买；对于商家来说，为了扩大销售范围、增加市场份额，他们通常采用特殊的促销策略，将多种相关联的商品实行深度捆绑和关联销售。个性化驱使商品的生命周期越来越短、淘汰率不断增大，迫使新品推出越来越快、越来越多；在某些特定的时间点，电商们会采取大面积的降价销售手段，例如双十一、圣诞节等，引发消费者大规模的购买行为。通常，在社会与市场的新环境、新形式下会涌现出新的商业业态、模式和行为等，这些都为供应链上的需求与供给平衡匹配带来新的难题，使得企业更难以掌握市场需求与资源整合，导致需求与供给失衡，预测不准。当需求信号传递滞后使得采购与供给计划赶不上需求变化时，就会造成库存大量积压的同时还常常出现库存短缺的现象。这样一来，成本的上升吞噬了盈利。

对于这些难题，企业可以充分利用大数据技术，基于已有的业务数据，运用商务智能BI和供应链管理SCM等信息化技术，对各项关键业务进行深度的挖掘与分析，掌握其特性与特征，发现改进的机会并对其进行优化，从而实现由粗放管理到精细管理的转变。对于改进的业务可以落实在采购与供给业务的各项工作和各个方面，目前应用较多或收获较大的环节主要表现在需求预测、采购战略和业务规则的制定、采购业务的分析与改善、供应商的管理、库存占有量的降低、日常业务可视化监控和预警等方面。

三、大数据环境下采购和供应链管理的优化与决策

日益复杂的商业环境使供应链网络结构的合理性问题成为当前供应链管理的一个重要难题，也是企业供应链管理面临的一个全新挑战。企业与供应链管理人员面临着不断提升客户满意度、迎接全球化经营的挑战，它们希望能不断地扩张业务并占领更多的市场，能开发和生产更多更好的产品，在最恰当的时间和地点，以最低廉的成本、最优惠的价格、最好的状态与质量为最合适的客户提供最佳的商品和服务，能有效地识别和确定供应链策略来实现成本与服务的平衡，并以此获得自身的利益最大化。长期以来，企业与供应链的管理者苦于缺乏有效的管理方法和技术手段，无法实现科学与正确的决策与优化，来指导业务实现最佳运营，比如：

在原有的服务水平基础上，原料/零部件应从何处获得成本最低？如何在保持该成本基本不变的情况下提升服务水平？

应采取什么采购策略来平衡既定的成本与服务？

是自行建立仓库还是由供应商建立仓库？设在何处最合适？

仓库里的货物应该为哪些生产或经营点供货？供应多少并以什么方式供给为最佳？

如果投入新品或开拓新市场，如何整合现有/新供应商的能力支持目标生产产能？

在季节性需求将增加时应提前储备多少库存存货？

当供给能力出现不足时是开拓现有供应商供货能力还是寻求新供应商？

应该在哪些工厂（DC、仓库等）生产（配送、存储等）哪些产品？分别生产（配送、存储）多少能够实现价值最大化？

是否要增加（或减少）经营设施（工厂、仓库、DC、服务中心、门店等）？

仓库（DC）里各种物资的库存策略怎样制定才能最大限度地降低库存和减少缺货？

某个供应商（工厂、DC、仓库）应该给下游哪些节点提供供给？供给什么？分别供给多少利润最大？

整个分销与配送网络应该设置几级库存？分别是怎样的库存量设置才能即时满足市场需求，又同时实现网络库存最小化？

应该怎样定价和用什么方式的促销才能以最低的成本增加销售额？

上述问题的复杂性在于其涉及极多因素和这些因素之间的平衡，想要通过"拍脑门"的人工方式或简单的计算根本无法解决。要想对这些问题做出最优化的决策，必须有大数据为基础，用BI分析提炼数据，有供应链管理系统的模拟优化功能对整个供应链网络或某些局部环节进行模拟优化。模拟优化的对象可以是事件、设施、路径、流程、产品、运输、节点等，也可以是这些元素组成的网络以及相关的业务，既可以是单目标优化，也可以是多目标优化。

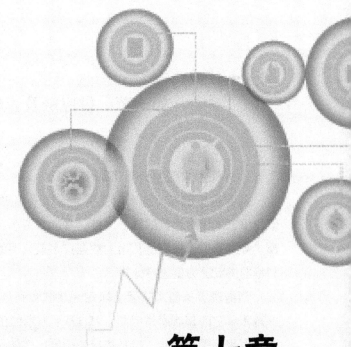

第七章

大数据与人工智能带来的管理革新

第一节　供应链及管理如何应用大数据

一、利用大数据分析市场与需求

随着供应链变得越来越复杂，必须采用更好的工具来迅速高效地发挥数据的最大价值。供应链作为企业的核心网链，将彻底变革企业市场边界、业务组合、商业模式和运作模式等。其中，供应链利用大数据技术最典型的实例就是分析市场与需求，下面就以联合利华的供应链为例进行分析。

当消费者从超市货架上取走一瓶联合利华生产的洗发水对联合利华（中国）来说，就意味着它的1500家供应商、25.3万平方米的生产基地、9个区域分仓、300个超商和经销商都因此而受到牵动。这是构成公司供应链体系的一些基本节点。它的一头连接着来自全球的1500家供应商，另一头则是包括沃尔玛、乐购、屈臣氏和麦德龙等在内的总共约300个零售商与经销商所提供的超过8万个销售终端。每当消费者买走一件产品，联合利华整条供应链的组织运转就会受到影响。

（一）深度数据挖掘与需求分析

不同于家电、汽车等耐用消费品比较容易预测消费趋势和周期，快速消费品行业由于其消费者的购买频次更高，消费结构更为复杂，以及销售过程中充满许多不确定性，企业较难对它做出需求预测。最头疼的情况是大客户采购，这种情况可能使超市的现有库存顷刻间耗尽。为了避免类似的手忙脚乱，又不想增加库存加大成本，更不想丢失客户，联合利华需要准确地预测未来的销售情况。每天，分散在全国各地的业务人员巡店后，将销售数据输入到一个手持终端，源源不断地把销售情况汇总到公司的中心数据库里。与此同时，直接与公司总部数据库对接的诸如沃尔玛POS机系统和经销商的库存系统等，将店里的销售和库存数据及时反映到公司的中心数据库中，使不论上海中国总部还是伦敦全球总部的管理人员，都能了解到中国超过1万家的零售门店在任何一天内的销售情况和业务数据。其余还有7万多个销售终端，数据更新以周为单位，这些大样本的数据来源，可以保证销售预测的波动（例如令人头疼和难以预料的团购情况）能被控制在合理的范围水平内。

但仅仅通过汇总购买行为这类数据，还不足以准确预测出未来一段时间内的需求，那些代表预测销量和实际销量的分析曲线，只是依赖数学模型和复杂的计算完成了理论上的工作，还需要做进一步的分析。这就需要其他的业务数据，例如对某产品制订的促销方案是降价还是买赠、在某时段内投入了多少宣传力度、覆盖了多少区域或渠道等，都会影响到该产品最终增加的销量，同时还要与其他业务部门如生产、采购、财务、市场等团队进行协同，共同利用这些数据，预测和分析结果。

联合利华按照16个品牌的产品形态划分出四大业务类别，每个品类都有一个团队来预测产品的销售情况，并分析进一步影响采购、生产环节的实际运作。当洗发水以瓶为单位售出后，采购部门得到的信息则是原材料A和包装材料B又将会有新的需求，在系统里一瓶洗发水会被分解成40多种原材料，这些数据会落实在其物料清单BOM上。

（二）全球协同采购

按照公司实行的全球化范围的采购与生产体系，消费者购买行为对采购、生产的影响就是全球性的。目前，公司旗下400多个品牌的产品在六大洲270个生产基地生产，所有涉及原料和包装材料的采购问题，包括采购地和供应商的选择，以及采购规模与频次的安排，都是由全球统一进行调配。这种全球化的操作将在成本集约上体现出规模效应，但同时也对公司的供应商管理水平提出了挑战。

公司在上海成立了全球采购中心后，从中国向全球出口原料及成品，这里生产的牙膏最远销售到智利，中国的供应商总数规模在1500家左右。利用大数据与业务分析，一些能够同时提高合作方效率的合作会在这里开展：一些在内部被评定为A级的供应商被视作战略合作伙伴，它们会为生产提供定制化的材料，而自己的设计与研发人员也会对供应商的设备、流程等十分熟悉，双方会针对一款新产品在很早期就开始合作，联合利华会从技术方面对供应商提供指导。联合利华利用大数据对供应商进行管理，有一套全球共同执行的标准。一个跨部门的管理团队每年会重新审核供应商等级，对A级供应商更是到场审计两次，不仅是技术水平、产品质量、资金规模等常规指标，还包括绿色、环保、用工条件等社会责任方面的情况，如果在其中哪个方面没能达到要求，就将面临从采购名单里消失的风险。

（三）高效协同生产

每当商品售出时，生产部门就要和计划部门对接对售出产品的数据做出响应。根据售出产品的相关数据，生产计划经理进行分析并做出决策。除了通过需求计划经理得到需求预测，还必须获得其他业务信息，例如通过采购团队掌握所有供应商的交货能力，通过工厂负责人了解目前生产线上的实际产能等。然后，将这些信息汇聚在一起统筹分析，做出下一段时期内的产能供应水平。

根据这些大数据，工厂最终制订出生产安排，指挥一个年产值为140亿元的生产系统在每一周、每一天里如何调度它的每一家工厂、每一条生产线、按照速度和专长的不同安排生产（洗发水生产线就有十多条），完成300多个规格（SKU）的洗发水生产，以尽可能达到产能最大化，以满足那些分散在全国各地甚至世界其他地区不断增长的购买需求。

关于消费者打算在何时何地购买这瓶洗发水的行为，将给联合利华的分析人员带来一道复杂的统筹学问题。

（四）渠道供应链管理

联合利华在全国设有9个销售大区，首先成品从合肥生产基地的总仓发往上海、广州、北京、沈阳、成都等9个城市的区域分仓。为了保证这瓶洗发水能够准时到达最终的货架，分销资源计划员既要规划路线，又要考虑库存成本和各条运输线上波动的运输能力。比如，春节将是联合利华产品的销售旺季，而临近春节时往西方向的铁路线会很拥挤，公路运输也比较忙，这还考虑很多发生在路上的临时突发的状况。因此，必须有充足的数据进行详细周密的分析，并与其他业务部门协商，做出例如"规划如何在西区提前建立库存"等的决策。

联合利华用活了数据，从超市货架上每个产品的变化，一直到自己的供应商，这是一条能产生出高价值的数据链路，而利用链路上每一节点的数据来优化和改进业务，使得业务运营获得了骄人的成绩。例如通过对缺货的分析，找出导致一瓶洗发水在货架上缺货的真正原因：是门店方面没有及时下单，还是系统虚库存，又或者是因为库存堆放问题等，找到了真正的原因改进了缺货率，使其重点门店的货架满足率提高到了98%，上升了8%（货架有货率每提高3%，就会带动产品销售提高1%）；又如与超商启动了回程车项目优化，在联合利华合肥总仓、乐购嘉善总仓、乐购合肥门店之间，把双方的取货、发货和运输线路放在一起进行分析和优化设计，减少了返程时的空车率，节约了10%左右的物流成本，同时也完成了公司对碳排放降低的要求；再如，通过分析与优化，提升了服务效率和客户的投资回报率。2011年联合利华的这一排名从2004年的20名之外上升至第二名，实现了它"赢在客户"的目标规划，无论在它的销售、采购、库存、生产，还是在物流等方面的业务都有了很大的提升。

二、利用大数据进行供应链决策

有效的供应链计划系统集成企业所有的计划和决策业务，包括需求预测、库存计划、资源配置、设备管理、渠道优化、生产作业计划、物料需求与采购计划等。企业根据多工厂的产能情况编制生产计划与排程，保证生产过程的有序与匀速，其中包括物料供应的分解和生产订单的拆分。在这个环节中企业需要综合平衡订单、产能、调度、库存和成本间的关系，需要大量的数学模型、优化和模拟技术为复杂的生产和供应问题找到优化解决方案。所以利用大数据技术来对供应链决策进行辅助与优化是非常有效率的，下面就以福特公司为例进行分析。

为了增强竞争力，福特公司采用业务数据和优化工具成功地与它的数千个供应商和服务商实现了紧密的业务连接。福特公司在全球有4000多个供应商，为它分布于全球的100多个制造工厂供货。福特的目标是渴望能有一种好的方法来优化其复杂的、覆盖全球的供应与生产网络，采用互联网将其汽车生产的供给业务、供应商和服务商连接在一起，直接与供应商和物流服务商交换并共享发送物料与生产计划的信息。它采用供应链优化建模的方法，可以同时对一个接近无限元素的数据类组进行筛选和评估，在此基础上进行优化，为福特提供一个可选择的基于排序的决策流程。

优化系统在获得与部件和生产业务相关的数据后，产生一个优化的、与福特预定的供给业务优先权相吻合的优化供给流程。这些优先权因素可以很容易地被引入到每一次的模拟运行中，这使福特能够平衡供应链网络中的元素和细微的差异，从而提供了具有"what if"的高级分析功能。

例如，某些生产计划经理可能打算在他们的工厂里实施特殊的策略和处理过程来接收和管理库存与部件，如在自己的仓库里保持少于2个小时的库存量这样的策略。在实施这些业务变革前，可以在优化系统中插入约束因素，然后通过该系统观察约束因素对供给成本和网络中其他因素产生的影响。运用这种优化方法，福特公司就可以做出优化的决策。例如，"如果花费了X去做某事，是否能够得到大于X的价值呢？""在供给网络中，这是一个正确的业务决策吗？"。

福特公司的网络相当复杂，全球供给部门雇用了300名左右的物流专业人员从事将进货物料运送到装配点，将汽车从工厂送给经销商和全球客户等业务。总装厂的整车平均需要大约2500个部件。接近4000个全球供应商运送零部件和组件到31个生产发动机和转速器的工厂、13个冲压厂和54个装配厂。从那些装配厂，整车被运往200多个国家的20000多个经销商处。福特每年65亿美元的运输费用实际上包含了所有现有的现代化的运输模式。

为了更靠近客户，福特转向了面向订单的生产，由消费者驱动业务环境和采用精益制造的生产方式，它希望物流部门能提供一个建立在潜在资源基础上的"完善的、及时的和可重复的物流成本评估方案"。另一个期望是在计划中，实现将进货物流与同步化的物料流集成在一起的目标和策略。这样做面临的挑战是美国铁路系统在服务方面的欠缺，运输形式需要转向公路运输。

然而，工厂一级的阻碍经常破坏了计划的执行，例如进货卡车无法在预定的地点卸货，无法直接将部件和组件运送到各个装配线上的问题常有发生等。福特清楚地了解到，它必须将自己的物流流程与物流伙伴的流程紧密集成在一起，才能实现这一目标。福特的物流服务商包括Penske、Worldwide Logistics、FedEx和Autogistics（UPS的一个分公司）等，福特认为与这些服务商无缝集成业务的基础是信息的集成与共享。

福特在三个阶段上对缩短新车型项目的供给进货周期做了优化，即战略阶段、战术阶段和运作阶段。战略阶段包括资源决策，例如，由一个工厂变化而产生的多种资源方案、货币与贸易问题、市场问题等。然后，这些信息被输入到一个策略模拟制订方案中，供应与物流成本在这一模拟过程中被评估后，再反馈到战略优化过程。当资源决策方案确定后，运作计划过程就开始了。福特将其物流需求提供给那些领先的物流服务商，由它们通过设计物流网络来支持该计划。这个系统不仅使福特能快速、灵活地适应变化的情况，还增加了对供给策略的可预见性。

最具影响的是以最小的总成本优化北美装配厂的物料进货越库作业（cross-docking）的数量和理想位置，福特对相关成本因素和供应链网络的影响与约束进行了建模分析。对于21个装配厂、1500个供应商和46000个不同的进货零部件和组件，优化系统在特定的假设下进行模拟。根据需求量检查了供应商的位置和需求点后，福特原准备在供应链网络上设置45个配送中心作为越库作业的场所，经过近2个月时间的建模和模拟分析，优化方案只要求15个越库作业场所，大大节约了成本。

随后，进入了"what if"分析阶段，需要考虑在什么地方引入其他的资源，例如来自于福特企业内部其他地方和外包商的资源。全球供应链技术部门在改变成本、数量、频率和其他因素的情况下，运行了40多个模拟方案并进行求解。对每一个方案，从模拟变化到生成适应业务环境的结果，大约需要一小时的时间。

同时，数据采集与优化也是一项关键工作，供应链网络中点与点直接平滑顺畅的数据流对于优化过程是非常重要的。最初，由于缺乏对大数据进行收集存储与分析处理的工具与能力，传统的优化工作中所花费的时间比例为：90%的努力是用于收集和输入数据，5%用于过程分析，其他5%用在输出结果。但采用优化系统后，这一比例发生了显著的变化：优化工作的5%用在数据的处理与输入、5%用在过程分析、5%用在输出结果、75%用在对结果进行分析。其余时间被用于回顾优化过程和对方案进行选择。正如Koenigbauer评论说："现在，我们用75%的时间分析来自优化系统的输出，思考下一个方案对我们的业务真正意味着什么。我们还具有与其他业务部分集成的能力，能与我们内部的同事协调解决物料送达到工厂的问题。""如果你有一个相当好的供应链网络，简单地利用优化系统，就能将效率提高20%~30%。在进货物料项目中，我们不仅节约了运输成本，而且在交货频率明显增加的情况下保持运输成本不变。我们从每天平均22%的零部件进货率增加到每天97%的进货率。这对福特来说是一个巨大的效益。"

第二节　大数据变革供应链的方向

大数据可以为供应商网络（Supplier Networks）提供更好的数据准确性（Accuracy）、清晰度（Clarity）和洞察力（Insights），从而在共享的供应网络中实现更多的情境智能（Contextual Intelligence）。有前瞻目光的制造商们正在将80%或更大比例的供应网络经营活动构建在其企业外部，它们利用大数据和云计算技术来突破传统ERP系统和供应链系统的局限性。对于商业模式基于快速产品周期迭代和产品上市速度的制造商，传统的ERP/SCM系统仅仅是为了完成订单交付、发运和交易数据而设计的，这样的传统系统的扩展性极其有限，根本无法满足当下供应链管理所面临的种种挑战，已经成为企业供应链管理的瓶颈。

如今的制造商都立足于在准确性（Accuracy）、速度（Speed）和质量（Quality）方面开展市场竞争，这一定位迫使企业的供应商网络必须具备一定程度的情景智能的能力，传统的ERP/SCM系统是无法帮助企业达成这一竞争目标的。然而当今大多数企业还没有将大数据技术引入其供应链运营当中，下面就大数据变革供应链的方向的要素做简要分析。

一、情境智能

目前，由供应链产生的数据的规模（scale）、广度（scope）和深度（depth）都在加速增长，为情景智能（contextual intelligence）驱动的供应链提供了充足的数据基础。在核心交易系统范畴内，传统的ERP、SRM和CRM系统通常在企业内部的数据量（Volume）是很高的，但是这些数据放在整个数据源框架下只占了很小的比例。大数据驱动的供应链管理（Big Data Driven SCM）需要首先理解供应链中的四种行为：买（buy）、卖（sell）、移动（move）和存储（store）。这四种行为对应四种SCM杠杆（SCM levers）：采购（procurement）、市场（marketing）、运输（transportation）和仓库（warehouse）。如此复杂的数据关系，如果不借助大数据分析的技术是无法将其转化为企业供应链可利用的价值的。现在的企业往往收集大量的数据却不知道如何利用，所以企业必须将数据不再看成信息资产而是战略资产，也就是说在所有企业都在努力收集这些供应链数据的大环境下，拥有大量数据已经不能成为企业绝对的竞争优势了；企业如何通过其独特的信息使用战略（大数据驱动的供应链管理）才是建立更有力的供应链竞争优势的途径。

二、进化为知识共享型供应链价值网络

驱动更为复杂的专注于知识分享和协作的供应商网络，从而让供应商网络不仅仅是完成交易而是带来增值。大数据正在变革供应商网络在新市场和成熟市场中形成、增长、扩张的方式。交易不再是唯一的目标，创建知识共享型的网络更为重要。

三、供应链能力的提升

大数据和高级分析技术正更快速地集成到供应链能力（Supply Chain Capabilities）当中。德勤的调研显示，当前使用最多的前四种供应链能力为：优化工具、需求预测、集成业务预测、供应商协作和风险分析。

四、供应链领域的颠覆性技术

64%的供应链高管将大数据分析看成颠覆性的重要技术，这是企业长期变革管理的重要基础。

五、优化整合供应链配送网络

利用基于大数据的地理分析技术（Geoanalytics）来整合优化供应链配送网络。波士顿咨询公司在文章《大数据如何在供应链管理中有效的应用》中解释了大数据是如何在供应链管理中应用的。其中一个案例解释了如何利用地理分析技术（Geoanalytics）规划两个供应链网络的优化和合并，通过结合地理分析技术和大数据技术解决了这一领域中最大的服务问题，极大地减少了有线TV技术的等待时间同时提升了服务精准性。

六、供应链问题的优化

对供应链问题的优化。大数据可以帮助企业将对供应链问题的反应时间提升41%，将供应链效率提升10%甚至超过36%，跨供应链的整合提升至36%。

七、供应链运营的整合

根据供应链运营的整合分析发现，将大数据分析集成到供应链运营中可以将订单满足周期提升4.25倍、将供应链效率提升2.6倍，这是一对个非常惊人的数据，说明通过供应链运营的整合可以极大地提高供应链整体的效率。

八、供应链财务指标的追踪

对供应链战略、战术、运营更深入的情境智能应用，正在影响公司的财务指标。供应链可视化，通常是指能够清晰地看到供应链网络中供应商的多层次结构。经验告诉我们，通过供应链决策的财务结果追踪回财务指标是可行的；而且通过将大数据应用与财务系统集成，提升行业快速的库存周转率是非常有效的。

九、产品质量追踪

产品追踪和召回本质上都是数据密集型的，大数据在这方面的潜在贡献是显著的，因此不加以详细叙述。

十、供应商质量提升

通过基于大数据的质量控制可以提升供应质量，这同时也是大数据分析非常擅长的领域，通过大数据实施生成和追踪，可以随时随地追踪到每一位供应商，这样对供应商的质量提升有非常大的帮助。

第三节 大数据下的智能管理

在21世纪，大数据正成为组织的重要资源。随着信息技术和互联网的迅速发展，信息采集、传播的速度和规模达到空前的水平，实现了全球的信息共享与交互，现代通信和传播技术，大大提高了信息传播的速度和广度。通信网络已经成为信息社会必不可少的基础设施。它克服了传统的时间和空间障碍，将世界更进一步地连接为一体。

信息时代出现的数据爆炸、信息泛滥及噪音化趋势，使人们难以根据自己的需要选择、收集所需的信息，系统或个人所接受的信息超过其自身的处理能力导致信息不能有效利用的状况，称为"信息爆炸"（Information Explosion）。随着管理信息系统和大数据技术的应用，知识的增长速度又进一步加快。而大数据得到的大量知识具有多样性、粗糙性、时效性和分散性等特点，需要靠专家经验进行鉴别、筛选才能有效利用。当产生的这类知识数量很大或者表现形式可解释性差时，人工识别变得非常困难。另外，识别出的知识随着时间的推移也会失效，同时新的知识也在不断产生，而且，应用过程中知识是被动地利用，不能主动提供给需要的人，而用户无法识别边界条件，导致人工审计大量知识的成本高，工作量大，周期长。从上述分析可以看到，有效管理大数据获取的知识并非易事，庄子"人生也有涯而知也无涯"的矛盾深深地困扰着现代人。

如何有效利用大数据获取的知识，弥补目前知识管理实施中遇到的问题，尚未引起学者足够的重视。大数据获取的知识是将隐藏在数据库和互联网中的规律，通过深入挖掘分析而得到的，它很难用显性知识或隐性知识来描述其特征。因此，当前知识管理理论和方法还没有探讨如何有效地管理上述由大数据获取的知识。而大数据领域的专家大都把数据建模后得到知识作为大数据流程的结束，对获取的知识如何有效选择、运用没有进行足够的分析研究。知识管理和大数据的智能融合研究对持续提高组织的决策水平，提升企业的核心竞争力有着重要的意义。

大数据下的智能管理将探讨如何利用可能的技术手段，构筑一套系统化方案，使信息爆炸转化为知识的智能化个性服务，从而提升组织及个人的信息利用能力，提高决策水平。传统的智能知识管理从算法、过程、结构等方面，强调以IT为工具对现有知识的管理，研究对象是"智能的知识管理系统"，研究的侧重点侧重于管理平台功能的智能性，缺乏对从大量数据和信息中获取知识并进行管理的系统研究和知识整合利用的方法的设计，忽视知识本身的智能化。当知识数量巨大时，这种智能的知识管理平台难以胜任，必须让知识自身具备一定的智能，进行自我管理。

因此从数据本身入手，参考复杂性科学理论，研究大数据获取的知识的特点和统一表达，使知识本身具备记忆、学习、识别等智能性，是减轻知识管理平台压力、降低信息爆炸的一条新路。智能知识是指通过大数据技术得到的，通过人机交互的处理后具有记忆、识别、自我更新和消亡等智能特征的有价值的知识。

智能知识管理（Intelligent Knowledge Management，IKM）是引入心理学、复杂系统、人工智能等理论和技术，对通过大数据技术获取的原始知识（粗糙知识）与主体知识（规范知识、经验、领导意图、企业情境等因素）相结合，并利用人工智能技术对其进行过滤、筛选、提取、存储、转化，以智能地支持企业有效管理决策的管理过程。它是在有用知识的基础上进行智能化处理，孵化出自身具有智能特点的知识并实现自我更新和智能应用等过程的管理，使知识能在需要的时间将需要的知识传送给需要的人，从而促进大数据获取的知识的实用性，减少信息爆炸，提高知识管理水平。

第四节　大数据和人工智能对供应链带来的影响

伴随着巨大的市场机会和逐渐膨胀的AI泡沫，人工智能、大数据、云计算、机器学习等技术性名词逐渐渗透到了各个行业。在数据化、智能化的同时，对企业供应链管理的影响是显著的。在企业运营过程中，能够通过对过去传统ERP时代积累的大量数据的深度分析，结合其他大数据的变量因素，产生更加智慧化的企业供应链决策，是人工智能时代对企业重要的创新应用。但技术创新的背后是否能够真正地为企业产生直接价值，是需要符合技术应用为前提的。从笔者过去对企业供应链管理的认识中来看，今天的技术企业创新应用需要四大价值前提：企业应用场景、原始数据积累、技术分析能力、适用工作流。这四个价值前提是企业应用技术、企业落实技术应用以及企业将技术成功融入流程管理的重要因素。

目前大多数人工智能领域的创业公司都带着自身大量的技术沉淀，结合着目前人工智能的风口，形成了一波技术资本热潮。曾经研究机器学习、优化算法、运筹学、视觉识别等领域的专家博士，甚至在该领域进行科学研究多年的学者教授，都从未像今天一样被企业所认识和重视，也从未如此受到资本市场的追捧。一家人工智能领域创业公司，或者是与之相关的科技公司如果没有一两个算法方面的"首席科学家"，都难以向市场及资本方验证自身产品的高度"专业"。但在供应链智慧决策领域，仅仅带着"科学家"和人工智能的供应链管理公司，都无法有效地帮助企业打造真正人工智能时代需求驱动的供应链管理创新。而这样瓶颈的产生，其根源并不在于技术是否足够先进，算法是否足够领先，而是在于帮助企业进行科学决策优化时，是否足够理解你所认识的"企业"，足够理解企业所在的行业。

对于人工智能应用来说，互联网及高科技企业是结合程度最高，应用范围最广的。但除此以外大部分的传统行业，包括制造业、能源产业、鞋服及快消，即是系统化程度最层次不齐，也是痛点最痛的行业，却是新技术应用阻碍最大的行业。

首先是企业系统应用程度差距很大。以零售行业为例，同样是CRM、WMS和ERP系统所产生的数据，不同的企业在整个内部供应链的管理上应用差距很大。从采购、生产、物流运输到库存管理及门店管理，有高度协同的需求链信息系统的应用，也有管理水平比较低的夫妻店的简单进销存的记录。这种跨度就注定了不同的企业形态需要供应链管理公司从不同的角度切入。

切入的选择就是在选择企业的应用场景，让技术的应用有所为，有所不为。并不是有一个"黑科技"就一定需要企业用得起来，而是在基于对它的理解上，选择最适合且最成熟的应用场景落地。对于已经有各种系统支持的企业而言，需要系统间的协同和流程上的协同，这两块是缺一不可的。系统上的协同是为了更好地运用智能算法进行深度分析，从而避免企业内部的信息孤岛的产生。

以一家化妆品行业巨头企业为例，企业内部信息系统有7～8个之多，在一个大框架下还有另开发其他的小功能。那么如果从这个角度应用AI数据分析，如何打通已存的系统间的数据，就是很大的挑战，另外需要在这个基础上，引入其他的数据源做高精度的分析，就成为了做技术应用的人需要深度理解其系统应用及流程应用的重点。而针对商品管理的领域如选品、定价、促销、供应链、采购、物流等所构成的运营体系的技术应用，需要的是选择最适用于这类企业的模型算法，结合现有业务的数据建模，来满足不同业务场景下的不同商业目标，这才是一个好的人工智能的商业运用，相应地也能够形成一个完整的数据闭环。

因此，企业要建立以需求为导向的供应链智慧化决策体系，需要的是跨领域的专业融合。同样是多年算法、运筹及供应链管理的研究，但是经过企业实践应用及触及流程变革时产生的困难，会让我们意识到模型算法是我们手上的工具，是否能够对企业有用，需要的是归纳总结出适用于不同行业的业务规律，并能够对不同企业流程上的差异来进行数据模型的建立。

AI的技术十分重要，我们仍然相信，这已经是不可也无法逃避忽视的企业关键要素之一。对未来而言也会是企业产生最核心差异的竞争力之一。但就目前而言，是要先针对不同业态的发展阶段，让人工智能落地，为不同的企业找到合适的应用场景，调用企业的历史数据进行深度数据分析，从工作流的角度分析应用的方式，最终为企业建立"获取数据—分析数据—建立模型—预测未来—支持决策—形成数据"的数据闭环。才将成为人工智能企业在技术门槛日益降低的发展过程中，铸就自身真正的商业模式壁垒的解决办法。

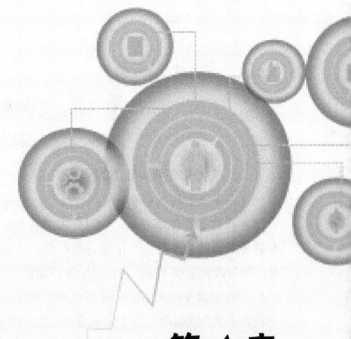

第八章

大数据的相关应用

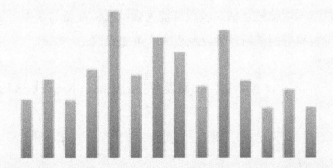

第一节　大数据的应用领域

一、大数据在教育领域的应用

（一）大数据在学习分析及干预

在教育管理改革方面，学习分析能为高职院校教育管理系统的方方面面提供指导教学管理活动的相关数据。依靠这些数据，高职院校管理部门可以有针对性地完善不足之处，修订教育管理方案，优化教学资源配置，并最终评估修订方案及资源配置情况。

在教学改革方面，学习分析技术能真正意义上营造信息化的教学环境，保证教师提供的学习服务契合学习者个性化学习、协作学习的需要。传统教学模式中，教师无法保证所提供的学习资源能真正满足学生的学习需求，无法适时调整和分配资源，无法提供个性化的学业指导，无法及时了解学习过程中出现的障碍与疑惑。这些问题都限制了高职院校教育改革的深度，而学习分析技术恰恰可以弥补这些缺陷。通过应用学习分析的相关工具和大数据技术，教师可以及时获取学生的学习行为数据，从而支持一种既能体现教师主导作用，又能兼顾学生主体地位的新型教学方式，以最大化地激发学生的潜能，为新世纪培养创新性人才。

在学习方式改革方面，学习分析技术的作用在于:自动识别学习情境，能够从大量纷杂的数据中自动分析出学习者的特征信息，根据其需要推送适应的目标资源，并提供学习建议以协助学习者修订自己的学习任务；学习者可以实时调整自己的学习计划，预约辅导以解答学习疑惑；在特定情况下，还可以通过锁定学习者所在地理区域、学习特点等因素划分学习小组，以满足个别学习者的协作学习需求。此外，学习分析能为在校学生提供个性化的学习指导建议，以帮助学生规划在校学习路径，明确其学业成就的期望。教育领域已经开发和应用了多款学习分析系统，主要集中在绩效评估、学习过程预测与学习活动干预三个方面。

1.绩效评估

如美国Northern Arizona University研发的GPS(Grade Performance Status)系统，可实现全校在校大学生的课堂学习绩效评估。该系统能为教师提供最新的学生出勤情况、学生的反馈意见，为学生提供教师的最新评价以及重大事项的提醒。

2.学习过程预测

如澳大利亚University of Wol-longong研发的Snapp(Social Networks Adapting Ped-agogical

Practice)系统。该系统可以记载和分析在线学习者的网络活动情况(如学生在线时间、浏览论坛次数、聊天内容等),使教师能深入了解学习者的行为模式,进而调整教学方式,最大化地为学习者提供适应的教学指导。

3.学习活动干预

可分为人工干预和自动干预,现在主要集中在人工干预上,借助绩效评估工具和学习活动预测工具,由教师完成学习干预。自动干预是未来学习分析技术发展的方向,大数据将为这一目标的实现提供强大动力。

（二）大数据应用在课程建设方面

大数据时代学习者在数字化学习过程中留下很多数字碎片,通过分析这些数字碎片,我们将会发现学习者的各种学习行为模式。梁文鑫指出:大数据对课堂教学带来的主要影响是使教师从依赖以往的教学经验教学转向依赖海量数据教学分析进行教学,使学习者对自我发展的认识从依赖教师有限理性判断转向对个体学习过程的数据分析,从而使传统的集体教育转向对学习者的个性化教育。

目前流行的大规模在线开放课程（Massive Open Online Course，MOOCs）教育,MOOCs教育被寄予厚望的主要原因是学习分析技术和大数据对它的支持,有了学习分析和大数据技术,优质的教学、课程资源和服务等通过数据真实客观的被呈现出来。比如,对每一门课程资源和支持服务系统的建设和维护都建立在学习者使用过程的数据分析基础上,从而使提供的课程内容更符合学习者的需求、教学指导更具有针对性,进而提高了学习者的学习积极性,促进了学习成功的实现。学习者在MOOCs平台上学习时,教师和程序可以通过大数据对学习者的学习行为进行理性干预,比如通过预测认知模型为学习者自动提供适合的学习内容和学习活动方案,通过作业情况、留言板以及讨论区的问题讨论情况可以发现存在学习困难的学习者,以确保可以及时对其学习进行有效干预等。

大数据的应用可以实现大规模在线教育的同时可兼顾学习者的个人需求,大数据对海量数据的高速实时处理技术可以为在线教育平台实时洞察学习者的变化、把握学习者的需求、提高学习效果提供支持,还可以对学习过程中产生的不相关信息进行深度分析,以预测和把握学习者的需求变化。

（三）基于大数据应用的教育教学决策

在美国,教育大数据为美国政府、教育管理部门、学校与教师做出合理的教育教学决策提供了可靠的证据。整体上,美国建立了严格的教育问责制度,包括利用州教育问责系统(State Accountability Systems)对各州教育发展情况进行全方位评价,借助于教学评价系统评价各学区、各学校的整体教育质量,并要求学校与学区要对后进生进行基于数据的支持性学习干预(Data-driven Interventions)。美国联邦政府以及各州政府基于对教育大数据的分析结果评价各州或州内学区的教育进展水平,并以此作为教育投入的依据以及教育政策制定的根据。

美国学校一般利用基于大数据的教育评价支持本校在规划学校整体发展、优化学生管理、制订教学质量改进计划等方面的教育教学决策。据统计，97%的美国中小学利用来自整个年级或整个学校的教育大数据确定学校需要提升的关键领域；分析学生的个体数据以便于分班或安排相关学习支持服务，包括了解哪些学生需要特殊支持或更多支持。47%的美国中小学通过专门的评价人员分析不同教师讲授同一教学内容或同一教师以不同教学策略讲授同一教学内容时产生的数据，评价教师的教学质量并提出教学方式变革计划。而83%的学校在利用教育大数据尤其是本校产生的大数据了解本校教师教学发展的现状与需求，并据此决策如何支持本校教师的教学发展。

学校教师可以利用教育大数据改进与优化自己的教学决策。整体上，教师可以利用大数据分析需要在何种时机对哪些学生以何种方式安排何种教学内容。教师利用本班学生产生的大数据，或同时借助与外部大数据的对比分析，可以深度评价本班学生的学习表现与学习效果，可以有效分析学生的学习偏好与个性化需求，分析学生群体的学习需求，同时也可以利用数据分析哪些学生更适合在一起进行小组学习，分析怎样分组才更合理。对于那些有学习困难的学生，通过对大数据的利用，可以分析出学生在什么环节、什么类型内容学习方面存在问题，分析哪些因素可能在影响学生的学习，这样便于给出适当的学习支持与干预。

那么，大数据从何而来？美国在教育评价的实施过程中主要依托覆盖全美的立体化教育数据网络，同时注重数据质量保障，有效地解决了教育评价"大数据从何而来"的问题。

国家级、州级(State-level)、学区级(District-level)以及校级(School-level)在内的各级各类教育数据系统(Educational Data System)均服务于教育问责体系。这些数据系统之间相互关联，数据互通，形成立体化数据网络，为美国教育评价用大数据的获取提供了基本的依托。

在国家层面，美国有由教育部与各州教育管理部门及一些企业协同创建与发展的教育数据机构ED Facts，建设了"教育数据快线(ED Data Express)"，还有美国国家教育统计中心(National Center for Education Statistics)，主要任务在于与教育部内部各机构、各州教育管理部门、各地教育机构合作提供可靠的、全国范围内的中小学生学习绩效与成果数据，分析各州报告的教育数据以整合成为联邦政府的教育数据与事实报告，为国家层面的教育规划、政策制定以及教育项目管理提供了有力的数据支持。

2005年，美国教育部启动了"州级纵向数据系统项目[The Statewide Longitudinal Data Systems (SLDS)Program]"，旨在帮助全美各州"设计、开发与利用州级纵向数据系统以便有效地、准确地管理、分析、分类处理与利用每一位学生的数据"，至今全美有47个州至少获得过一次本项目资助。

州级与学区级数据系统主要为区域性教育评价提供数据支撑，其中主要包括本州/学区学生的成长数据，教育工作人员在工作方面的安排与准备等相关数据，以及其他关于学与教条件的关键数据，比如教师人数、学生入学率、学生与学生家长及学校教职员工对于学校氛围、条件等方面的评价数据等，认为这些数据直接反映学校与学区在让学生做好毕业准备方面取得的进展情况。各州的教育数据系统基本都具有测量学生的成长(Student Growth Measures)、提供高中学习反馈报告(High School Feedback Reports)、实施学业预警(Warning Systems)的功能。学校常常利用四种类型数据系统来收集、整合教学过程数据或评价数据：一是在校学生的实时信息系统(Student Information System)，其中包括学生出勤率、人口学特征、考试成绩、选课日程等数据；二是资料库(Data Warehouses)，其中保存了学校当前或历史上的学生、教职员工、财政方面的信息；三是教学或课程管理系统(Instructional or Curriculum Management Systems)，支持学校教师接入教学设计工具、课程计划模板、交流与协作工具，支持教师创建基准性评价；四是评价系统(Assessment Systems)支持快速地组织与分析基准性评价数据。

（四）大数据应用在学习成果评估方面

随着大学教学模式由传统的"行为主义"方式向"构建主义"教学过渡，如何更有效地对学生成绩进行评估也成为广大教师和评估工作人员面临的挑战之一。除了利用传统的考试方法对学生所学知识进行考核外，越来越多的授课教师侧重对学生的学习行为进行评价，譬如合作意识、创新精神、实践能力等。这些评价结果更有利于帮助学生提高学习效率，特别是应用知识的能力。但靠传统的评价方法很难有效地完成类似的评估工作，或者说评估结果的可靠性难以得到保证。近几年来，许多学者尝试利用数据挖掘技术提高评估效度。

哈佛大学的研究人员娇蒂·克拉克（Jody Clark）和克里斯·戴迪（Chris Dede）在这方面的尝试非常值得借鉴和参考。他们通过复杂的教育媒体收集丰富的与学生学习行为有关的数据，然后利用数据挖掘技术对其进行分析和研究。大数据对于评估结果的价值体现在：

（1）完成对学生的形成性评估，为教师及时提供信息反馈。

（2）完成对学生的总结性评估，以真实的实践表现为基础了解学生最终掌握知识的情况。

（3）根据学生的个性特征，深层了解学生的学习行为以及学习成效。

（4）合理评判学生合作学习和解决问题的能力。

（5）通过对学生的学习行为规律和学习成效之间的"路径"关系进行"挖掘"，洞察学生的学习动态。

（五）大数据应用助力教学改革

近年来，随着大数据成为互联网信息技术行业的流行词汇，教育逐渐被认为是大数据可以大有作为的一个重要应用领域，有人大胆地预测大数据将给教育带来革命性的变化。

大数据技术允许中小学和大学分析从学生的学习行为、考试分数到职业规划等所有重要的信息。许多这样的数据已经被诸如美国国家教育统计中心之类的政府机构储存起来用于统计和分析。

而越来越多的网络在线教育和大规模开放式网络课程横空出世，也使教育领域中的大数据获得了更为广阔的应用空间。专家指出，大数据将掀起新的教育革命，比如革新学生的学习、教师的教学、教育政策制定的方式与方法。教育领域中的大数据分析最终目的是为了改善学生的学习成绩。成绩优异的学生对学校、对社会以及对国家来说都是好事。学生的作业和考试中有一系列重要的信息往往被我们常规的研究所忽视。而通过分析大数据，我们就能发现这些重要信息，并利用它们为改善学生的成绩提供个性化的服务。与此同时，它还能改善学生期末考试的成绩、平时的出勤率、辍学率、升学率等。

现在，大数据分析已经被应用到美国的公共教育中，成为教学改革的重要力量。为了顺应并推动这一趋势，美国联邦政府教育部参与了一项耗资2亿美元的公共教育中的大数据计划。这一计划旨在通过运用大数据分析来改善教育。联邦教育部从财政预算中支出2500万美元，用于理解学生在个性化层面是怎样学习的。部分综述了该计划的数据和案例已经在美国教育部教育技术办公室发布的《通过教育数据挖掘和学习分析增进教与学（公共评论草案）》中披露出来。

美国教育部门对大数据的运用主要是创造了"学习分析系统"——一个数据挖掘、模化和案例运用的联合框架。这些"学习分析系统"旨在向教育工作者提供了解学生到底是在"怎样"学习的更多、更好、更精确的信息。举例来说，一个学生成绩不好是由于他因为周围环境而分心了吗？期末考试不及格是否意味着该学生并没有完全掌握这一学期的学习内容，还是因为他请了很多病假的缘故？利用大数据的学习分析能够向教育工作者提供有用的信息，从而帮助其回答这些不太好回答的现实问题。

许多人因此会问，大数据能拯救美国的公立教育吗？全球最大的电脑软件提供商微软公司（Microsoft）的创始人、前首席执行官比尔·盖茨（Bill Gates）在得克萨斯州首府奥斯汀举行的一个教育会议上打赌说，利用数据分析的教育大数据能够提高学生的学习成绩，拯救美国的公立学校系统。他称过去十几年里教育领域的技术发展陷入了停滞，研发投入远远不够。盖茨充满信心地认为，教育技术未来发展的关键在于数据。

二、大数据在工业中的应用

（一）工业大数据的特点

随着企业信息管理系统的不断普及以及装备物联网和企业外部互联网的不断发展，工业也已经进入了"大数据"时代，工业就是其中的一个典型的代表。目前，各个企业所管理和存储的数据的规模、种类以及复杂程度都在不断地增长。根据麦克西全球研究院的统计，制造业的数据存储量高于其他行业。但由于工业本身具有设备大型化、工艺连续程度高、各参数之间存在复杂的机理关系等特点，工业大数据除了具有以上的4V特性外，还具有以下其自身的特点。

（1）高维度。在工业生产过程中，常常伴随着多种物理和化学变化，而且各参数之间高度耦合，它们共同构成了一个复杂多变的系统，对这些过程的描述是高维度的，这些因素也决定了工业大数据高维度的特点。

（2）强非线性。工业中各类参数之间的关系都是非线性的，例如在热力学中的压力、温度与熵值和焓值之间以及反应温度和反应速度之间都是典型的非线性关系，这种强烈的非线性关系给数据的理解和知识的挖掘带来了很大的挑战。

（3）样本数据分布不均。在生产过程中各种设备和参数应尽可能地运行在理想状态下，但由于各种原因，各参数会发生一定的波动。例如化工生产装置中在开工期间与正常运行时操作工况会存在一些差异；另外，由于原料的性质不是固定不变的，所以操作条件也一直处于波动状态。

（4）低信噪比。虽然现如今测量和传感技术已经达到了较高的水平，但由于某些客观原因，比如装置测量仪表损坏、数据信号传输过程中失真等因素，所采集到的数据都会存在大量的噪声。另外，测量环境也会给测量结果造成一定的影响，当测量环境突变时也会产生大量的噪声。工业大数据的低信噪比也给数据的分析带来了一定的难度。

总之，工业大数据除了具有各类大数据所共有的海量性、多样性、高速性和易变性的4V特点外，还具有高维度、强非线性、样本分布不均和低信噪比的特点。正是因为工业大数据这些独有的特点，对于工业大数据的分析和挖掘与传统的大数据分析方法也有一定的差异。

（二）大数据在工业中的应用方式

1.在工业优化方面的应用

当今世界各类工业过程都面临着巨大的挑战，尤其是工业，随着社会生产力的发展促使了企业不但要提高装置的生产效率，提高产品的质量，还需要将其对环境的危害降到最低。面对如此严峻的生产形势，工业过程优化则体现出极大的优势，因为过程优化可以有效地跟踪整个装置或企业生产经济利益最优的途径，还可以有效地克服工业过程的干扰和设备性能变化所产生的影响，可以实现经济利益和生产目标的双重最大化。工业过程优化分为动态优化和稳态优化两类情况。而进行过程优化的方法也有很多，其中基于数据分析技术的工业优化成为了一个新的研究思路。

钢铁工业是国民经济的支柱产业之一，是我国推动工业化进程的重要基础。21世纪以来，我国钢铁生产已经接近或基本达到了国际先进水平。在炼钢生产过程中温度是其中重要的工艺参数，温度控制被认为是炼钢系统运行平稳性的"晴雨表"。但在现场生产过程中采集的温度数据量巨大、噪声多，给基于这些数据进行优化生产操作带来一定的难度。针对以上问题，学者提出了自组织映射神经网络和模糊C均值聚类分析算法对工业数据进行处理，分别将两种算法应用到某钢厂炼钢过程中的炉内目标温度、钢液的温度、目标出钢温度等重要温度监控点的数据中，结果显示两种算法均能够有效地发现数据中的噪声或异常数据，同时将两种算法的聚类结果进行对比，发现模糊C均值聚类算法比自组织映射神经网络算法的精度略差，但处理速度快。该研究为构造数据模型，再利用所构造的模型对现在甚至未来的同种数据研究，进而改进生产工艺，提高生产效率，奠定了坚实的基础。

石化行业是我国国民经济的另一个支柱产业之一，新世纪对石化行业的发展提出了新的要求，国内的炼油工业面临着严峻的挑战。常减压蒸馏、催化裂化、焦化、催化重整、催化加氢等工艺是炼油过程的主要生产工艺。常减压蒸馏是炼油厂的龙头装置，是石油加工的第一道工序，而在进入该工序之前需要采用电脱盐的方法对原油进行预处理，但目前各生产企业电脱盐效果普遍偏低。因此，学者创造性地提出了运用决策树的方法来提高炼油生产过程中原油电脱盐效率的研究方案，基于原油电脱盐的数据采用C4.5决策树算法建立了决策树模型，根据该模型对数据进行聚类并提取分类规则，进而找到影响工业上原油电脱盐效果的关键性影响因素，该结果对改进电脱盐装置的操作提供了有效可行的指导方案。

常减压蒸馏属于原油的一次加工过程，而随着石油资源的不断枯竭，则需要通过原油的二次加工来提高原油的利用率和产品的质量。催化裂化就是其中一个重要的生产工艺。随着原油重质化和劣质化程度的不断加深，为提高催化裂化产品的质量，我国各炼油企业的催化裂化装置多采用MIP工艺。该工艺是将传统的催化裂化提升管反应器分成了两个反应区，在第一反应区和第二反应区之间常加入急冷介质来降低第二反应区的温度，因此在整个提升管上温度变化较大，温度监控点较多，操作难度大。大数据研究教授团队将互信息的概念应用到某炼油企业提升管反应器的温度监测点分析中，研究了提升管上催化剂温度、原料油温度、第一反应区中部温度、第一反应区出口温度、第二反应区入口温度以及第二反应区出口温度6个温度点40天的生产数据，得到两两温度点之间的互信息熵并分析其数值，发现提升管反应器的热量主要来源于催化剂所携带的热量，在提升管反应器的操作过程中需要重点关注的温度点是第一反应区中部温度和第二反应区的入口温度，极大地降低了提升管反应器的操作难度，为工业生产提供了重要的指导意见。

２．在过程监测和故障诊断方面的应用

过程监测和故障诊断源于20世纪60年代美国的航天和军工方面。当代工业生产不断向大型化、连续化、高速化、智能化和精细化的方向发展，其工业过程和设备日益复杂，因此，过程监测和故障诊断已经成为了工业发展的必然趋势。过程监测和故障诊断一般分为信号采集、特征提取、状态识别和诊断决策4个主要步骤，这4个步骤是一个循环的过程，对于复杂的故障通常需要多个循环过程才能提高诊断的准确度，进而解决问题。现今故障发生的原因和机理复杂程度不断加深，传统的方法已经很难解决这些新的问题。随着数据库的发展以及数据挖掘技术在商业、银行等行业的成功应用，该技术也开始向其他行业渗透，对大数据分析技术的降维处理、分类与聚类分析，相关性分析和预测分析方法充分体现了该技术在处理海量数据方面的优势。因此，将该技术与过程监测和故障诊断相结合，有利于突破传统方法在过程监测和故障诊断方面的瓶颈。

钢铁产品是人类社会最主要的结构材料，高炉炼铁工艺是一个典型的复杂工业系统。控制好高炉炼铁工艺过程对装置的运行效率十分重要，但随着工艺的逐渐复杂，控制难度也随着增加，经过长期的发展历程，专家系统在高炉炼铁过程控制中普遍应用，并表现出极大的价值。专家系统是工程师从领域专家那里获取经验知识，通过归纳和整理再结合一定的算法开发的应用系统，但高炉炼铁过程中每套高炉都具有其自身的特点，一个高炉特定的专家系统是不能直接将其应用到其他高炉中的。因此，大数据专家将数据挖掘的概念和方法引入到了高炉的专家系统中，在一定程度上解决了专家系统获取知识时按照人为经验的技术瓶颈。它利用基于卡尔曼滤波的BP神经网络对高炉行程向凉、向热进行分类来辅助专家系统，识别的准确率得到很大的提高；再结合K-Means算法对高炉的状态参数进行聚类分析，可以确定每个参数运行的理想参数值，在此基础上确定其最优阈值，从而可以有效准确地判断高炉的运行状态。

目前，各类化工原料和合成材料大部分均来自石油化工工业，其中乙烯生产装置是石油石化工业的龙头装置，裂解炉是乙烯生产装置的核心。但随着社会需求的不断增加，乙烯裂解炉的单炉处理能力也随之增加，设备大型化程度和复杂程度大幅增加，操作难度逐渐复杂，设备故障频发，一直没有找到有效的故障诊断和分析方法。大数据研究专家创造性地提出了将大数据分析方法应用到乙烯裂解炉故障诊断中的新思路，将免疫克隆算法和LVQ神经网络相结合建立的故障诊断模型具有很好的分类性能，结果表明使用经免疫克隆算法优化的LVQ神经网络诊断模型分类速度和准确度要远高于未经优化的诊断模型，该模型可以准确地诊断乙烯裂解炉运行故障，提高了装置运行的安全性和可靠性，同时也为乙烯收率和后续工段的操作稳定性提供有效的保障。聚丙烯是一种性能优良的合成树脂，占世界合成树脂总产量的18%左右，而我国则可以达到30%，广泛应用在电子、汽车、建筑材料、产品包装等各个领域。在聚丙烯生产过程中通常使用多尺度主元分析的方法进行丙烯聚合过程的监测和设备故障诊断，但该方法还不是很成熟，经常出现错报和漏报。于是后续研究使用小波变换阈值对生产数据进行去噪处理，再结合多尺度主元分析方法得到了改进的多尺度主元分析方法，并将其应用到聚丙烯生产过程监测和故障诊断过程中。应用结果表明，使用改进的多尺度主元分析故障诊断模型能够极大地降低传统诊断方法的误报率和漏报率，可以达到工业生产的要求，减少因设备突发故障造成的经济损失。

3.在产品预测方面的应用

工业中产品的产率和质量由装置的操作过程所决定，但产品产率和产品质量数据的测量具有严重的时间滞后性，不能及时地将该结果反馈到生产操作过程中，因此能够快速准确及时地预测产品的产率和产品的质量对提高装置的运行效率具有重要意义。注塑成型是一种重要的塑料加工方法，可以在短时间内生产出结构复杂、尺寸精确的产品，其产品广泛应用于电子、医疗、建材等生活中的方方面面。但在生产过程中一般都是每批生产结束后通过抽样检测的方法对产品的质量进行检测，存在严重的时间滞后性。针对这个问题，提出了利用拉普拉斯特征映射的方法对注塑过程的高维数据进行降维处理，再使用Mean Shift聚类方法对操作工况进行聚类分析，同时得到产品的分类规则，最后应用基于粒子群算法参数寻优的偏最小二乘支持向量机的方法建立了注塑过程的产品质量软测量模型。实验结果显示，该模型不但大幅提高了传统的偏最小二乘支持向量机的方法预测产品质量的精度和预测模型的泛化性能，同时还为企业生产提供了一种多工况下产品质量在线预测方法。

催化裂化是重质油轻质化的重要手段，通过分子筛催化剂的作用将重质馏分油和渣油在适宜的温度和压力的作用下转化为干气、液化气、汽油和柴油，同时副产焦炭。焦炭作为催化裂化的主要副产物，不仅影响催化裂化装置的轻质油收率同时还直接影响装置的热平衡，而目前大部分企业计算催化裂化焦炭产率的方法还是利用烟气的组成进行粗略的估算，而且结果严重滞后。为提高催化裂化装置焦炭产率的预测准确程度并实现在线预测，通过分析催化裂化装置反应再生系统筛选出了影响催化裂化焦炭产率的28个主要参数，并将遗传算法和BP神经网络相结合，建立了催化裂化装置焦炭产率预测模型，并将该模型应用到某炼厂的生产数据中，其结果表明该预测模型能够准确地预测催化裂化装置的焦炭产率，为优化催化裂化装置操作，提高催化裂化轻质油收率提供了有效的保障。

辛烷值是汽油的一个重要的评价参数，它代表了汽油的抗暴性能。而传统测定汽油辛烷值方法费时，测试设备庞大，操作难度大。针对该问题，可以将集总思想与数据分析技术相结合，它把汽油的辛烷值看成是汽油链烷烃、环烷烃、芳烃和烯烃的集总，在此基础上使用BP神经网络建立了清洁汽油的研究法辛烷值预测模型，经过实例计算验证和对比分析发现该模型可以很好地反映汽油研究法辛烷值和各集总组分之间的复杂的非线性关系，可以十分准确地预测汽油的研究法辛烷值，为测定汽油的辛烷值提供了一种新的思路。大数据技术已经在工业中得到了初步应用，为解决工业中存在的问题提供了一种新的思路。目前该技术已在过程操作优化，过程监测与故障诊断以及产品质量和产率的预测等方面得到了一定的应用并取得了较好的效果。相信随着大数据技术的不断发展，未来该技术的应用领域将会越来越广泛，应用效果将会越来越明显。

三、大数据在农业领域的应用

农业大数据类别复杂。从领域来看，以农业领域为核心（涵盖种植业、林业、畜牧水产养殖业、产品加工业等子行业），逐步拓展到相关上下游产业（饲料、化肥、农药、农机、仓贮、屠宰业、肉类加工业等），并需整合宏观经济背景数据，包括统计数据、进出口数据、价格数据、生产数据、气象、灾害数据等；从地域来看，以国内区域数据为核心，借鉴国际农业数据作为有效参考；不仅包括全国层面数据，还应涵盖省市数据，甚至地市级数据，为区域农业发展研究提供基础；从广度来看，不仅包括统计数据，还包括涉农经济主体基本信息、投资信息、股东信息、专利信息、进出口信息、招聘信息、媒体信息、地理空间坐标信息等；从专业性来看，应分步构建农业领域的专业数据资源，进而应逐步有序规划专业的子领域数据资源。

应用指的是农业大数据各应用系统、应用平台的开发，为上层管理和服务提供应用支撑。根据目前农业大数据的主要来源，可以将其应用领域归纳为以下几个方面：

（一）农业生产过程管理方面应用

运用大数据的先进技术对农业各主要生产领域在生产过程中采集的大量数据进行分析处理，进而提供"精准化"的农资配方、"智慧化"的管理决策和设施控制，达到农业增产、农民增收的目的。

（二）农业资源管理方面应用

农业资源除了土地、水等自然资源之外，还包括各种农业生物资源和农业生产资料等。我国虽然地大物博，但可以进行农业生产的资源已越来越少。从目前农业基础实际状况来看，有必要运用物联网、大数据等先进技术对农业资源进一步优化配置、合理开发，从而实现农业的高产优质和节能高效。

（三）农业生态环境管理方面应用

农业生态环境具体包括土壤、大气、水质、气象、污染、灾害等，需要对这些农业环境影响因子实现全而监测、精准化管理。大数据在这些领域的应用让农业生态环境的管理更加高效。

（四）农产品和食品安全管理方面应用

农产品安全管理涉及产地环境、产前产中产后、产业链管理、储藏加工、市场流通、物流、供应链与溯源系统等食品链的各个环节，通过对农产品质量安全监管信息的分析处理，实现食品安全风险的预测预警及质量安全突发事件的应急管理。

（五）农业装备与设施监控方面应用

大数据在农业装备与设施监控方面应用可以提供农业装备和设施在工作运作情况下状态的监控、远程诊断以及服务调度等方面的智能化管理和应用。

（六）供各种农业科研活动产生的大数据应用

农业科研产生的大数据包括空间与地面的遥感数据，还有如基因图谱、大规模测序、农业基因组数据、大分子与药物设计等大量的生物实验数据。利用科研试验大数据的分析，能够更好地指导农业生产和生活。

四、大数据在商业金融领域的应用

（一）大数据在现代商业中的应用

对大数据的开放和应用将对社会、商业和个人都产生巨大而深远的影响。目前我们已经观察到或者可以预测到的影响包括但不仅限于以下几个方面。

（1）围绕大数据的应用将激发前所未有的创新浪潮。社交网络的流行和物联网的建设使得对个体和群体（无论是人或物）的实时观察和了解正在逐渐成为可能，这为预测群体行为和了解个体偏好提供了强有力的工具。利用大数据这一特性的应用已经在多个领域展现其惊人的威力和创新能力。

（2）大数据的开放将极大地提升社会的公开透明度和提高政策制定的效率。一方面，多种类型数据的公开大大提升了政府的透明度，通过公众的监督提高民主程度。另一方面，通过为大众提供创新的平台，充分汲取群体的智慧，有效榨取数据的可利用价值，反过来可以提升社会效率和政府效率。

（3）随着大数据时代的来临和深化，在商业、经济及其他领域中，决策行为将日益基于数据和分析而做出，而并非基于经验和直觉。伴随着数据的大量累积和数据处理能力的不断提升，利用数据来进行判断和预测的能力将会得到无限的放大，数据将引领社会前进的方向。个人成为大数据链条中不可或缺的一环，而对数据的依赖将改变人类的生活方式。

（二）大数据对现代银行的影响

1.大数据提供了全新的沟通渠道和营销手段

一方面，社交媒体的兴起给银行提供了全新的与客户接触的渠道。已经有多家银行开通了官方微博，通过树立社会化的形象，拉近与客户之间的距离，利用社交媒体的力量，往往能够取得意想不到的效果。光大银行通过其官方微博发起了"95595酒窝哦酒窝——光大电子银行酒窝传递活动"，向网民征集酒窝照片，并由参与者向好友进行传递，征集的照片会组成一个笑容墙展示，一个月的时间里有超过740000人参与了活动，使得光大银行的客服电话号码一夜走红。

另一方面，通过打通银行内部数据和外部社会化的数据可以获得更为完整的客户拼图，从而进行更为精准的营销和管理。银行本身拥有客户的大量数据，通过对数据的分析可以获得很多信息，从而成为进行管理和营销的依据。但由于银行拥有的客户信息并不全面，这种分析有时候难以得出理想的结果甚至有可能得出错误的结论。比如说，如果某位信用卡客户月均刷卡6次，平均每次刷卡金额500元，平均每年打3次客服电话，从未有过投诉，按照传统的数据分析，该客户是一位满意度较高、流失风险较低的客户。但如果看到该客户的微博，得到的真实情况是，工资卡和信用卡不在同一家银行，还款不方便，好几次打客服电话没接通，客户多次在微博上抱怨，该客户流失风险较高。

2.大数据滋生了新型金融业态参与市场竞争

大量的数据来源和强大的数据分析工具正催生出很多新的金融业态来直接瓜分银行的信贷市场。在英国，一家叫作Wonga的公司利用海量数据挖掘算法来做贷款业务，他们大量使用社交媒体和其他网络工具，将客户的信息碎片关联起来，预测客户的违约风险，为其信贷业务提供依据。在中国，阿里巴巴旗下的阿里信贷自2012年8月起全面向普通会员开放，提供无抵押、无担保的低额贷款。而其依仗的正是掌握在手中的海量客户经营数据，有了这些数据，阿里巴巴可以说是对客户的资信状况了如指掌，从而最大程度地降低了信贷业务的风险。如果说像Wonga这种需要去网络上搜集数据来进行放贷的公司尚不足为惧，那么像阿里巴巴这种本身拥有雄厚客户基础和海量数据资产的公司介入信贷行业，将对行业格局产生深远的影响。"网络融资"可能成为 20 年后的主流，甚至可能发展到资金供需信息直接在网上发布并匹配，供需双方直接完成资金融通。

3.利用数据的能力日益成为银行竞争的关键

麦肯锡在其研报中分析了不同行业从大数据浪潮中获利的可能，金融行业拔得头筹。作为金融行业的主要组成部分，银行业利用数据来提升竞争能力具有得天独厚的条件。银行业天然拥有大量的客户数据和交易数据，这是一笔巨大的财富。银行业面临的客户群体足够大，能够得出具有指导意义的统计结论。在"小数据"时代，银行业已经在以信用评级模型和市场营销模型为代表的数据分析上积累了大量的实战经验，具备向"大数据"分析跨越的基础。随着"大数据"时代的来临，银行运用科学分析手段对海量数据进行分析和挖掘，可以更好地了解客户的消费习惯和行为特征，分析优化运营流程，提高风险模型的精确度，研究和预测市场营销和公关活动的效果，从每一个经营环节中挖掘数据的价值，从而进入全新的科学分析和决策时代。在这种情况之下，利用大数据的能力将成为决定银行竞争力的关键因素。

4.从长远看大数据将全面颠覆金融服务形态

从长远来看，随着数据化和网络化的全面深入发展，金融服务将向虚拟化方向发展，从而全面颠覆金融服务形态。一是产品的虚拟化，资金流将越来越多地体现为数据信号的交换，电子货币等数字化金融产品的发展空间巨大。二是服务的虚拟化通过移动互联网、全息仿真技术等科技手段，银行完全可以通过完全虚拟的渠道向客户提供业务服务，现有的实体柜面可能趋于消亡。三是流程的虚拟化，银行业务流程中各类单据、凭证等将以数字文件的形式出现，通过网络进行处理，从而提高处理的便利性和效率。在这样的服务形态下，银行的整体运作就是一个数据的洪流，"数字金融"得以全面实现，银行的管理理念和运营方式也随之得以全面颠覆。

（三）大数据在银行金融领域的应用

1.促进金融服务与社交网络的融合

实现金融服务与社交网络的融合存在一些现实的困难，只能通过不断摸索的方式前进。首先，银行难以得知客户在社交网络上的用户名，也就难以进行数据整合。可以考虑进行一些针对性的市场活动来收集客户的用户名，或者在将来的客户申请表上添加社交网络用户名的选项。也可以考虑和社交网络进行直接的合作，在实名制的社交网络上，可以利用客户的官方证件号码来实现客户信息的对接。其次，目前尚缺乏成熟有效的非结构化数据的处理工具。在初期可以采取半人工的方式进行处理。IT业投入在非结构化数据处理工具的研发力量非常强，相信不久的将来就能够有相对成熟的分析工具问世。而且目前在银行庞大的客户群体中，热衷于新媒体的毕竟只是一部分。如果凭借对他们的分析来制定针对全体客户的策略，统计样本的偏差可能会导致策略的失效。因此暂时只能用于制定一些针对特定客户群体的策略。随着出生在网络年代的年青一代的成长，这样的偏差会越来越小，最终将能覆盖几乎全部的客户群体。与此同时，金融服务对系统安全性和稳定性的要求都远高于社交平台，在实现服务对接的时候可能会影响用户体验。最后，在诸如客户的定位信息之类的数据是否属于隐私，如何使用方面还存在许多法律上的空白。这些问题都有待各行业协调解决。

因此商业银行要打破传统数据源的边界，更加注重社交媒体等新型数据来源，通过各种渠道获取尽可能多的客户信息，并从这些数据中挖掘出更多的价值。

（1）整合新的客户接触渠道，充分利用社交网络的作用，增强对客户的了解和互动，树立良好的品牌形象。

（2）注重新媒体客服的发展，利用论坛、聊天工具、微博、博客等网络工具将其打造成为与电话客服并行的重要服务渠道。

（3）将银行内部数据和外部社交数据互联，获得更加完整的客户视图，从而进行更为高效的客户关系管理。

（4）创造性利用社交网络数据和移动数据等进行产品创新和精准营销。比如，当银行通过客户的移动定位信息知道该客户正在某商场购物，便自动发送关于该商场的某餐馆的刷卡促销活动的短信；设计新产品的时候在网络上征求客户意见，激发客户参与的热情，在了解客户需求的同时达到良好的宣传效果。

（5）注重新媒体渠道的舆情监测，在风险事件爆发之前就进行及时有效的处置，将负面影响降至最低。

2.布局与大数据金融的竞争和合作

这里所说的"大数据金融"特指类似于阿里信贷这种基于大数据的金融服务商。随着大数据金融的发展，银行与它们的竞争和合作不可避免。一方面，银行可以通过发展自己的大数据平台与其开展直接竞争。在当前的各大电商平台上，每天都有大量的交易发生，但是这些交易的支付结算大多被第三方支付机构垄断，银行处于支付链条的末端，获取的价值非常小。大数据金融的核心竞争力在于其拥有的大量客户经营数据，银行在其产业链中的影响力很小，这也是阿里巴巴可以终止与建行的合作自行开展信贷业务的原因。为应对这种局面，银行可以考虑自行搭建大数据平台，获取属于自己的大数据，将核心话语权牢牢掌握在自己的手中。事实上，已经有不少银行开始了这方面的布局。2012年6月28日，建行的电子商务平台"善融商务"正式上线，包括B2B和B2C，业务范围包括电子商务服务、金融服务、营运管理服务、企业社区服务及企业和个人商城。这可以看作建行对于阿里巴巴终止合作的直接应对。交行打造的电子商务平台"交博汇"也开始向客户开放。在为客户提供增值服务的同时获得客户的动态经营信息，成为银行共同的驱动力。

另一方面，银行需要与大数据金融企业加强合作互利。完整和综合的大数据注定难以被某一家企业、机构或政府部门所独自掌控，因此任何想垄断大数据的想法和行为都是不现实的，企业之间的合作互赢是发展的潮流。在认同大数据巨大价值的共识下，银行可与电信、电商、社交网络等大数据平台开展合作，进行数据和信息的共享和利用，全面整合客户有效信息，将金融服务与移动网络、电子商务、社交网络等完美融合。建行与阿里巴巴的信贷合作可以说是在这方面进行了非常有益的探索，可惜由于阿里巴巴要求在信贷利息中分利被拒绝而导致合作终止。但由此可见建立银行与电信运营商、电商、社交网络等参与方的合理的利润分配模式是否合理是合作能否成功的关键因素。

3.培养面对大数据时代的核心能力

（1）数据整合的能力。

不仅仅是银行内部数据的整合，更重要的是和大数据链条上其他外部数据整合的能力。大数据时代，有能力整合和管理数据的企业才能够主导产业链，作为大数据链条中的一环，银行应当以更加积极的姿态与链条上的其他企业进行数据和信息的交换，越是完整的数据，能够产生的作用就越大。由于各行业的数据标准和格式存在差异，如何逐渐统一数据标准以便进行更方便的数据交换和融合是当前面临的巨大挑战。

（2）数据分析的能力。

这里要注意区分传统的商业智能和大数据时代的数据分析能力，首先，传统的商业智能所处理的数据大多都是银行自身数据库当中的标准化、结构化的数据，而在大数据时代，更多需要处理的是大量的半结构化和非结构化的数据。其次，大数据时代处理的数据量与现在完全不在一个量级，现有的很多数据处理方法已经不能满足需求。最后，当前银行中常用的数据分析比如信用评级和市场营销模型，都是在建模后再进行系统实施，持续的时间较长。而在大数据时代，对于数据处理的实时性有很高的要求。这些本质上的区别不仅要求银行使用专门的数据储存技术和设备，更要求采用专门的数据分析方法和使用体系。不得不说的是，中资银行在对数据分析的重视程度和能力上与国际先进银行有着巨大的差距，很多中资银行在"小数据"时代的数据分析能力都亟须加强。

（3）行动实施的能力

任何对大数据的分析只有转换为实际的商业行动才能够真正为银行创造价值。大数据时代的行动实施具有两个鲜明的特点：精准和快速。精准取决于大数据时代对客户的全面深刻了解，制订的行动方案都非常具有针对性，因此方案将会更加差异化。现在给全体客户统一版本发送的一条促销短信在将来可能需要发送上万个不同的版本。快速取决于大数据时代很多分析和策略都是系统自动完成的特性，更多的营销活动都将由客户的某项行为触发，然后由系统自动执行相应的行动。这些特性对银行的系统和人员都提出了更高的能力要求。

第二节　大数据的应用现状

一、大数据分析的应用现状

目前，关于大数据的分析方法的研究还处于探索阶段，存在多种分析方法，每种分析方法都具有其自身的特点和优势，但同时也存在一定的局限性，由于不同行业的工业数据特点和结构存在着较大的差异，目前还没有一种普适性的方法能够适应所有行业的大数据分析。按照数据分析的功能划分，大数据分析应用现在的分析方法可以大致分为降维分析、聚类与分类分析、相关性分析和预测分析。

（一）降维分析

降维是将数据从高维度约减到低维度的过程，可以有效地克服过程工业大数据高维度的特点和所谓的"维数灾难"。有研究学者认为，降维分析是聚类分析或分类分析的一种，但由于目前所需要处理的数据均为高维度的数据，常常将其作为数据的前处理过程，所以本书将降维分析作为单独的一种分析方法进行介绍。降维分析的算法可以分为两大类：线性降维算法和非线性降维算法。线性降维方法主要有主成分分析（PCA）、投影寻踪（PP）、局部学习投影（LLP）以及核特征映射法；非线性降维方法主要有多维尺度法（MDS）、等距映射法（ISOMAP）、局部线性嵌入法（LLE）以及拉普拉斯特征映射法（LE）等。

（二）聚类与分类分析

首先，需要明确的是聚类分析和分类分析的定义、联系与区别。所谓聚类分析就是指将数据区分为不同的自然群体，每个群体之间具有不同的特征，同时也可以获得每个群体的特征描述。它是数据挖掘算法中的一种非常重要的算法，是一种基于无监督的学习方案，可以用来探索数据。同时，经过聚类分析后的数据可以更进一步进行数据的预测和内容检索等，提高数据挖掘的效率和准确性。聚类算法通常可以分为基于划分的聚类、基于层次的聚类、基于密度的聚类、基于网格的聚类以及基于模型的聚类五大类。分类分析是指根据数据集的特点构造一个分类器，再根据这个分类器对需要分类的样本赋予其类别。与聚类分析最大的不同就是分类分析在对数据进行归类之前已经规定了分类的规则，而聚类分析在归类之前没有任何规则，在归类之后才得到每个类别的特点。

目前分类算法也存在很多种，按照各算法的技术特点可以分为决策树分类法、Bayes分类法、基于关联规则的分类法和基于数据库技术的分类法等。每类分类方法又存在多种算法，例如决策树分类法中较早使用的是C4.5算法，后来为了适应数据量的不断扩大，又在其基础上开发了SLIQ（supervised learning in quest）算法和SPRINT（scalable parallelizable induction of decisiontrees）算法；Bayes分类法中应用比较普遍的是NB（naive bayes）算法和TAN（tree augmented bayesnetwork）算法；基于关联规则的分类法中CBA（classification based on association）算法应用最为普遍；GAC-RDB（grouping and counting-relational database）算法是基于数据库技术分类法的典型代表。

（三）相关性分析

相关性分析就是研究数据与数据之间的关联程度。该分析方法一直是统计学中研究的热点，已经在金融、心理和气象学中得到了广泛的应用。相关性主要用来表述两个变量之间的关系，是两变量之间密切程度的度量。在分析两个变量的相关性方面最传统的方法就是使用Pearson相关系数，但该方法只能表示两个变量之间的线性相关程度，对于非线性的关系偏差较大，很明显这种相关性分析方法无法对强非线性关系的过程工业数据进行处理分析。目前常使用的多变量相关性分析方法有Granger因果关系分析、典型相关分析、灰色关联分析、Copula分析和互信息分析等，但是各种分析方法都存在一定的不足和缺陷，例如：Granger因果关系分析不能给出定量的描述；典型相关性分析不适用于分析时间序列的问题；Copula分析对数据分布的规则度要求很高；灰色关联分析的理论基础研究还有待进一步完善；互信息分析计算复杂度较高，但随着计算手段和计算速度的不断提高，目前互信息分析手段应用十分广泛。

（四）预测分析

基于数据的预测分析是一种从功能上定义的广义概念，在工业生产中包括很大的范畴，例如过程工业中产品质量和产率的预测、生产操作中的优化、预警和装置的故障诊断都可以归属于数据分析中的预测范畴。最常使用的预测分析方法就是应用各种神经网络算法以及其与各种优化算法的结合。目前，应用相对成熟的神经网络有BP神经网络、GRNN神经网络、RBF网络等。神经网络具有的优点是理论上能够逼近任意非线性映射，同时善于处理多输入输出问题，而且能够进行并行分布式处理，自学习与自适应性强，还可以同时处理多种定性和定量的数据。对于大数据分析方法的研究还不是十分成熟，现阶段大部分的数据分析方法还是源于统计学中的基本概念和原理，其主要功能包括对数据进行降维处理、聚类和分类，相关性分析以及用于预测未来的事件。实现各种功能的算法众多并且各有特点。目前，在过程工业中得到应用的实例都是将大数据分析方法中的多种功能和多种算法相结合而进行综合应用的。

二、当下大数据应用的三大痛点

近年来，大数据这个词成为互联网领域关注度最高的词汇，时至今日，大数据已经不再是IT圈的"专利"了，数据所产生的价值已经被人们所认知。但是从大数据的应用现状上来看，现在大数据的应用依旧有以下痛点：

（一）大数据太大不敢用

大数据给人最直观的感受就是大，它所带来的问题不仅仅是存储，更多的是庞大的数据没办法使用。以交通为例，从2001年开始在北京的主干道上都增设了一些卡口设备，到了今天基本上大街小巷都能看到。这些设备每天所拍摄的视频及照片产生的数据量是惊人的，仅照片每天就能产生2千万张，而解决这些数据的存储只是最基本的任务，我们更需要的是使用这些数据。例如对套牌车辆的检查，对嫌疑车辆的监控，当你想要使用这些数据的时候，传统的数据库以及系统架构，放进这么庞大的数据，是根本跑不动的。这一问题导致很多企业对大数据望而却步。

（二）大数据太难不会用

说到人数据的使用，自然离不开Hadoop，Hadoop本身提供了分布式系统中两个最重要的东西：分布式存储（HDFS）和分布式计算（Mapreduce）。这两者解决了处理大数据面临的计算和存储问题，但更为重要的是，为开发大数据应用开辟了道路。Hadoop是目前解决大数据问题最流行的一种方式，但其仍然有不成熟的地方，曾作为雅虎云计算以及Facebook软件工程师的Jonathan Gray就表示："Hadoop实施难度大，且复杂，如果不解决技术复杂性问题，Hadoop将被自己终结。"正是由于这样的原因，Gray创办了自己的公司——Continuuity，这家公司的目标就是在Hadoop和Hbase基础上创建一个抽象层，屏蔽掉Hadoop底层技术的复杂性。由此可见想要用好大数据又是一大考验。

（三）大数据太贵用不起

Hadoop的特点就是让你可以使用廉价的设备来完成大数据的业务，但事实上如果你真想要用它来完成某些商业任务你还得是个"土豪"。在国外那些使用大数据的成功案例里，亚马逊曾给出过这样一组数字，NASA需要为45天的数据存储服务支付超过100万美元。像Quantcast这样的数字广告公司，同样也是花费了巨额的资金用在Hadoop技术上，来根据自己的需求定制系统。从上面两个案例来看用于商业用途的大数据现阶段还是很费钱的，随着大数据软件环境逐渐成熟，开发工具增多，价格在未来会逐渐降低。

第三节　大数据的应用趋势

大数据的出现，开启了一次重大的时代转型。在IT时代，以前技术（technology）才是大家关注的重点，是技术推动了数据的发展；如今数据的价值凸显，信息（information）的重要性日益提高，今后将是数据推动技术的进步。大数据不仅改变了社会经济生活，也在影响每个人的生活和思维方式，而这样的改变才刚刚开始。

一、规模更大、种类更多、结构更复杂的数据

虽然目前以Hadoop为代表的技术取得了巨大的成功，但是随着大数据迅猛的发展速度，这些技术肯定也会落伍被淘汰。就如同Hadoop，它的理论基础早在2006年就已诞生。为了能更好地应对未来规模更大、种类更多、结构更复杂的数据，很多研究者已经开始关注此问题，其中最为著名的当属谷歌的全球级的分布式数据库Spanner，以及可容错可扩展的分布式关系型数据库F1。未来，大数据的存储技术将建立在分布式数据库的基础上，支持类似于关系型数据库的事务机制，可以通过类SQI二语法高效地操作数据。

二、数据的资源化

既然大数据中蕴藏着巨大的价值，那么掌握大数据就掌握了资源。从大数据的价值链分析，其价值来自数据本身、技术和思维，而核心就是数据资源，离开了数据技术和思维是无法创造价值的。不同数据集的重组和整合，可以创造出更多的价值。今后，掌控大数据资源的企业，将数据使用权进行出租和转让就可以获得巨大的利益。

三、大数据促进科技的交叉融合

大数据不仅促进了云计算、物联网、计算中心、移动网络等技术的充分融合，还催

生了许多学科的交叉融合。大数据的发展，既需要立足于信息科学，探索大数据的获取、存储、处理、挖掘和信息安全等创新技术与方法，也需要从管理的角度探讨大数据对于现代企业生产管理和商务运营决策等方面带来的变革与冲击。而在特定领域的大数据应用，更需要跨学科人才的参与。

四、大数据可视化

在许多人机交互场景中，都遵循所见即所得（what you see is what you get）的原则，例如文本和图像编辑器等。在大数据应用中，混杂的数据本身是难以辅助决策的，只有将分析后的结果以友好的形式展现，才会被用户接受并加以利用。报表、直方图、饼状图、回归曲线等经常被用于表现数据分析的结果，以后肯定会出现更多的新颖的表现形式，例如微软的"人立方"社交搜索引擎使用关系图来表现人际关系。

五、面向数据

程序是数据结构和算法，而数据结构就是存储数据的。在程序设计的发展历程中，也可以看出数据的地位越来越重要。在逻辑比数据复杂的小规模数据时代，程序设计以面向过程为主；随着业务数据的复杂化，催生了面向对象的设计方法。如今，业务数据的复杂度已经远远超过业务逻辑，程序也逐渐从算法密集型转向数据密集型。可以预见，一定会出现面向数据的程序设计方法，如同面向对象一样，在软件工程、体系结构、模式设计等方而对IT技术的发展产生深远的影响。

六、大数据引发思维变革

在大数据时代，数据的收集、获取和分析都更加快捷，这些海量的数据将对我们的思考方式产生深远的影响。在文献中，对大数据引发的思维变革进行了总结：

（1）分析数据时，要尽可能地利用所有数据，而不只是分析少量的样本数据。

（2）相比于精确的数据，我们更乐于接受纷繁复杂的数据。

（3）我们应该更为关注事物之间的相关关系，而不是探索因果关系。

（4）大数据的简单算法比小数据的复杂算法更为有效。

（5）大数据的分析结果将减少决策中的草率和主观因素，数据科学家将取代"专家"。

七、以人为本的大数据

纵观人类社会的发展史，人的需求及意愿始终是推动科技进步的源动力。在大数据时代，通过挖掘和分析处理，大数据可以为人的决策带来参考答案，但是并不能取代人的思考。正是人的思维，才促使众多利用大数据的应用，而在大数据更像是人的大脑功能的延伸和扩展，而不是大脑的替代品。随着物联网的兴起，移动感知技术的发展，数据采集技术的进步，人不仅是大数据的使用者和消费者，还是生产者和参与者。

社交网络大数据分析等与人的活动密切相关的应用，在未来会受到越来越多的关注，也必将引起社会活动的巨大变革。

第四节　大数据的应用前景

一、传感器像空气无处不在

技术的突破将使传感器体积微型化，它将出现在生产生活的每一个角落，甚至以靶向缓释胶囊形态进入人体内部，监测化学环境及组织器官的细微变化。成本降低后，传感器不再需要回收，而像月抛隐形眼镜般一次性使用，完成使命后自动废弃，而新的传感器则源源不断地补充数据源；传感器节点数将达到万亿级别，其数据量将超过人类日常总传送数据量的百分之八十，新的低能耗无线通信标准诞生。

二、数据服务如水即开即用

谷歌、百度、亚马逊等巨头将建立起完善的大数据服务基础架构及商业化模式，从数据的存储、挖掘、管理、计算等方面提供一站式服务，将各行各业的数据孤岛打通互联。

在用户与数据服务商之间是算法提供商，他们雇用专业领域的精英人才与数据科学家，通过数据挖掘的方式，寻找事物间的联系，如基因集与疾病的对应关系，大气状况如何影响农作物收成，以及某一款酒类广告如何带动避孕套的销售。而用户（无论个人或组织）所需要做的便是像今天下载手机APP一样，选择相应的数据服务端，付费，享受"N=All"的实时数据所带来的深刻洞察与行动指南。

三、大数据浪潮席卷全行业

个人的生活数据将被实时采集上传，饮食、健康、出行、家居、医疗、购物、社交，大数据服务将被广泛运用并对用户生活质量产生革命性的提升，一切服务都将以个性化的方式为每一个"你"量身定制，为每一个行为提供基于历史数据与实时动态所产生的智能决策。在传统领域大数据同样将发挥巨大作用：帮助农业根据环境气候土壤作物状况进行超精细化耕作；在工业生产领域全盘把握供需平衡，挖掘创新增长点；交通领域实现智能辅助乃至无人驾驶，堵车与事故将成为历史；能源产业将实现精确预测及产量实时调控。

大数据将成为国家间竞合关系的最高依据，同时也是最高机密，针对数据中心及传感器集群的黑客事件层出不穷，数据战将成为战争的主要形式。

四、数据资产权及立法引发激辩

如Alistair Croll所说：数据驱动下的世界给人最大的威胁是道德方面。我们以共享资源的方式分担风险（如保险），我们越是能预测未来，我们越不愿意和别人分享。个人数据资产所有权，属于个人或是公司？隐私的边界何在？当公共利益与个人隐私发生冲突时如何抉择？数据是否具有地域性，如何处理跨国存储及管理的数据服务案件等。技术的发展将会倒逼国际社会制定并完善相应法律，而跨国企业将在其中扮演主导作用。反过来，法律的制定也将推动数据安全技术的进步，智能程序将能根据不同情境启用相应的隐私级别，隔绝数据采集的"私密空间"将成为新的服务热点。

五、基于大数据的人工智能全面渗透人类生活

从苹果的Siri到Google的机器翻译，再到百度的深度学习及"百度大脑"，商业与技术的频繁互动将极大提升人工智能的进化速度。机器将得以理解人类文字、语音、图像、动作甚至表情背后的微妙含义，并以大数据为支撑，为人类提供效率与个性兼备的决策与服务。

想象一次旅行，人工智能分析你以往出行记录以及近期生活轨迹的大数据，结合对各大旅游景点、交通状况、天气预测等数据分析，提供给你最贴合心意的目的地，规划好线路的无人驾驶车辆依照行程将你送至景点，并根据你的行程及时调配车辆接送。所有的酒店、餐饮、服务都已经依照你的生活数据进行深度订制，机器甚至会提醒你将美好时刻记录下来，发送给相关好友，提升关系的亲密度。而你遇到的所有异国文字和语言，都将经由翻译器实时转化为你的母语。

这只是诸多场景中较简单的一个切片。结合大数据的人工智能机器人技术将取代从事简单机械劳动的人类，以及部分服务性行业，劳动力过剩将成为突出社会问题。由大数据人工智能主导的娱乐产业将成为经济支柱，结合虚拟现实技术的沉浸式游戏了解每一个玩家的神经刺激模式，并能带来最极致的感官享受，电影Her中爱上程序的故事或将成为普遍现实。

六、社会关系面临全面变革

传统的劳动关系及组织形态将被打破，劳动者以液态形式自由流动结合，成为"液态公司"，通过大数据平台，将客户需求与人力资源进行精确匹配，个体能够最大限度地发挥潜能，同时打破地域、语言及文化的障碍，全球协作成为大趋势。婚恋模式全面转型，个体可根据不同关系需要由大数据服务商进行精确匹配，确保身心、经济、价值观及生活方式上真正的"Match"，并订立有时效性的契约式关系。传统家庭模式进入重塑阶段，人以群分变成人以"数"分，带有相似数据特征的群体会以类似公社形式聚居，以实现资源整合与生活方式上的高效和谐。国际化大品牌以深度数据分析，聚集忠实核心用户群，并开发上下游生活方式产品服务，形成凝聚力极高的"品牌部落"概念，人群甚至会

以品牌作为图腾、姓氏或精神信仰。

七、人类文明进入全新纪元

科研领域由传统的"现象观察—理论假设—实践验证"范式，变迁为"数据挖掘—抽象模型—扩展应用"，由理念到实际应用的路径将被大大缩短，全面提升技术进步速度。人从机械重复的低级劳动中被解放，投身更具价值的创造过程。大数据将帮助人类发现激发创造力与幸福感的有效机制，社会由物质文明进入灵性文明的新纪元。基于大数据的人工智能将逐步理解并模仿人类情感，机器与人类的共生成为进化趋势，奇点降临。当20年后我们回首今天，这个被称为大数据元年的特殊时间点，许多事情已经悄悄地埋下伏笔：顶尖人工智能专家、Google大脑之父吴恩达加盟百度；Google低调收购大量机器人公司；微软发布虚拟个人助手Cortana，宣称正处于"人工智能的春天"。

第五节　大数据的实际应用案例

一、大数据应用于国家助学贷款

国家助学贷款始于2000年，此后，全国各地普通高等院校陆续开办国家助学贷款业务。但由于政策设计的缺陷、学生个人的诚信缺失、银行的积极性等多方面的问题，贷款业务开展出现较大差异：东部好于西部，南部优于北部，部属院校高于地方院校。后来国家修正贷款政策，加大贷款工作力度和政策扶持力度，国家助学贷款工作才得以继续进行。但国家对家庭经济困难学生没有给出界定，更缺乏界定标准，因此各高校在确定助学贷款资助对象时，只能依靠学生个人陈述、老师自己的判断、同学之间的投票等方法对困难学生加以界定，以致帮困助学工作困难越来越多。同时，由于信息沟通缺乏有效的渠道，管理缺少统一的工作平台，很大程度制约了贷款工作的开展，影响了学校、银行工作的积极性。缺少信息的沟通，造成信息的不对称，也影响了工作的开展，出现管理的滞后。

2005年，郑爱华作为课题负责人，组织完成校内课题"济南大学帮困助学问题及对策研究"，主持申报了山东省科学技术发展计划软科学科学项目"山东省国家助学贷款中的问题成因及对策研究"，同年获得立项。助学贷款决策支持系统是济南大学研究的山东省省级课题"山东省国家助学贷款中的问题成因及对策研究"的子课题之一。目的在于通过该系统，建立家庭经济困难状况指标评价体系，包括评价指标的设立、指标分值的量化、最后计算机进行决策计算，输出决策支持的结果，帮助学校确定贷款资助对象，建立贷款信息数据仓库，并将贷款信息通过计算机进行处理，实现快捷、方便、及时、准确的数据动态管理，克服银行、学校、学生、主管部门之间的信息不对称问题，实现科学决策、信息化管理的目标，有利于山东省助学贷款工作的健康发展，有利于减轻学校贷款工作的管理难度，降低贷款成本，为帮困助学工作开辟有效的途径。

河北省教育厅学贷中心河北省学生贷款管理中心也开始实施助学贷款信息化建设，将先进的计算机技术应用到国家助学贷款管理工作中，建立"河北省国家助学贷款管理信息系统"，使学生对国家助学贷款的申请、学校对助学贷款的管理、银行对学生申请的审批以及其间的各种信息的交互等都实现网络化。

二、大数据应用在"希维塔斯学习"

在教育特别是在学校教育中，数据成为教学改进最为显著的指标。通常，这些数据主要是指考试成绩。当然，也可以包括入学率、出勤率、辍学率、升学率等。对于具体的课堂教学来说，数据应该是能说明教学效果的，比如学生识字的准确率、作业的正确率、多方面发展的表现率——积极参与课堂科学的举手次数，回答问题的次数、时长与正确率，师生互动的频率与时长。进一步具体来说，例如每个学生回答一个问题所用的时间是多长，不同学生在同一问题上所用时长的区别有多大，整体回答的正确率是多少，这些具体的数据经过专门的收集、分类、整理、统计、分析就成为大数据。

现在，大数据分析已经被应用到美国的公共教育中，成为教学改革的重要力量。为了顺应并推动这一趋势，美国联邦政府教育部通过运用大数据分析来改善教育。联邦教育部从财政预算中支出2500万美元，用于理解学生在个性化层面是怎样学习的。其中，"希维塔斯学习"建立了高等教育领域最大的跨学校数据库。

"希维塔斯学习"是一家专门聚焦于运用预测性分析、机器学习从而提高学生成绩的年轻公司。它提供了一套应用程序，学生和老师可以在其中规划自己的课程和安排。"希维塔斯学习"各种基于云的智能手机第三方应用程序（APP）都是用户友好型的，能够根据高校的需要个性化。这意味着高校能聚焦于各自不同的对象，相互不同地用这家公司的分析工具开展大数据工作。

该公司在高等教育领域建立起最大的跨校学习数据库。通过这些海量数据，能够看到学生的分数、出勤率、辍学率和保留率的主要趋势。通过使用100多万名学生的相关记录和700万个课程记录，这家公司的软件能够让用户探测性地知道导致辍学和学习成绩表现不良的警告性信号。此外，还允许用户发现那些导致无谓消耗的特定课程，并且看出哪些资源和干预是最成功的。

三、东华大学利用大数据改革实验室管理

海量数据已经使我们进入了大数据时代，数据信息的来源、传播速度和传播数量正在影响、改变着人们的思维方式和生活、工作习惯。近年来，基于"大数据"的实验室管

理系统的开发以及互联网的实验室管理技术正在兴起。但真正被业内人士承认的教育领域的大数据应用却为数不多，其中被公认的当数东华大学的智能实验室项目。

2009年，东华大学教务处处长吴良提出实验室智能化管理的思路，并将材料学院作为试点单位。实验室智能化管理即用物联网的方式把实验室里所有的仪器设备都管理起来。实验室智能管理过程中记录了学生在实验室内所有的活动情况，包含学生进入实验室的情况，使用的仪器设备情况，使用仪器设备时长等，以及所有仪器的电流、电压都可以监控。如今，东华大学所有学院的实验室都纳入了智能实验室的管理。东华大学通过实验室智能管理系统进行各个方面的数据采集，并对数据进行深度挖掘，形成了各种各样的图表。从图表中可以看出哪些实验室申请的设备根本不必购买，哪些实验室不再需要拨钱。实验室的使用率和第二年的经费完全挂钩，最后实现教育经费使用的集约高效；也可以结合大数据的分析和模拟，建立新型的实验教学课程。

另外，华东大学智能实验室利用云平台（东华云）通过服务器虚拟化和实验教学资源管理系统进行管理，简化了管理流程，节约了管理成本，提高了服务器资源申请的灵活性，实现了实验资源管理的信息化和透明化。目前，东华大学智能实验室还实现了24小时开放无人管理、跨学院使用等人工无法实现的管理，数据显示，智能实验室的管理对学生学习自主性的提高有显著影响，学生在实验室的时间甚至超过了在教室的时间。

四、医疗健康领域的大数据应用实例

医疗健康数据是持续、高增长的复杂数据，蕴含的信息价值也是丰富多样。对其进行有效的存储、处理、查询和分析，可以开发出其潜在价值。对于医疗大数据的应用，将会深远地影响人类的健康。

例如，安泰保险为了帮助改善代谢综合征的预测，从千名患者中选择102个完成实验。在一个独立的实验室工作内，通过患者的一系列代谢综合征的检测试验结果，在连续3年内，扫描6万个化验结果和18万索赔事件。将最后的结果组成一个高度个性化的治疗方案，以评估患者的危险因素和重点治疗方案。这样，医生可以通过食用他汀类药物及减重5磅等建议而减少未来10年内50%的发病率。或者通过你目前体内高于20%的含糖量，而建议你降低体内甘油三酯总量。

西奈山医疗中心（Mount Sinai Meddical Center）是美国最大最古老的教学医院，也是重要的医学教育和生物医药研究中心。该医疗中心使用来自大数据创业公司Ayasdi的技术分析大肠杆菌的全部基因序列，包括超过100万个DNA变体，来了解为什么菌株会对抗生素产生抗药性。Ayasdi的技术使用了一种全新的数学研究方法:拓扑数据分析（topological data analysis），来了解数据的特征。微软的HealthVault，是一个出色的医学大数据的应用，它是2007年发布的，目标是希望管理个人及家庭的医疗设备中的个人健康信息。现在已经可以通过移动智能设备录入上传健康信息，而且还可以第三方的机构导入个人病历记

录，此外通过提供SDK以及开放的接口，支持与第三方应用的集成。

五、大数据与智能电网

智能电网，是指将现代信息技术融入传统能源网络构成新的电网，通过用户的用电习惯等信息，优化电能的生产、供给和消耗，是大数据在电力系统上的应用。应用了大数据的智能电网可以解决以下几方面的问题：

（一）电网规划

通过对智能电网中的数据进行分析，可以知道哪些地区的用电负荷和停电频率过高，甚至可以预测哪些线路可能出现故障。这些分析结果，可以有助于电网的升级、改造、维护等工作。例如，美国加州大学洛杉矶分校的研究者就根据大数据理论设计了一款"电力地图"，将人口调查信息、电力企业提供的用户实时用电信息和地理、气象等信息全部集合在一起，制作了一款加州地图。该图以街区为单位，展示每个街区在当下时刻的用电量，甚至还可以将这个街区的用电量与该街区人的平均收入和建筑物类型等相比照，从而得出更为准确的社会各群体的用电习惯信息。这个地图为城市和电网规划提供了直观有效的负荷数预测依据，也可以按照图中显示的停电频率较高、过载较为严重的街区进行电网设施的优先改造。

（二）发电与用电的互动

理想的电网，应该是发电与用电的平衡。但是，传统电网的建设是基于发—输—变—配—用的单向思维，无法根据用电量的需求调整发电量，造成电能的冗余浪费。为了实现用电与发电的互动，提高供电效率，研究者开发出了智能的用电设备—智能电表。得克萨斯电力公司（TXU Energy）已经广泛使用智能电表，并取得了巨大的成效。供电公司能每隔15分钟就读一次用电数据，而不是过去的一月一次。这不仅仅节省了抄表的人工费用，而且由于能高频率快速采集分析用电数据，供电公司能根据用电高峰和低谷时段制定不同的电价，利用这种价格杠杆来平抑用电高峰和低谷的波动幅度，智能电表和大数据应用让分时动态定价成为可能，而且这对于TXU Energy和用户来说是一个双赢变化。

（三）间歇式可再生能源的接入

目前许多新能源也被接入电网，但是风能和太阳能等新能源，其发电能力与气候条件密切相关，具有随机性和间歇性的特点，因此难以直接并入电网。如果通过对电网大数据的分析，则可对这些间歇式新能源进行有效调节，在其产生电能时，根据电网中的数据将其调配给电力紧缺地区，与传统的水火电能进行有效的互补。

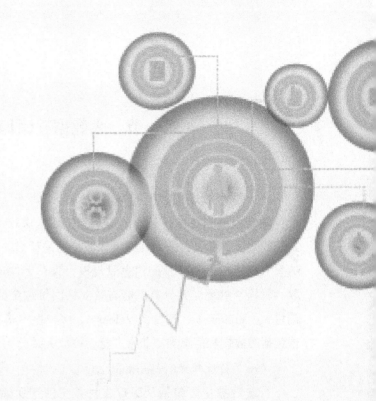

第九章

大数据与智能医保管理

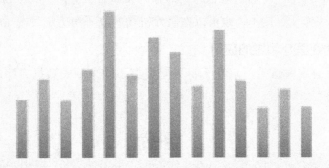

第一节　大数据在医保管理中的应用

一、医疗领域大数据的类型

随着大数据在各行各业的应用和扩展，医疗领域大数据及其分析技术也正日益赢得人们的关注。那么大数据在医疗领域指的是什么？又有什么样的特点？我们知道，广义上的大数据指的是所涉及的信息量规模巨大，无法通过目前主流软件工具在合理时间内撷取、管理、处理，并分析成能有效支持决策制定的数据资讯，通常具有4个V的特征：数据量大（Volume），速度快(Velocity)，多样性(Variety)，价值高(Value)。在医疗领域，大数据包括的数据和信息类型非常广泛，可以大致分为以下四种：

（一）行政数据Administrative Data

行政数据主要包括从医疗支付方（医疗保险机构）或者医疗机构获得的理赔信息等，通常涉及病人所使用的医疗服务、相关诊断信息、提供服务的医疗机构及时间地点、以及费用明细与支付情况。

（二）临床数据Clinical Data

临床数据包括从医疗机构获得的电子病历(EMR)、医疗影像数据、处方信息等。

（三）体征数据Biometric Data

体征数据有很多种，例如由检测仪器测量所得的体重、血压、血糖水平等信息，以及饮食、运动、睡眠等自我跟踪信息。随着可穿戴设备及相关手机软件的广泛应用，此类数据量越来越大也越来越多元化。

（四）个人及偏好数据Preference Data

个人及偏好数据的内容也很广泛，例如性别、年龄、职业等基本信息以及个人偏好、对产品和服务满意度等主观信息。

由于数据量大、种类繁杂，不同类型的数据之间会有交叉或者交集。例如处方数据，既可以从医疗机构的信息系统中获得——即临床数据的一种，也可以从医疗保险机构的理赔数据库中找到——即理赔信息的一部分；又如血压等信息既可以从随身携带的便携血压计测量得到（体征数据），也可以在医疗机构的电子病历中发现（临床数据）。

二、大数据在医疗领域的应用

大数据分析应用关键的一点在于将不同类型不同来源的数据有序链接，尤其是医疗领域数据在患者或个人层面的链接，从而为深度数据挖掘奠定基础，达到"1+1>>2"的效果。虽然目前这样的"链接"还未广泛实现，但小范围的"链接"已体现出其重要作用（如将电子病历与理赔数据链接帮助确认欺诈、过度医疗的行为），对更大规模的以患者或个人为中心、相互关联的多类数据的深度分析将帮助我们更有效地挖掘出大数据潜在的巨大价值。

（一）在临床治疗中，大数据分析可以应用于"比较效果研究"。通过深入分析包括患者体征、治疗方案、费用和疗效在内的大数据，帮助医生评估在实际临床应用中最有效或成本效益最高的治疗方法。大数据还可以应用于临床决策支持系统，分析医生输入的医嘱，比较其与医学指南的差异，提醒医生防止潜在的错误（如药物间相互作用等），从而降低医疗事故率。

（二）在公共卫生领域，大数据的应用可以改善公众健康监控。公共卫生部门可以通过覆盖全国的患者病历数据库更快地检测出传染病疫情，进行全面的疫情监测并且及时采取响应措施尽早控制疫情。

（三）在医药产品研发上，制药公司可以通过大数据分析有效判断研发项目成功的可能性，以供支持投资决策。此外结合基因组及蛋白组学信息还可帮助企业优化研发方案及临床试验设计，根据在研产品选择特定患者群体有针对性地进行临床开发，从而大大降低研发中的风险。

（四）在产品的市场推广中，大数据可以用于药物经济学或卫生经济学分析，以治疗结果及其相应社会及经济效益作为定价基础，从而帮助监管部门及医疗支付方科学制定新药的上市及报销政策。

（五）在医疗保险领域，大数据分析可有多方面的应用，包括保障设计及精算定价、理赔运营管理、对医疗机构的管理、市场和销售推广及对跨多个领域的决策支持。本书将聚焦于中国医疗保险业务，重点阐述大数据分析在此领域可发挥的作用。

三、大数据在医保领域的应用

我国社会医疗保险起步较晚，数据挖掘技术在保险欺诈检测中的应用较少，同时与国外的医疗保险面临的欺诈问题也存在诸多差异，根据研究当前我国医疗保险的大数据应用领域可能涉及的主体有参保人、定点医院、定点药店、医保经办机构等多方面。目前，国内对医保基金的风险相关研究主要集中于由于道德风险带来的基金风险及控制医疗费用增长的具体方法上，采用的手段较为简单，往往是人工控制，辅助以简单规则的数据筛选。缺乏系统、全面的医保基金风险控制框架，缺乏强有力的数据分析和系统的支持。

上海市医疗保险信息中心秦德霖基于SOA和动态数据仓库技术，利用数据挖掘和分析技术，针对基金运行管理的主要环节和基金风险的主要因素，建立对医保基金风险防控基础技术平台。该平台实现实时数据抽取、海量数据的整合、异构平台的集成。上海医保基金风险防控平台的研究，为控制医保基金的风险、保障基本医疗、促进医疗保险可持续发展提供强有力的支撑。

在医保管理过程中，存在一种特殊的就医现象，称之为就医聚集行为。就医聚集行为通常表现为多张医保卡过于频繁地同时同地消费。就医聚集行为可能是由于某些特殊病症人群如某些慢性病人群造成，也有可能存在欺诈行为。找出这些具有就医聚集行为的人群，一方面能够对特殊疾病人群提供针对性的管理和服务，另一方面能有效提高对违规人群的监督力度。

复旦大学何俊华基于CBM算法，开发出B/S结构的一致行为挖掘平台，该平台能够有效地对一致行为进行监控。并将一致行为与参保人费用记录的信息、药品使用情况、医院医生信息等相关联。通过一致行为挖掘平台，在医保管理中能迅速锁定慢性病人群，了解这些特殊人群的医疗费用负担等情况。挖掘平台为医保管理决策提供参考，便于为不同参保人群提供针对性的管理和服务。此外，该平台能有效检测出可疑违规人群，这类可疑违规人群可能同时使用了多张医保卡进行就医，针对这些可疑违规人员，需要对其进行严格监管。

利用数据挖掘的关联分析方法，对社会医疗保险基金收支情况进行了研究，深入分析了参保人员、参保单位、医疗单位等各因素对社会医疗保险基金平稳运行的影响，为社会保障部门适时调整基金收缴政策、确保医疗保险制度的顺利实施提供有力的技术支持。国防科学技术大学朱攀利用人工神经网络模型对医保定点医疗机构的信用等级进行学习，并且根据学习过程中出现的问题，对人工神经网络做了改进，克服了医保定点医疗机构信用等级评价网络原有的不足。并以医保信息系统形成的大量数据为基础，利用LOF算法对大量数据进行挖掘，找出了医保定点医疗机构的违规行为。翁滔华等通过利用数据挖掘软件SPSS11.0对病毒性肝炎的住院费用情况进行分析，并分别给出了病毒性肝炎费用控制的上下限，发现能起到控制医院的住院费用的作用。黄晶晶等利用数据挖掘技术制定医保定额指标并进行相关数据的分析，结果发现数据挖掘技术能够制定动态的定额指标，加快分析反馈的速度，并做出及时的分析返溯。

四、应用的现状与不足

国内对医保人群医疗费用的分析研究还处于起步阶段，方法与手段一般，研究结果尚不科学全面；国外有不少相关的产品，由于国外医保制度与我国的医保制度差别很大，不能直接采用；另外，这些系统大都是专有产品并且价格高，难以集成。国内关于医保人群医疗费用分析的研究，大都采用订立措施制度和传统半手工方式进行。不少单位制定相关规定和制度进行管理，这些规定和制度大都是针对医保政策和现有的医院管理条文，结合医保进行修改的结果；或者，各医院针对控制定额费用情况，进行大量的数据采集及统计，制作医保分析报表并利用该报表对当月医保费用进行分析，由于均采用手工与信息系统的结合方式，对于超定额费用考核方面明显滞后，也难以对医保各方面进行灵活的详细分析，进而无法及时分析产生各种异常情况的根本原因，亦不利于监控实时费用，没有解决医保病人医疗费用的不断上涨的根本问题，更谈不上对医保预算和预警，综上所述在实际应用中的不足主要表现在下面几个方面：

（一）数据质量低

1.数据不完整

由于商业保险公司未能与绝大部分医院进项联网结算，理赔信息仍需根据参保人提供的费用单据手工录入，费时费力。而保险公司为了节省费用，经常只录入费用类别(如医药费、检查费等)，从而无法提供医疗费用明细供深度数据挖掘。

2.信息不准确

即便是政府医保系统中的理赔数据，也普遍存在诊断信息不精确，或医生根据所开药品而人为添加诊断等现象。

3.缺乏标准化

药品、手术、检查项目等往往无编码，即便有也通常因地而异甚至因医院而异，缺乏统一编码。这样的数据质量大大地影响了大数据分析的应用。显然，解决以上问题的根本在于提高原始数据的质量。在现有数据条件下，专业的分析技术可以用于弥补信息缺失或不准确造成的弊端。比如可以根据所用药品、手术及检查项目判断诊断的准确性甚至补足缺失的诊断。同样，数据标准化问题归根结底需要建立并实施全国标准编码系统，包括诊断、药品、手术、检查、操作、耗材等。在此之前，应用庞大的临床字典库及人工语言分析等专业技术可将绝大部分编码工作自动化。

（二）行业对大数据应用价值的认识有限

这方面的进展将是一个循序渐进的过程。在数据分析的价值尚未得到广泛认识的环境下，推进的关键在于将大数据分析应用于目前行业最关注的痛点，创新尝试尝到了甜头后，自然而然观念的改变就如同顺水推舟一般。

（三）与信息共享相关的政策和法律尚未健全

医疗领域各类数据信息的所有者是谁，谁又具有使用权，使用中有何限制，如何保护个人隐私等均无明文规定。这一方面限制了数据共享、不同数据之间的链接及数据分析的广泛应用，另一方面导致个人隐私的泄露。只有尽快建立具体的政策和法律支持，才能在保护个人隐私的前提下促进信息交流与共享，最大发挥大数据分析在行业中的价值。在此美国HIPAA法规考虑到的不少细节可供我国政府监管机构与立法部门参考。

展望未来，虽然大数据分析在医疗保险领域的广泛深入应用还面临诸多挑战，但随着医疗保险经营的进一步专业化、市场化，其对以数据挖掘为基础的精细化管理的需求将日渐突出，在这一紧密关系社会民生又涉及庞大费用的领域，大数据的分析挖掘能力将是行业竞争力的体现，具有毋庸置疑的广阔发展前景。

第二节 大数据与智能医保的关系

一、医保数据高关注度和高敏感度

医保数据主要涉及社会医疗保险基金征缴和使用，而医疗保险基金是为实施社会医疗保险制度而建立起的专项基金，是给予参保人员基本医疗保障的经济基础。它主要由参保个人及单位所缴纳的医疗保险费组成，并交专门的经办机构统一组织与管理，用于补偿参保人员因疾病所需要的医疗费用，医疗保险基金是货币形态的后备资金，是职工的"保命钱"。医保系统依据的医保政策及各种待遇极其复杂，主要包括职工医疗保险、居民医疗保险、低保二次补助、大病救助等，直接关系到广大群众"治病救命"的切身利益，同时也关系到国计民生和社会稳定，对平稳安全运行保障要求极高。因此研究医保数据监测和预警显得非常必要。

医保数据监测和预警是一项以防范和控制医保基金运营风险为目标的复杂且长远的课题，其涉及参保人员、各级医疗机构、医生体系、定点药店等多方面，人力资源和社会保障信息中心拥有所有参保人账户信息、医疗机构信息、药店和药品信息等，同时还维护了所有参保人就诊、购药等海量实时数据信息。医保数据监测和预警的关键问题在于如何从海量数据中获得有价值的信息，从而指导医疗保险政策决策，提高医疗效果和管理效率。

目前国内医疗保险信息化已经逐渐完善，数据库和数据仓库技术对医疗保险实时交易数据和历史数据的存储起到了重要作用，在医疗保险信息化过程中操作型数据库记录了大量详细的医保相关的交易信息，并通过每日更新至数据仓库，数据仓库保存海量的历史数据，并维护数据的准确性，通过对数据仓库的统计分析等操作可以生成业务报表，然而随着业务需求的不断扩大，对运营决策支持需求日益强烈背景下，简单的报表已经不能满足需要，医疗保险机构的决策者和医保基金运营监管人员希望能够从海量数据中获取更多的知识，以辅助决策和监管，维护基金的稳定运营。

二、大数据特征契合医保系统管理

大数据能够成为可用的资源得益于大数据处理技术的出现。计算机历史前50年主要是利用人们专门收集的数据，这些资料被视为资源，而现在计算机开始关注工作流程中顺带积累的超大规模数据，无处不在的信息设施不停地记录了人们行为的信息痕迹，利用大数据技术能够分析这些信息痕迹，从中提取重要信息以减少对环境认识的不确定性，提高工作与生产效率。大数据已成为新时期人类可开发利用的重要资源，以美国为代表的发达国家已经开始把大数据的利用与大数据技术的开发视为国家一项战略性任务。

目前，我们已进入大数据时代，科学研究的主导方式已经从逻辑驱动、实验驱动转向了数据驱动的研究范式。数据就像货币、黄金以及矿藏一样，已经成为一种新的资产类别，我们认为，大数据必将在我国国民经济中成为一个重要产业。

美通社最新发布的《大数据市场：2012至2018年全球形势、发展趋势、产业分析、规模、份额报告》指出，2012年全球大数据市场产值为63亿美元，2018年该产值达483亿美元。我国互联网数据中心（IDC）对中国大数据技术和服务市场2016—2020年的预测与分析指出：该市场规模将会从2016年的7689万美元增长到2020年的6.17亿美元，未来5年的复合增长率达51.4%，市场规模增长近7倍。在国内，大数据正在引起越来越多的企业关注。不但阿里巴巴、腾讯等把大数据当成近期的重点项目。作为国内互联网产业的发源地和创新高地，中关村也在抢抓大数据发展机遇，着手布局大数据产业。工信部发布的物联网"十三五"规划上，信息处理技术作为四项关键技术创新工程之一被提出来，其中包括了海量数据存储、数据挖掘、图像视频智能分析，这都是大数据的重要组成部分。而另外三项信息感知技术、信息传输技术、信息安全技术，都与"大数据"密切相关。

适逢世界走向数据化，迈入大数据时代的时刻，我们迎来了新的机遇，在这个新一轮产业发展中，医保作为国家重点民生工程领域，大数据在医保领域应用是新一代信息技术的集中反映，是一个驱动性很强的服务领域，能有效解决大数据及医保领域的技术问题。

第三节　大数据对于现代医保系统革新的影响

一、传统医疗保险系统的不足

随着社会保障信息系统的广泛应用，特别是医保数据爆炸式增长，积累了海量的历史数据，数据量更是有上万G之多。这些数据有对医保行业最关键的资金数据，还有尚未被利用的病人信息、医院信息、治疗项目和药方信息等，对这些高关注度民生数据的应用大多停留在录入、查询、修改和简单的统计等数据展现功能。而目前对恶意配药等骗保行为的监管还主要靠人工，面对日益膨胀的数据，仅靠人工检测已明显不能满足需求。所以目前已有的医保系统无法对医保资金进行有效监管，也无法获取病人治疗等规律或变化趋势，由于医保资金涉及范围广、人数多、业务复杂等特点，虽有配药、治疗、费用使用明细等信息，但这些信息没有得到充分利用和发挥效益，难以为人社局制定政策、资金预算和监管提供决策支持。

二、大数据对现代医保管理的影响

我国医保数据涉及范围广、人数多、数据庞大、业务复杂，是人民高关注度和敏感的数据，因此对医保数据监测和预警研究具有社会、学术和经济三个层面的价值和意义。

（一）社会层面

医疗保险是社会保障制度的重要组成部分，涵盖的参保人数多，其中核心就是医保数据，使用好数据挖掘对众多的参保人进行有效的管理，掌握参保人的概况、群体特征和变化等信息对于医疗保险机构的管理和决策具有很高的参考价值，不仅是国家、省、市等政府部门制定政策预计影响范围和程度，也是一项民生工程，为医保管理决策部门和医疗机构提供科学可行的建议，对科学合理地利用现有医疗资源，控制医保医疗费用的上涨，尽量减少群众的经济负担，构筑一个和谐的医、保、患关系，促进关系千家万户的民生与幸福的医药卫生体制改革顺利进行和实现，都具有非常重要的社会和现实意义。

（二）学术层面

将大数据技术应用于现代医保管理涉及统计学、公共管理、计算机技术等多个学科交叉，通过对医保海量数据分析，丰富社会经济统计理论，有助于在医保领域探讨不同的数据挖掘算法和实践应用。通过医保监测和预警中的应用，不断优化数据关联规则和挖掘算法，提供较好的数据支撑。

（三）经济层面

通过对医保数据监测和预警，可以从系统角度对医保过程中治疗、资金合理使用等在线监测，有效避免恶意配药等不合理行为，提高人民治病的治疗效果；同时通过预警预测技术分析医保资金使用情况，有助于提高医保资金预算精确度和资金使用效率，最终为医保资金预算和高效使用提供数据支撑，间接地为政府和百姓节约医保费用。

第四节　大数据下智能医保实际案例的分析

一、保障设计和精算定价

目前商业保险业务分团体险与个人险，其中个人险中以储蓄理财型产品为主，少部分是消费理赔型，即真正意义上的医疗保险。此间很大原因在于缺乏对实际医疗费用的估算把控能力，在保障设计及精算定价方面无据可依，从而限制了产品的开发。

以肿瘤类大病保险为例，由于政府医保以保基本为原则，支付额度经常不足以覆盖治疗肿瘤疾病治疗的全部费用，且报销目录通常不收录现今市场上疗效显著但价格昂贵的靶向型生物制剂，导致这一领域的市场空缺，为商业保险提供了明确的发展机会。商业保险公司虽看到市场契机，但往往因不了解肿瘤治疗的实际费用，而对产品设计与定价无从下手。

分析挖掘肿瘤类疾病理赔数据可以有效帮助解决这一难题。以乳腺癌为例，通过对北京、上海和成都三个城市的医保理赔数据库中抽取的乳腺癌病例的深度分析，辅以病人及医生的调研信息，发现A类原位癌以手术为主，住院时间短，费用相对较低；B类I–III期患者的治疗除手术外需辅以相当的化疗，费用明显增高；C、D类IV期患者的治疗方案以化疗为主，所需费用更高；患者家庭经济情况也是影响治疗费用的一大因素，家境富裕的患者多选用靶向型生物制，其治疗费用大大增高；由于不同城市消费水平及具体医保保险政策的不同，也导致城市间的差异性，但与由癌症类型及治疗方案导致的费用差异相比，地域性的影响相对较小。

以上对肿瘤费用的深度分析结果，结合不同年龄群体的发病率及疾病演变信息（可从疾病学研究中获得），即可为真正理赔型大病保障设计及相关精算定价提供有力支持，促进医疗保险产品的创新并提升产品的竞争力。

二、理赔运营管理

在医疗保险理赔运营管理中至关重要的一个环节是及时发现欺诈、浪费、滥用等费用风险。欺诈虽案例不多，但常涉及较大金额；浪费与滥用属于过度医疗与不合理医疗，单笔金额也许不高但是数量庞大，很难根据经验判断，因此属于数据挖掘的重要应用领域。

大数据分析可以帮助找出一些典型的理赔费用风险问题，例如分解住院、不合理医疗检查项目或者不合理高值医用耗材、诊断和处方药品指征不匹配、药品剂量超标等。此类分析对临床知识要求很高，需要专业分析技术和引擎才能完成。

以某地区几千名门诊患者的基本医疗和企业团体补充险为例，通过深度分析其1年理赔数据，我们发现多类理赔风险：

（一）药品剂量超标

医保报销规则通常要求每次处方量不超过7天或14天，但在实际理赔中，因为普通医保运营系统无法判断具体到每个药品的标准日用量，难以就理赔信息加以识别，因此超剂量用药频有发生，并为代开药品、倒卖药品等欺诈行为提供了便利。我们根据各类药品最大日用量分析计算了相应给药天数，从单次处方天数来看，某些中药处方的给药天数超过一个月；从一年中累计给药天数来看，若干患者配药总量远远超过一年。因为现有理赔数据不含有药品用量信息，所以以上仅为保守估计。若能结合电子病例以实际处方的日用量计算，可以发掘出更多的潜在问题案例。

（二）用药与医疗服务不匹配

现今医保药品报销通常要求诊断与用药相匹配，因此医生在开处方时往往会根据所开处方药品填写诊断信息。分析发现，少数患者使用了10种以上药品，相应的诊断名称也众多。众所周知，某些疾病的诊断往往需要一些必要的检查或者化验来确诊，但我们所分析的理赔数据中显示的检查和化验项目并不能支持患者的众多诊断。这说明，在实际医疗行为中，可能存在医生为配合患者开药而"人为"填写诊断名称的现象。理赔工作人员可相应对此要求患者提供病例详情以确认是否有借开药以套保费的现象。

（三）由保障方案诱导的"非必要"医疗

目前不少团体补充险保障涵盖门诊福利，且常设几千元的封顶线。分析表明，在有门诊保障的情况下，如果起付线不高（1千元以内），常会导致相当的"非必要"医疗。大数据调查显示，若门诊封顶线在4000元左右，一年内80%的患者门诊费用在3000～5000元，明显有诱导消费嫌疑。深入分析各月份及医院就诊分布显示，年底就诊次数明显增长，且主要出现在较容易挂号的一、二级医院，说明其增长主要由诱导消费导致的"非必要"医疗。那么所诱导的"非必要"医疗都包括哪些内容呢？通常而言，一大类为可用可不用的药品，诸如中成药、中药营养品等；另一大类为可有可无的诊疗项目，例如检查化验、中医针灸按摩等。进一步分析中药及诊疗服务费用按月的分布，可以清晰地看到年底中成药、中药饮片（含中药营养品）及诊疗项目使用频率及涉及费用明显上升。当然从根本上解决诱导消费的问题需要从保障方案设计着手，但以上分析结果也可为理赔提供信息支持，帮助理赔工作人员简单便利地找出此类诱导消费的嫌疑，有针对性地加以审核。

以上发现可帮助医疗保险机构的理赔审核部门快速找出潜在问题案例及其明细信息，提高理赔处理的效率并降低赔付率。此外，医疗保险机构也可以针对这些问题的根源和相关医疗机构进行沟通，寻求从根本上降低费用和提高运营水平的机会。

三、对医疗机构的管理

在现今医疗保障仍为政府医保为主导的环境下，商业保险对医疗机构的话语权不大，对医疗机构的管控仍以政府医保为主。人社部出台的《关于开展基本医疗保险付费总额控制的意见》将"逐步建立以保证质量、控制成本、规范诊疗为核心的医疗服务评价体系与监管体系"作为任务目标。但实际操作中，由于缺乏有力的临床分析能力，政府医保对医疗机构的管理仍停留在粗放型，力度欠缺且效果欠佳。总额控制的支付方式使医保将超出预算的财务风险全部或者部分转移给医疗机构，在收入既定的情况下，医疗机构有可能通过减少必要服务，尤其是拒绝成本消耗较高的患者或者项目来降低医疗成本，从而出现推诿重病人、增加自费费用等问题，与原本"保障质量、规范诊疗"的目标背道而驰。

而且，总额控制支付方式下的总额基数和调整系数的确定在很大程度上参考历史数据和变化趋势，也就是在往年的额度基础上简单地加上增长空间，超值分担、结余分享的比例和调节过于依赖经验而非科学测算，导致医疗机构对于总额控制的认可度不高。

大数据精细化分析可以应用于科学合理的评估医疗费用及质量，从而为包括总额控制在内的多种支付方式提供支持。

医疗费用评估的一大难点在于医疗服务缺乏标准化。以心脏支架手术为例，确诊需要什么样的检查化验，手术过程中需要什么样的麻醉方式，需要使用什么样的支架及放置的数量，术后康复期需要住院多久，出院后复诊需要做些什么等，在不同患者间差异巨大，所以仅比较单一的诊疗项目或药品费用与总费用并无相关性，意义不大。所以，技术上的难点在于将解决同一问题的所有相关诊疗项目及将用药情况链接起来，这就涉及专业的分组方法，如用于住院费用的DRG分组，或用于门诊费用的 ETG 事件系列等，以此作为费用比较的单位。

医疗费用分析中另一重要概念为"危重风险调整"。患者个体的差异，包括年龄、性别、并发症等，会对费用有很大的影响。举例来说，医疗机构收治糖尿病患者，三级医院的人均医疗费用往往比一级医院的高很多，但是据此得出结论说明三级医院的费用指标比一级医院差是不合适的，因为这里没有考虑到患者的危重情况。事实上，三级医院由于医疗水平高，收治的危重患者较多，导致治疗同一疾病的费用比一二级医院偏高的现象是正常的。那么在这种情况下，应该如何比较不同级别医院的费用？又如何比较同级别的不同医院的费用？这就需要引入"危重风险调整"，即根据年龄、性别、合并症等诸多因素评估患者的危重程度，然后根据危重风险因子对医疗费用进行调整，经过危重风险调整后得到的医疗费用才有可比性。

费用评估对医疗保险机构而言固然重要，但单一的费用指标本身不能作为衡量医疗机构的唯一标准。与费用评估相辅相成的是医疗质量的评估，高质量的医疗服务除了对患者疾病管理及健康维护至关重要外，在从根本上控制今后长期的医疗费用上也是缺之不可的。健康人群医疗费用低是众所皆知的常识。

医疗质量的衡量可以包括两大方面，一是对医疗过程的评估，需要庞大的临床规则知识库，准确判定在不同疾病管理中该做什么，不该做什么，用药合理性分析中的药物间相互反应的监测、用药剂量及用药相关检查的指标也可以归为医疗过程评估这一大类；二是对医疗结果的评价，比如手术不良事件发生率，及可避免再住院率等。

有了科学合理的评估医疗费用与质量的手段，使得政府医保机构与商业保险公司能有效对医疗机构进行综合管理，同时支持包括总额控制、单病种付费、按绩效付费等各类支付方式改革的实施，真正达到在保证质量的基础上控制费用的目的。这也正是医疗保险在产品服务缺乏标准化，信息高度不对称的医疗领域中的重要价值之一。

四、市场和销售拓展

对于商业医疗保险机构的市场和销售而言，如何获得新客户和保留既有客户是核心内容。应用大数据挖掘可以剖析客户参保人群的费用驱动因素及健康情况，不仅可以为优化保障设计与精算定价提供有力支持，更可以以深度分析结果报告作为业务洽谈的基础，增进与客户的沟通，赢得客户对保险公司专业水平的信赖，并据此为客户量身定制相关增值服务。

五、战略决策支持

大数据分析在保障设计及精算定价、理赔运营管理、医疗机构管理、市场和销售拓展等医疗保险经营的各个领域均有很大的应用价值；在战略决策支持上，大数据应用同样有着举足轻重的作用。

除了平衡风险之外，医疗保险的最重要的核心价值在于保证医疗质量的前提下有效控制医疗费用。大数据分析可以为医疗保险找出费用的关键驱动因素，以此作为战略决策的依据，可以使决策者有针对性地制定措施。此类分析的要点在于通过由大到小、由粗到细的层级挖掘寻找问题的关键，成功应用于决策制定既需要整套专业分析技术的支持，更需要逻辑性、结构化的思维，及对医疗保险行业市场在战略层面的理解，因此对数据分析师的要求更高。

假设数据分析显示费用增长主要集中在糖尿病领域，那么首先需要明确其动因是发病率增长还是人均治疗费用增长所导致。如果是前者，有效管理的关键在于普及糖尿病常识，鼓励健康的生活习惯，并及时发现早期症状。此外从精算定价上，识别前糖尿病患者或糖尿病多发群体，并将其考虑进精算模型中。但如果费用增长是由于人均治疗费用的增长所致，那就需要进一步分析其原因。如果是由于少数医院的过度医疗行为，那可以通过加强对医院的管理（如以医疗费用与质量评估为基础的绩效考核并与支付挂钩），并鼓励病人去其他医院就医（如设定不同的保险比例，甚至在可能的情况下取消问题医院的定点等）。但如果是由某类新药或新的治疗方式引起，那就需要根据其临床效果及卫生经济学分析，判断是否应包含在报销范围或报销比例。

当然，以上仅列举了众多分析方向的一小部分，具体到实际应用中找出问题关键所需的分析方向及步骤会更多。成功找出问题根源，需要数据分析师与决策者紧密配合，一方面需要增强数据分析师对医疗保险行业的战略性认识，另一方面需要决策者对数据挖掘的大体方法及优劣有所了解，才能共同更好地诠释分析结果，使之有效服务于战略决策制定。

参考文献

[1] 陈永华.大数据时代企业管理对策[J].江苏企业管理，2017(07):44-49.

[2] 思羽.大数据和人工智能时代的社会背景[J].世界科学，2017(08):159.

[3] 汪琳.大数据背景下的机器学习算法简述[J].数字传媒研究,2017(05):2-4.

[4] 詹新慧.大数据应用于内容生产的三重路径[J].青年记者,2017(21):87-88.

[5] 倪光南.大数据已成为新的生产力[J].决策探索,2017(11):15-16.

[6] 韩冰.司法体制改革进入大数据时代[J].瞭望,2017(29):78.

[7] 李建.浅谈对基于机器学习的人工智能的理解[J].中小企业管理与科技,2017(20):16-17.

[8] 蔡自兴,蒙祖强.人工智能基础[M].北京:高等教育出版社,2012.

[9] 李国杰,程学旗.大数据研究:未来科技及经济社会发展的重大战略领域——大数据的研究现状与科学思考[J].中国科学院院刊，2012,(27):55-56.

[10] 王志良.人工情感[M].北京：机械工业出版社,2012.

[11] 王珊.基于人工智能的虚拟树木生长过程模拟[D].北京林业大学,2014:56-57.

[12] 龚园.关于人工智能的哲学思考[D].武汉科技大学,2015:5-23.

[13] 史南飞.对人工智能的道德忧思[J].求索,2015:67-70.

[14] 姚锡凡,李曼.人工智能技术及应用[M].北京:中国电力出版社,2016.

[15] 何灿灯.试论基于大数据时代计算机网络技术中人工智能的应用[J].信息与电脑（理论版),2016(24):88.

[16] 刘毅.人工智能的历史与未来[J].科技管理研究,2014(6):16-18.

[17] 靳小龙.大数据系统和分析技术综述[J].软件学报,2016(9):89-98.

结　语

　　互联网的迅猛发展，信息流动突破了时间与空间的限制，人类已步入大数据时代。据IDC预测，互联网数据每两年将翻一番，世界上90%以上的数据是近几年才产生的，到2020年全球总共将拥有35ZB的数据。大数据为科学研究提供了新方法和新手段，图灵奖得主吉姆·格雷（Jim Gray）指出，"科学研究的范式经历了之前的实验范式、理论范式、仿真范式后，新的信息技术已经促使新的范式出现——数据密集型科学发现（Data-Intensive Scientific Discovery）"，即所谓基于大数据人工智能的科学研究"第四范式"。基于大数据的人工智能将提供三种能力：预测未来、运营世界、自我进化。AI将影响世界发展的各个领域，创造新型生活、工作模式。最后，AI除预测、运营世界之外，能够通过不断学习、获取各类知识、产生各种洞见，达到"终身学习"的完美状态。因此在这个大数据下的人工智能时代，作为现代社会的一员，不能闭目塞听，而要勇敢地投入这个潮流中，学习大数据和人工智能方面的相关知识，将中国的大数据与人工智能研究水平提升到国际一流水平，争取将中国打造成大数据强国，人工智能强国，挺立于世界民族之林。